Johanne Vaillancourt

Jouer avec son perroquet

Socialisation et apprentissage par le jeu

Collection « Perroquet mode d'emploi »

Les éditions du perroquet anarchiste

Les éditions du Perroquet Anarchiste
C.P. 962, Lacolle
Québec, Canada
J0J 1J0

Coordonnées postales et téléphoniques :
http://www.perroquet-anarchiste.ca/contacter.php
Courriel : editeur@perroquet-anarchiste.ca

ISSN 1712-4638, novembre 2004
ISBN 2-923426-24-X

Dépôt légal : 3e trimestre 2010
Bibliothèque et Archives nationales du Québec
Bibliothèque nationale du Canada
ISBN-13 978-2-923426-45-7

Photos

Merci à tous ceux qui ont collaboré à cet ouvrage en me faisant parvenir les photos de leurs trésors à plumes.

Alexandra Martins, Alexandra Reynaud, Amélie Malette, Anthony Coisne, Anne-Marie Girard Gillemé, Aveline Wursch, Bertrand Pillet, Carole Paquette, Catherine Marcellini, Chantal Leclerc, Christian Philippe Paris, Christine Aubry, Christine et Jean Cadoux, Christopher Gomez et Mélanie Rossi, Cristina Marques et Didier Blum, Danielle Debruille, Érika Desjardins, Fred Faure, Hervé Andoloro, Jacqueline Goy, Johann Potvin, Johanne Froidebise, Julie Laflamme, Karen Roussy, Linda Magnan, Laurence Gaudin, Louise Rioux, Lucia Bouffard, Maggy Costa, Marie-Ève Perras, Marine Barthelémy, Martine Krebs, Martine Diallo, Martine Massa, Michieline Lora, Nathalie Côté, Nancy Boisvert, Nancy Richard, Nastassia Seuring, Rémy Delavison, Richard Patry, Stéphanie Duval, Sylvain-Luc Richard et Henri Brisson, Valérie Celestrano, Véronique et Patrice Delesalle, Weena Paulus, Philippe Thibodeau... et Johanne Vaillancourt

Remerciements

Merci à mes chers amis Maggy et Marc Costa pour m'avoir permis de rédiger une grande partie de cet ouvrage sous le ciel azuré de Monaco, à Jean-Guy et Guillemette pour croire en nos projets les plus fous, à Marie-Éve Perras pour me rendre mes (nombreux) déplacements possibles et pour son incroyable sens de l'humour « Werberien », à Stéphanie pour son amitié réconfortante et infrangible, à Robert Thibodeau pour son immense disponibilité et la petite « touche » de plus, à Georges-Henri Arenstein, Richard Beaudet, Daniel Lanthier, Stéphane Matte, Sylvie Demers, et surtout... merci un million de fois à mon cher et si précieux BBB pour sa si totale coopération et à Philippe, mon grand amour et plus que jamais, l'homme de ma vie.

Remerciement tout particulier à mes amis lecteurs qui m'ont donné l'idée et l'envie de rédiger ce guide. C'est grâce à vos très nombreuses lettres, vos questionnements toujours pertinents ainsi que votre réelle et totale envie d'entrer en communication avec ces animaux exceptionnels et que j'aime tant, que le goût de continuer et d'aller de l'avant demeure vivant et bien présent dans mon cœur. Tout n'est pas parfait encore et j'en suis bien consciente, mais je sais qu'avec votre indéfectible appui, nous œuvrons ensemble pour améliorer le sort et les conditions de vie de nos trop intelligents compagnons à plumes. Je sais que vous savez que le monde idéal pour nos perroquets est le monde libre, là dehors, dans la nature, dans cette forêt où on a prélevé leurs ancêtres et d'où on n'aurait jamais dû les retirer. Mais voilà, ils sont là ces parents pauvres du cercle des animaux de compagnie, la plupart nés en captivité, reproduits et élevés dans l'indifférence de leurs besoins naturels, hypostimulés à la naissance, imprégnés à l'humain, incompris et souvent, rejetés tel un bien-meuble dont le mode d'emploi nous semble trop difficile à comprendre et l'entretien trop onéreux. Si vous tenez cet ouvrage en main, c'est que tout comme moi, vous avez le désir profond de faire changer les choses. Je demeure optimiste, ensemble, nous y arriverons...

Mille fois merci !
Johanne xxxx

Les informations contenues dans cet ouvrage sont données à titre indicatif et n'ont aucun caractère exhaustif, voire certain.

Ce livre s'adresse à des gens avisés et de bon jugement. L'auteure et l'éditeur ont mis tous leurs efforts afin de s'assurer d'offrir les informations les plus précises et les plus à jour au moment de l'impression, et ces derniers déclinent expressément toutes responsabilités d'erreurs, d'oublis ou d'omissions en regard du sujet traité ou de mauvaises applications des informations contenues dans ce livre, des maladresses ou des accidents.

Un perroquet imprégné à l'humain, dyssocialisé ou mal socialisé à l'humain, sauvage, maltraité physiquement ou psychologiquement, mal alimenté ou malade peut représenter un danger potentiel de blessures sévères pour l'humain. Les suggestions contenues dans ce livre sont laissées au jugement et à la discrétion du lecteur. La vigilance demeure la meilleure garantie de sécurité de chacun pour ses oiseaux, sa famille, ses invités et lui-même.

Soyez prudents et responsables.

Prenez le temps de chanter, de rire, de vous amuser. Tout le monde sait bien après tout que la vie est souvent jolie quand on la prend du bon côté.

- Charles Trenet

Avant-propos

Jouer, c'est du sérieux puisque ce thème est au centre des problématiques qui reviennent le plus souvent lorsqu'il est question des relations humain/perroquet. Le sujet est important me dit Johanne ; l'amateur cherche à entrer en relation avec son oiseau, mais n'a qu'une très vague idée de la façon dont il doit s'y prendre et souvent, l'un comme l'autre sont maladroits dans leur manière de communiquer, ce qui crée trop souvent de ces situations cul-de-sac qui font naître des problèmes qui n'auraient jamais dû exister. Elle me dit encore : je veux que les passionnés apprennent à observer, à comprendre et à communiquer avec leur oiseau, et pour y arriver, je vais les faire jouer ensemble !

L'idée m'a séduite ; aider l'humain et le perroquet à communiquer et développer une belle relation par le jeu. Il n'en fallut pas plus pour me convaincre et c'est à partir de cette toute petite idée qu'est née la brique que vous tenez en main.

Vous connaissez dorénavant Johanne à travers ses nombreux écrits, ses formations et conférences, alors vous comprendrez qu'il lui était impossible de faire jouer le lecteur sans l'amener, par des chemins de traverse, à essayer de comprendre ce que son oiseau comprend, ce qu'il ressent, ce qui le stimule, ses motivations et le comment du pourquoi de certains apprentissages. Plus qu'un ouvrage ludique, *Jouer avec son perroquet* est devenu un réel traité sur l'apprentissage et la compréhension interespèce.

Avec son sens de l'humour *psittadiaire* comme elle le dit elle-même, Johanne vous amènera à découvrir le monde ludique de votre perroquet. Pour développer une relation fantastique avec celui-ci, il ne vous suffira que de la suivre page par page dans ce guide et de simplement jouer avec elle, parce que dans cet ouvrage, croyez-moi, Johanne joue ! Elle joue avec le lecteur, joue à imaginer des réflexions de perroquets, joue avec les concepts, joue avec les mots, joue avec les idées préconçues et se joue de ceux qui les édictent. Elle joue pour que vous appreniez à jouer avec votre oiseau, elle joue pour changer la perception que vous avez de votre compagnon ailé, elle joue enfin pour que vous appreniez à développer une relation extraordinaire avec votre perroquet.

Maintenant, c'est à vous de jouer. Amusez-vous bien.

Philippe Thibodeau
Éditeur

Jeu :
Activité physique
ou mentale
purement gratuite
qui n'a,
dans la conscience
de l'individu
qui s'y livre,
d'autre but
que le plaisir
qu'elle procure.

- Petit Robert

Vous êtes sur le point de pénétrer dans le monde créatif et ludique du perroquet. Pour y accéder sans encombre, il vous faudra vous munir :

- *D'un perroquet.* ☺
- *D'une grande ouverture d'esprit.*
- *D'humour (à la tonne).*
- *D'imagination.*
- *D'une attitude bon-enfant.*
- *De fous rires.*
- *D'un coeur naïf.*
- *D'une bonne dose de patience.*
- *D'un bon bricoleur.*

Panem et circenses
(Du pain et des jeux)

D'entrée de jeu

À chacune de mes interventions, qu'elle soit d'ordre privé ou public, il y a beaucoup de questionnements sur les différentes facettes de la cohabitation avec un perroquet. On veut connaître ses besoins, ce qu'il doit manger, pourquoi il agit comme ceci ou comme cela. Mais étonnamment, ce que mes clients me confient le plus souvent est de ne pas savoir comment interagir avec leur oiseau, ni même comment se divertir ou s'amuser avec lui. Ce qui leur semble naturel avec leur chien ou leur chat les déroute totalement avec leur « si exotique » compagnon à plumes :

- *On me dit que je dois jouer avec mon perroquet, mais je ne sais pas le faire…*
- *Est-ce que ça joue un perroquet ?*
- *Qu'est-ce qu'un bon jouet pour mon perroquet ?*
- *Comment ça apprend un perroquet ?*
- *À partir de quel âge puis-je enseigner des jeux à mon perroquet ?*
- *Comment dois-je m'y prendre ?*
- *Comment savoir si mon oiseau s'amuse réellement ?*

Et inévitablement…

- *Pouvez-vous me donner des idées pour jouer avec mon perroquet…*

Ouf, toute une commande… néanmoins, je peux répondre facilement et rapidement à la dernière question : les idées. Les idées pour prendre du bon temps avec un perroquet ne manquent certes pas. Il ne s'agit que d'avoir l'esprit ouvert, un tempérament farfelu et surtout, se laisser aller à suivre notre inspiration fantaisiste en toute simplicité, comme au temps des récréations de notre enfance où innocemment on jouait à « *on va dire que…* » ou « *on va faire semblant de…* » ; cette fabuleuse période de notre vie où les plus prodigieux fantasmes nous étaient permis.

- *Moi, je vote pour les idées...*
- *Moi aussi !*
- *Idem...*
- *Bien alors... je vais avec la famille...*

Notre perroquet pourrait devenir le meilleur compagnon de jeu qui soit et comme par enchantement nous faire encore croire que tout est possible, puisque tout *(ou du moins presque tout)* est imaginable, concevable et envisageable avec un tel animal ; tout, pourvu que ce soit divertissant et qu'on s'amuse. En fait, notre enchanteur pourrait se révéler *(si on y met un peu du sien)* le complice le plus consentant dont on puisse rêver et il nous faudra bien évidemment prendre précieusement soin de cette amitié.

Cet ouvrage s'intéresse tout d'abord au jeu en tant que méthode de socialisation et d'apprentissage chez nos perroquets de compagnie. Je traiterai des mécanismes d'apprentissage ainsi que de l'art de donner une couleur ludique à ceux-ci, de sorte qu'apprendre devienne un jeu pour l'oiseau et pour vous un réel plaisir de guider et de transmettre. Cette approche a fait ses preuves depuis longtemps, tant auprès de mes perroquets que de ceux de ma clientèle. Pas de réprimandes, pas de punitions ni remontrances. À partir d'aujourd'hui, on joue !

La seconde partie de l'ouvrage sera consacrée entièrement au jeu pur et dur : des idées pour interagir avec son moujingue à plumes de la façon la plus chouette qui soit, pour s'amuser tout en lui enseignant une foule de jeux, tous plus désopilants les uns que les autres. Mais au départ, il nous faut comprendre une ou deux petites choses au sujet des modes d'apprentissage de notre chéri et de la manière de faire croître en lui cette motivation si fondamentale à tous les apprentissages. Votre médiation *(bienveillante bien sûr)* sera déterminante : ne sous-estimez jamais votre rôle dans l'aventure.

- *Chuis encore tout petit, mais t'as pas idée de ce que je peux te donner.*

Tout dépend de toi...

Jouer à quitte ou double

La relation humain / perroquet n'est pas toujours aussi interprétable qu'on pourrait se l'imaginer. Non parce que Coco est un animal si « complexe » ou « difficultueux », mais tout simplement parce qu'il est un perroquet... et nous pas ! Notre oiseau aura vécu au cours de sa vie une foule d'expériences qui ne nous seront pas « observables » et qui pourtant n'en seront pas pour autant moins concrètes pour lui. Chacune de ces expériences demeurera en tout temps imprégnée dans sa mémoire et il sera en mesure de réactiver et utiliser ces informations dans la situation actuelle ou une autre à venir. Il les connaît, il les a déjà rencontrées.

Notre perroquet a la capacité de catégoriser les données qu'il puise dans son milieu et de se les représenter s'il en a besoin. C'est ce qu'on appelle la faculté de représentation. Ainsi, entre le stimulus et la réponse *(qu'on verra plus loin)*, il y a une foule de variables intermédiaires qui ne sont pas nécessairement observables de notre part, parce qu'elles ne sont pas immédiatement disponibles dans l'environnement.

- *Je pense, donc je suis...*

...n'en déplaise à monsieur Descartes.

Dans les faits, nous partageons le même milieu. Cependant, nos perceptions, tout comme la façon de concevoir ce milieu sont et demeureront toujours très différentes, simplement parce qu'elles ne passeront pas par les mêmes filtres.

Pour notre perroquet, il y aura d'abord la réalité de la situation : puis cette dernière passera par les filtres génétiques de l'espèce *(état de proie, grégarité, etc.)* ainsi que ceux de la sensibilité des organes des sens *(vision, ouïe, toucher, etc.)*. Par la suite, les filtres émotionnels *(mémoire émotionnelle)* viendront se rajouter, on parle alors du seuil d'émotivité qui inclut, bien entendu, le mécanisme de défense qui y est relié. Succéderont ses filtres sociaux culturels *(l'environnement dans lequel l'oiseau évolue ou a évolué)*, puis ses filtres individuels, telles les expériences personnelles, la qualité de la socialisation, etc. Ce qui déjà, modifie considérablement ses perceptions, ne lui laissant qu'entrevoir une certaine partie de la réalité.

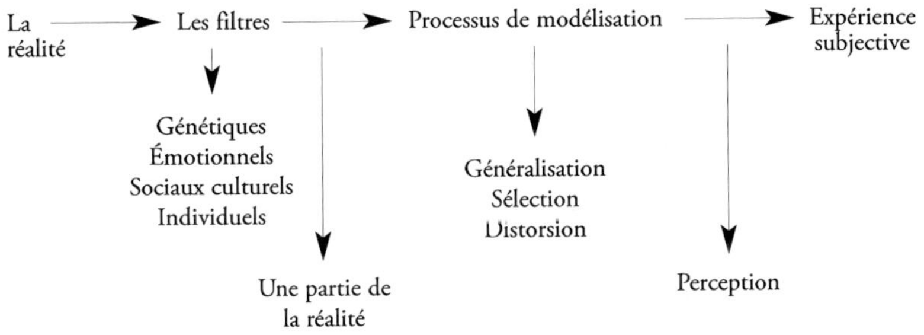

Cette partie de la réalité passera enfin par d'autres filtres : ce qu'il aura généralisé, ce qu'il sélectionnera *(en mémoire)* et ce qu'il en aura compris *(distorsion)*. Ce qui au bout du compte produira sa propre expérience subjective, qui sera très certainement fort différente de la vôtre ou même de celle du perroquet de votre voisin.

C'est ce qu'on appelle « le monde sensible » de l'animal *(umwelt)*. C'est « l'environnement global » de notre perroquet, SA réalité subjective. Deux espèces *(humain et perroquet)* partagent le même milieu, mais ne se l'expliquent tout simplement pas de la même manière ; deux individus vivant une même situation et qui la perçoivent différemment.

Ainsi, le développement comportemental de l'oiseau tiendra compte de trois facteurs :

1. L'action des gènes.
2. L'environnement.
3. Le traitement de l'information et les émotions qui s'y rattachent.

L'expérience est subjective... la réalité est relative !

On ne pourra tout au plus qu'essayer d'interpréter *(selon les critères qui s'inscrivent dans notre monde à nous)* les besoins, les motivations, les émotions, les obstacles, de même que la façon de communiquer de notre piou. Et bien entendu, ceux-ci nous échapperont totalement si on ne fait pas un minimum d'effort pour tenter de se mettre à sa place *(au moins un tout petit peu)*. Ce n'est un secret pour personne, la qualité de la relation qu'on développera avec notre perroquet dépendra *(entièrement)* de l'investissement en temps qu'on sera prêt à y engager et de l'acceptation de nos limites réciproques. Déjà dit, déjà vu... mais toujours d'actualité.

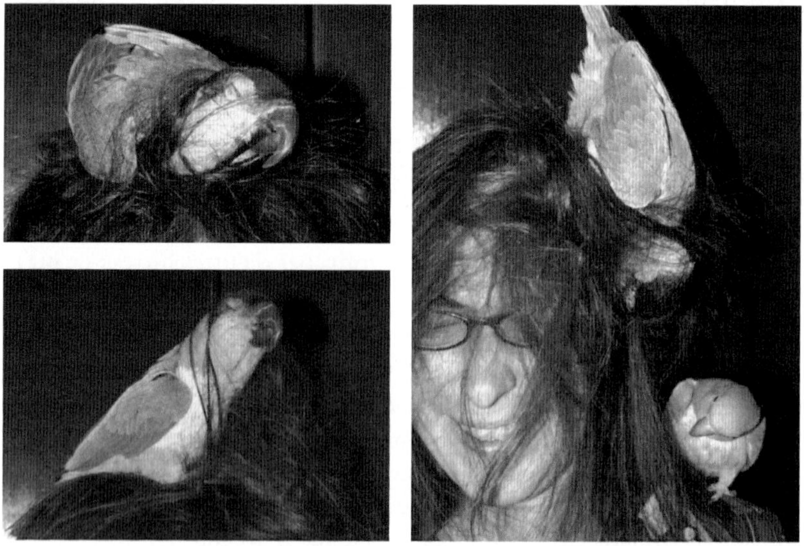

- Ça, c'est ce que j'appelle de l'investissement à mon goût...

Jouer quitte

Le jeu a cette étonnante particularité de mettre en relation les êtres et les mondes. En jouant ensemble, l'oiseau autant que l'humain découvrira l'autre et tentera de se mettre au diapason, afin de pouvoir communiquer adéquatement dans le but ultime de rapprocher leurs univers, du moins pendant ce moment de grâce que durera l'interaction ou la période de jeu. Vous n'aurez d'autre choix que de l'observer, de chercher à « comprendre ce qu'il comprend ».

- *Après, c'est à moi les bisous...*
- *Tu rêves... c'est à MON tour après lui !*
- *Moi, j'étais là avant et ça fait longtemps que j'attends...*

Il vous faudra certes vous ajuster, reformuler et réévaluer vos stratégies. Mais lorsque vous trouverez LE moyen de communiquer, ne serait-ce qu'une toute petite demande ou émotion *(le son affectueux d'un bisou que le perroquet reprendra à son compte... à votre intention)*, vous serez émerveillé et vous cheminerez ainsi, de découverte en découverte, toujours plus avant dans l'indéfinissable monde de communication de votre trésor à plumes.

Entre...
ce que je pense,
ce que je veux dire,
ce que je crois dire,
ce que je dis,
ce que vous avez
envie d'entendre,
ce que vous entendez,
ce que vous
comprenez...
il y a dix possibilités
qu'on ait des
difficultés à
communiquer.
Mais essayons
quand même...

-Bernard Werber

Coco pour sa part ne sera pas en reste. Il coopérera en essayant aussi de « comprendre ce que vous comprenez ». Il cherchera à adapter ses modes de communication aux vôtres : il vous observera attentivement *(en fait, il ne fera que ça)*, tentant de relier ses émotions aux signes, paraverbaux et non verbaux, que vous lui enverrez et qui deviendront avec le temps *(à force d'interactions)* de moins en moins nébuleux pour lui. Il apprendra à vous lire.

Puis, il commencera à saisir le verbal, le sens des mots (sons) associés aux actions *(les vôtres comme les siennes)* et il prendra plaisir à vous démontrer qu'il a compris ce que vous attendez de lui, à vous confirmer que finalement, vous avez réussi, l'un comme l'autre, à communiquer.

Ainsi, par le biais du jeu, chacun apprivoisera l'univers de l'autre doucement, sans contraintes et de façon réjouissante, décontractée.

Vous en serez quitte pour vous ouvrir à un monde infini de découvertes.

En vous mettant *(vraiment)* à son écoute, Coco saura vous (*) « flabbergaster » *(tellement)* par ses incroyables habiletés et sa débordante et totale volonté de s'engager dans votre monde. Soyez accessible et réceptif.

Jouer double

Dans un contexte de captivité *(loin, loin, loin de son milieu naturel)*, la plupart des besoins physiques du perroquet sont comblés : absence de prédateurs, pas de recherche alimentaire, climat tempéré à l'année, etc. La « domesticité » a ni plus ni moins mis Coco au chômage ! Que lui reste-t-il à faire de ses longues journées ?

Et si dans le monde des humains le jeu, peu importe la forme, pouvait se substituer au travail ? On jouerait alors double, car en plus

- *C'est censé se substituer au travail, ça ?*

- *Ha bon...! Pourquoi ? Ça apporte la bouffe ?*

d'apprendre à communiquer et à se connaître mutuellement *(et ainsi forger une magnifique relation)*, le jeu serait aussi source de stimulations, de distractions, de « business » et par conséquent, d'acte anti-désœuvrement pour Coco... Pas trop bête comme idée !

(*) Éberlué, ahuri, sidéré, soufflé, pantois, etc.

Le perroquet est un animal simple que tout intéresse : une broutille attire son attention et un presque rien le récrée. Dans notre monde si riche en stimuli de tout acabit pour Coco, tout peut devenir prétexte au jeu, comme nous le constaterons dans les pages de ce livre. Notre univers peut être pour le perroquet captif une source sans fin de triste langueur *(malheureusement)*... ou regorger de milliers de happenings renouvelables... La baballe est dans votre camp !

Jouer quitte et double

Dans cet ouvrage, ce qui nous intéresse avant tout, c'est le côté ludique de la cohabitation avec un perroquet : briser la monotonie quotidienne de l'animal captif et pourquoi pas... devenir son plus-que-parfait compagnon de jeu en apprenant à s'éclater complètement avec lui. Pas mal comme ordre du jour...

Depuis plus de vingt ans, il ne se passe pas une seule journée où mes petits garnements ne me provoquent le plus délirant des fous rires. Vous savez ? Se tordre de rire à en avoir mal au ventre... Les perroquets sont prodigieux, ils possèdent ce sens inné du « timing » que recherchent tellement les humoristes ; ils maîtrisent l'art du divertissement et ma

Comedy hour...

- *Comment appelle-t-on un perroquet qui a les plumes de vol taillées ?*

Hi, hi...
On ne l'appelle pas... On va le chercher ! ☺

Psittacus erithacus clownatus

foi, semblent prendre le jeu très au sérieux. Ils savent rire et s'investissent complètement dans le jeu si celui-ci est réjouissant.

Vous voilà déjà étonné... les perroquets s'autorisent à rire... ? Mais pour sûr ! Le rire est l'une des composantes les plus renversantes du jeu avec ces bestioles ; ces désopilants ovipares raffolent de nous entendre nous esclaffer... Jouer fait rire l'humain et ce prodige de la communication fait partie des multiples exquisités qui n'échapperont pas à l'œil plus qu'averti de Coco dans son désir d'entrer en relation avec vous... Votre rire demeure le meilleur instrument de communication que vous possédiez pour lui indiquer votre belle humeur et la satisfaction que cette relation vous procure. Usez-en abondamment !

Le son incomparable du rire enchante l'oreille de notre perroquet parce qu'il reflète toujours une situation joyeuse. Cet oiseau adore imiter notre rire et celui-ci devient souvent l'un des premiers énoncés phonologiques à être reproduits par Coco-toujours-affamé-d'activités-distrayantes *(pourvu bien sûr que vous rigoliez de temps à autre)*. Je ris, mon filou emboîte le pas, se poile aussi, et comme le rire est contagieux... je vous laisse imaginer la scène...

Toutes les espèces, même celles moins douées pour le langage, sauront pasticher votre inégalable rire. Pour moi, rien de plus réjouissant que le rire d'un perroquet qui s'investit complètement dans le plaisir. Bébé, mon petit conure de Finch, est vraiment le roi de la rigolade dans ma maison. Bébé n'est pas très habile pour le langage ; en fait, il est totalement nul. En revanche, il a saprément bien appris à reproduire mon rire. Lorsqu'il désire attirer mon attention, il s'empare d'un de ses jouets, commence à en découdre avec lui et pouffe d'un rire des plus contagieux...

Personne ne résiste au rire éclatant de Bébé, moi encore moins que les autres... et le petit macaque le sait. Alors, c'est la débandade... Je m'esclaffe, il me répond, nous contaminons la ribambelle de perroquets de la maison, les chats fuient vers l'atelier, les chiens s'agitent et sautillent partout... Et voilà l'hilarité qui se généralise ... c'est reparti pour un coup ! Rien à faire, plus moyen de travailler, je lâche prise... Bébé du haut de ses 9 cm vient de décréter l'heure du jeu !

Le jeu en vaut vraiment la chandelle

Jouer est certainement le côté le plus souriant d'une relation humain / perroquet, puisque ce dernier est si naturellement divertissant et « divertissable ». Dans cet ouvrage, vous retrouverez différentes formes de jeux : du jeu présenté dans son plus simple appareil d'amusement (*lire déconnage*) à d'autres, un peu plus élaborés, qui demanderont plus d'efforts (*pour tous les deux*) et plus de préparation *(seulement pour vous)*.

L'objectif de ce livre ne vise pas à faire de votre oiseau une bête de scène... loin s'en faut... mais plutôt à améliorer substantiellement la quintessence de votre « couple » en découvrant comme il est aisé et plaisant de passer plus de temps de qualité avec Coco et comment, à travers le jeu, vous pouvez, même sans vous en rendre compte, parfaire ses acquis ainsi que polir et peaufiner ses comportements sociaux.

Le perroquet est un animal brillant et vous serez probablement très étonné de constater à quel point il peut en arriver à généraliser un apprentissage, qui se veut au départ ludique, à d'autres facettes de la vie en votre compagnie.

Avant de se livrer au jeu

Avec certains jeux qui seront présentés dans ces pages, je tiens pour acquis que vous avez compris, assimilé et mis en pratique les leçons de mes (*) livres précédents et que vous êtes d'ores et déjà très à l'aise avec votre perroquet.

Vous avez passé avec succès la barre de l'intelligibilité de ses comportements naturels, l'art de l'approcher, de se rapprocher ainsi que de le toucher. Vous savez sans nul doute que Coco aura recours à son bec dans plusieurs sphères d'activités, ce qui inclut évidemment la prospection et le tripatouillage de ses jouets ainsi que... de vos doigts. Je considère aussi établi que vous avez mis en pratique la gouverne de la pression du bec de votre biquet *(sinon, voir morsure inhibée p. 197).*

Donc, vous faites maintenant *(presque)* entièrement confiance à votre perroquet et la réciproque vous est acquise. Vous comprenez que certains jeux « plus audacieux » ne pourront être explorés avec un

- À ce point, je ne vois pas ce que je peux faire de plus pour prouver ma bonne foi !

(*) La tripolarité comportementale du perroquet
Le perroquet, touchers et manipulations

oiseau qui se garde de vous. Ainsi, avant de penser aux apprentissages de jeux, il faudra avoir fait vos devoirs d'apprivoisement et que votre chéri soit devenu, de façon plus que suffisante, confiant en votre présence. Cette sécurité commande, pour certains jeux, qu'il se laisse

- Tiens... Une démonstration ?

- Je veux être rémunérée en câlins...

- Gagagagagooouu !

toucher partout sur son petit corps, incluant les pattes, le dessous des ailes et le dos. Il doit se sentir rassuré et confortable en tout temps entre vos mains. Si tel n'est pas le cas, je vous suggère de relire et d'appliquer les règles d'apprivoisement du livre *Le perroquet, touchers et manipulations* parce que, comme le dit le vieux dicton, « *il faut apprendre à ramper avant de marcher* ». Jouer est avant tout un acte d'amour et d'abandon pour lequel mieux vaut laisser son orgueil au vestiaire.

Là où il y a crainte et méfiance, il ne peut y avoir amusement et plaisir ; c'est tout bêtement incompatible !

- Mon point de vue est certes différent, mais ce n'est pas une raison pour qu'on ne s'accorde pas... ☺

Le jeu suppose l'égalité. - Balzac

Bien jouer son jeu

Au début, il y a les besoins...

... et plus les besoins de Coco seront satisfaits, plus il pourra s'investir dans ces apprentissages qui, après tout, ne concernent en rien sa survie. Pour apprécier le jeu, l'oiseau doit se sentir tout à fait libre de jouer.

Bien sûr, il faudra être modéré dans l'accomplissement de ses besoins. Souvent, trop c'est comme pas assez : on ne doit pas nécessairement *(en fait... surtout pas)* accourir vers Coco pour combler un besoin avant même qu'il ne se manifeste et on ne doit pas non plus agir à sa place. Il aura avant tout « besoin » de réaliser ses propres expériences.

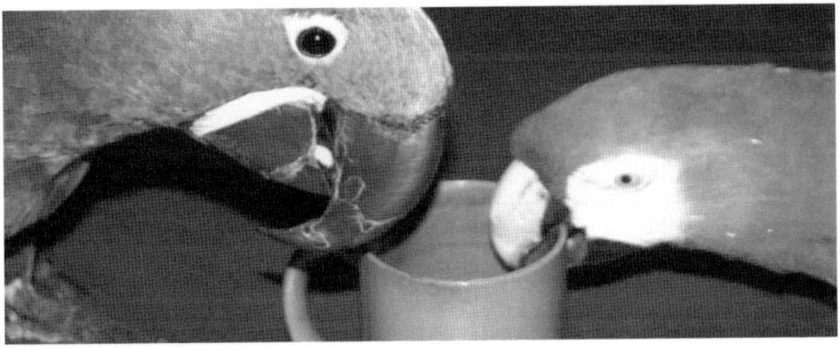

- *Moi, j'aime bien qu'on accoure pour combler mes besoins.*
- *Totalement d'accord avec toi. Tiens, cette tasse est vide...*
- *Dites, quelqu'un pourrait accourir, s.v.p. ...*

Le bon sens commande de demeurer attentif à ses besoins de base : alimentation, logement, sommeil, etc., sans pour autant en créer d'hypothétiques, de ces besoins que votre grand cœur concevra, ou encore le surcharger de ces futiles « besoins » prescrits par les diktats du marché de l'animal de compagnie béat et en santé. On ne s'impose pas dans tout, mais on l'accompagne et on le guide dans ses apprentissages en lui prodiguant les encouragements et petits coups de pouce nécessaires si certains de ceux-ci se révèlent trop laborieux pour lui.

N'oubliez pas que vous détenez la clé de l'assouvissement des besoins de votre oiseau. Vous êtes en quelque sorte le maître de son univers, celui ou celle qui a le contrôle *(total)* de son bien-être. Il vous faudra alors redoubler de vigilance et demeurer très attentif à lui afin d'éviter les « excès de… » autant que les « déficits de... ». Devenez partisan de la retenue et de la simplicité. Pour jouer, on reste « cool » !

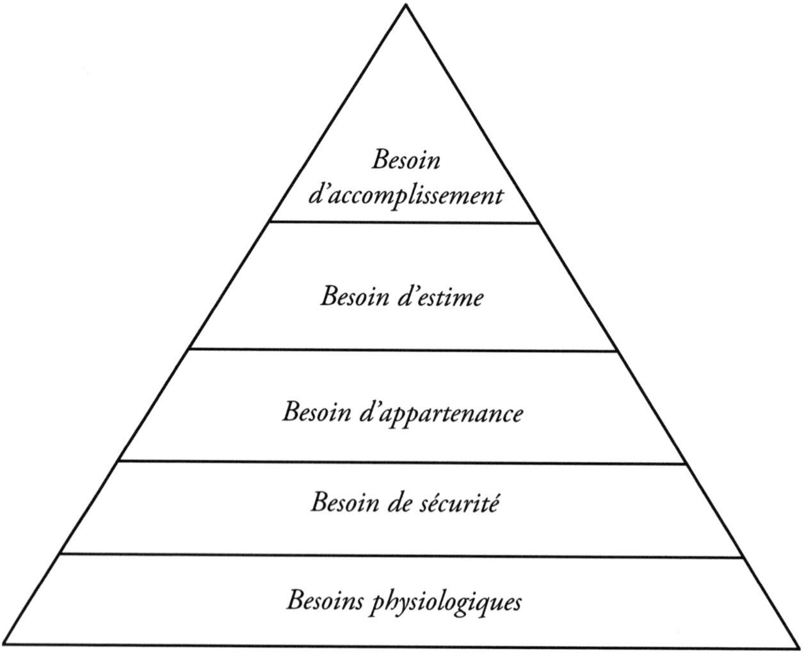

Pyramide des besoins

(*) M. Abraham Maslow a mis au point dans les années '40 une théorie selon laquelle il faut qu'un certain nombre de besoins soient satisfaits *(pas nécessairement comblés)* pour qu'un individu puisse *(minimalement)* s'épanouir ; et ils doivent l'être dans un certain ordre. M. Maslow nous dépeint cette hiérarchisation des besoins sous la forme d'une pyramide dans laquelle il considère que les besoins élémentaires étant assouvis, l'individu cherchera ensuite à réaliser d'autres besoins de classes supérieures. Sans obligatoirement être liés à la survie, ces besoins serviront à alimenter sans cesse ses motivations et participeront de façon fondamentale à son développement psychologique *(accomplissement de soi)*.

Besoins physiologiques

C'est la base de la pyramide, ce sont des besoins reliés à la survie et à la nature de l'oiseau : se nourrir, dormir, se toiletter, se loger, etc. Il arrive souvent que nous ayons l'impression *(très complaisante)* de combler ces besoins, puisque l'industrie des animaux de compagnie sait nous vendre, semble-t-il, l'article approprié pour satisfaire chacun de ces « besoins ». Si un tel besoin n'existe pas encore, pas de souci, on l'inventera et on mettra la « bebelle requise » à votre disposition !

Pourtant, se pose-t-on la question à savoir si le perroquet porte la même considération à ces prétendus « besoins » ? Il y a parfois une *(très)* grande différence entre ce que nous estimons « adéquat » et le point de vue de l'oiseau sur le sujet.

Cet écart peut engendrer une situation qui sera jugée déficitaire par Coco et, a contrario, un besoin réel non assouvi risque de se révéler par diverses formes de symptômes, notamment ces comportements erratiques ou aberrants que nous présentent trop fréquemment nos perroquets « de compagnie ».

(*) Abraham Harold Maslow (1908-1970), psychologue célèbre pour son explication de la motivation par la hiérarchie des besoins.

Besoins alimentaires : une bonne alimentation est synonyme de bonne santé et une bonne santé est le premier prérequis dans le désir de faire, de bouger, de découvrir et, bien entendu, de jouer.

On doit adapter le régime alimentaire, parfois très particulier, de l'espèce. Il serait utopique de présumer que toutes les familles de psittacidés ont des besoins nutritionnels identiques. Il existe plus de 350 espèces de perroquets qui proviennent de différents continents et de différentes régions et dont la diète s'est spécialisée en fonction des ressources de ces divers environnements. Dans vos recherches préliminaires en vue de l'adoption de votre oiseau, j'imagine que vous avez tenu compte de cet aspect particulier ; les RÉELS besoins alimentaires de l'espèce choisie. Sinon il n'est jamais trop tard pour bien faire !

So... je ne vais pas ici vous faire un exposé sur les besoins nutritionnels de ces multiples espèces : il y a d'excellents ouvrages sur le marché traitant de ce vaste sujet. Nous n'explorerons pas les « que dois-je offrir », mais survolerons plutôt les « comment dois-je le faire ».

- Judicieux choix de sujet... parce qu'avec les couverts, je ne m'en tire pas trop bien...

Dans son milieu naturel, le perroquet passe le plus clair de son de temps de veille à se déplacer, ratisser et fourrager pour se procurer une grande variété d'aliments qu'il sélectionne soigneusement selon ce qui est disponible dans la saison. Lorsque la nourriture est repérée, une période équivalente est dévolue à sa manipulation et à sa transformation afin de la rendre assimilable. Dans les faits, il réserve 4 à 6 heures par jour, et parfois plus selon la période de l'année, à cet exercice. Cette phase appétitive *(prospection et transformation)* accapare donc près de 50 % des activités de l'oiseau à l'état de veille ; plus 10 % de temps alloué à l'ingestion même des aliments. Si on rajoute en plus le temps accordé aux interactions sociales, disons 25 à 30 %, la somme de toutes ces occupations ne lui autoriserait qu'environ 10 à 15 % de son temps de veille pour *(vraiment)* se reposer. Alors, dans son habitat, le perroquet ne serait qu'un autre de ces « workoliques », doublé d'un naturel mondain, se laissant envahir par un « planning » des plus chargés.

Maintenant, si on observe notre oiseau dans un contexte de captivité, cette proportion nous semble radicalement inversée : le perroquet de compagnie ne passe en tout et partout qu'à peu près 30 à 45 minutes de toute sa journée à l'activité de se nourrir et encore... s'il prend son temps ! C'est complètement insensé de constater à quel point nous arrivons loin du compte ! Par nos bons soins, il n'a que trop facilement accès à sa pitance et sa recherche ne représente plus aucun défi ; ni pour s'en procurer, ni pour la transformer. Croyez-moi, la moulée et les extrudés ne lui créeront certes pas de surmenage. Ainsi, la captivité ne laisse que la phase consommatoire du comportement alimentaire de Coco. La phase appétitive ne se résume plus qu'à... quémander lors de nos repas. Dur...dur... !

- Mais qui quémande ici ?

L'ennemi à abattre c'est l'ennui. Personne ne voudrait en toute connaissance de cause contraindre son compagnon à plumes à passer 80 % de sa journée à « farnienter » et n'avoir comme unique activité que le triste inventaire de son auget... Coco ce n'est pas Garfield ! Plusieurs recherches, notamment sur les stéréotypies et divers troubles comportementaux d'animaux sauvages vivant en captivité, ont mis en lumière un comportement nommé « contrafreeloading » qui s'exprimerait par le choix de l'animal de travailler pour obtenir sa nourriture alors qu'une autre, similaire ou identique, est facilement accessible et pourrait être récoltée sans le moindre effort.

Votre perroquet fait partie de ces espèces d'animaux sauvages captifs qui requièrent de se démener un peu pour chercher, trouver et apprêter leurs aliments : c'est un des *besoins élémentaires* de Coco pour garder son équilibre dans notre monde qui, vous le savez bien, n'est pas du tout conçu ni approprié pour lui.

Puisque Chouchou a besoin de s'activer un peu pour gagner sa croûte et qu'il est programmé pour le faire, adaptons son environnement en lui rendant l'opération stimulante *(et amusante pour vous)* en décrétant aujourd'hui que dorénavant, se nourrir, ce sera aussi jouer...

- Moi, j'aurais proposé Donjons et Dragons...

M'enfin...

INDIANA COCO

LES AVENTURIERS DU COUVERT PERDU

Nous allons jouer à un jeu d'aventure mettant en vedette votre perroquet, mis en scène et scénarisé par votre propre imagination... Haut les cœurs !

1. *La quête :* Indiana Coco cherche son couvert. Vous déplacez régulièrement le poste d'alimentation de votre perroquet, ou mieux, vous lui fournissez plusieurs sites offrant divers aliments, et ce, à différents moments de la journée.

2. *La prospection :* Le vilain *(c'est vous)* a disséminé sa nourriture sur son gym, sur le plateau de sa cage ou le sol de la volière. Il (*vous*) l'a ensevelie sous un amoncellement de charpies de papier, de carton et de brindilles de bois. Indiana Coco doit farfouiller sous ce monceau pour parvenir à sa pitance. - Particulièrement apprécié chez les espèces qui s'alimentent naturellement au sol.

3. *Les embûches :* Le gredin *(encore vous, eh, c'est le scénario qui veut ça)* a accroché des morceaux de fruits et de légumes *(les préférés d'Indiana Coco)* dans les hauteurs, au plafond ou près d'une perche. Ceux-ci sont quelque peu *(à pas mal)* difficiles d'accès. Bouh...bouh... le vilain ! Indiana Coco doit voler, grimper, contourner, s'étirer pour rejoindre sa becquetance ainsi jouquée. Une simple banane et une grappe de raisin suspendues procurent des heures de plaisir à mes perroquets. - Les espèces arboricoles sont friandes de ces postes d'alimentation en altitude.

4. *Les impasses :* Le mécréant *(... on joue, quoi)* a dissimulé les gâteries dans des petites boîtes de carton à déchiqueter ou contenants à décapsuler. Il les a enveloppées dans du papier *(sacs de papier brun)* ou des pièces de tissu *(naturel... pas synthétique le tissu)*. Indiana Coco n'aura d'autre choix que de dilacérer le tout, ou encore, il lui faudra parvenir à vaincre ces obstacles avant d'accéder au pactole !

5. *L'affaire se corse :* L'infâme *(bon, disons que c'est quelqu'un d'autre, cette fois)*, lorsqu'il constate qu'Indiana Coco a pigé qu'il doit rechercher ce qui se cache à l'intérieur des petites boîtes, décide *(dans son noir dessein)* de rendre ces dernières plus difficiles à atteindre en multipliant les défenses. Dorénavant, il faudra plusieurs actions ou manipulations de la part d'Indiana Coco pour parvenir aux gâteries dissimulées à l'intérieur des boîtes : grimper à l'échelle, marcher sur une interminable perche, enjamber des obstacles, ouvrir une porte ou un couvercle, attraper la boîte attachée à une corde suspendue dans le vide *(pas trop long le cordon pour éviter les risques d'étranglement)*, venir à bout de quatre à six boîtes gigognes pour arriver à la friandise, etc. Des heures de plaisir pour Indiana Coco *(et de quiétude pour vous)*.

6. *Un trésor à l'état brut :* Tout comme le Graal, le trésor doit demeurer simple et non raffiné. Un vrai trésor n'est pas traité ni transformé, épluché, coupé, émondé, sucré, etc. Indiana Coco sera heureux de mettre la patte sur un capital qui n'a pas été pillé : des fruits et légumes entiers avec la pelure *(bien lavés, ça va de soi)* et les noix dans leurs écales. La réelle récompense surviendra après la découverte du Graal : ce sera le temps qu'Indiana Coco passera à s'affairer à la préparation de la dégustation de son trésor.

Inventez votre propre scénario : la seule limite est votre inspiration. Tout ce qui peut stimuler la recherche alimentaire, qui offre l'opportunité à l'oiseau d'explorer, de fouiller et de mettre à profit ses talents athlétiques et qui a pour finalité de prolonger les périodes allouées à l'activité de se nourrir demeure recevable, à condition bien sûr de ne pas compromettre sa sécurité. Le but ici est de le tenir occupé d'une façon productive pour lui. Si vous n'avez pas le temps *(ou l'envie)* de créer un parcours pour votre perroquet *(ce qui serait regrettable)*, on trouve maintenant sur le marché plusieurs jouets conçus pour répondre à ce besoin de fourrager *(foraging toy)* : jouets ou puzzles dans lesquels on peut insérer ses gâteries. Préférez ces jouets à tous les autres pour ses périodes de jeux libres.

Au début de sa quête, Indiana Coco ne comprendra pas d'emblée le principe et pourrait vous sembler réfractaire à ce qu'il vivra comme une bouleversante désorganisation de sa petite routine. Il se méfiera

- *Mais quesse-tu fais là, toi ?*
- *Mouais, c'est un bouquin de perroks ici...*
- *Bien quoi, j'avais un petit creux et je me suis dit...*

et ce sera normal dans les circonstances. Vous devrez probablement le mettre sur la piste des découvertes. Cependant, après quelques jours d'adaptation *(et une médiation engageante de votre part)*, votre oiseau, comme la plupart de ses congénères, deviendra très excité à l'idée de partir en campagne d'investigation afin de dénicher les sites d'alimentation répartis aux quatre coins de la pièce et de relever les nouveaux défis que cette situation lui imposera. Le bonheur pour un perroquet c'est de chercher, de fouiller... et de trouver !

Besoin de bouger : sortez-le de sa cage que diable ! Pour garder la forme, il s'agit de ne pas s'encroûter ; le risque est de finir par ressembler à une « coach potato » emplumée. Le perroquet a besoin de dépenser son énergie ; c'est un facteur d'épanouissement autant physique que psychologique. Voler, grimper, courir, sauter, se batailler avec un jouet ou son humain chouchou sont des activités qui lui permettent de mieux se situer dans l'espace, d'utiliser ses facultés motrices, de développer sa musculature ainsi que ses capacités cardiaque et respiratoire. N'imposez pas votre mode de vie « pot-au-feu » à votre oiseau.

- *Plongeon périlleux arrière suivi d'un carpé ouvert en vol dans un 15 m²... Ça décoiffe !!*

Trop souvent, mes clients me demandent : « *Que dois-je faire pour que Coco se tienne un peu tranquille ?* » Quelle question ! Votre perroquet a besoin de se dépenser physiquement ; on ne peut rien y changer, c'est une vie de perroquet ! Prévoyez dans votre horaire quotidien des moments où Coco peut s'éclater et se défoncer sans que cela vous prenne la tête, plutôt que de continuellement tenter de le refouler dans ses ardeurs. Et en complément, pourquoi ne pas partager ces moments de folie avec lui ? Ça vous fera le plus grand bien.
Jouer c'est bouger !

Besoin de sommeil / repos : lors de consultations chez des clients aux prises avec un piou qui leur semble passablement « caractériel », voici ma première question : « *De combien d'heures de sommeil dispose votre perroquet ?* » La majorité du temps, ils ne se rendent pas compte à quel point le déficit de sommeil peut influencer l'humeur et même la santé de leur oiseau. La plupart des espèces de perroquets proviennent de régions situées près de la bande de l'équateur. Sous ces latitudes, peu importe la saison, ensoleillement et obscurité se répartissent en périodes 12/12 : douze heures de clarté et douze heures de nuit.

Dans nos maisons, malgré notre emploi du temps souvent surchargé, il serait souhaitable que Coco puisse bénéficier d'au moins une dizaine d'heures ininterrompues de sommeil chaque nuit. Un sommeil ininterrompu signifie éloigné de toute forme de stimulations : lumières, bruits, télévision, vos voyages au réfrigérateur, vos conversations téléphoniques ainsi que vos expériences « Kâma-Sûtriques » *(pour ceux qui auraient la déplorable idée de faire dormir Coco dans leur chambre à coucher)*... Qu'on se le dise, vos exultations dérangent votre petit bonhomme, sans compter le risque *(non négligeable)* qu'il s'en inspire pour enrichir son vocabulaire... ☺

Pour qu'un perroquet tire parti d'une bonne nuitée, il doit pouvoir dormir dans une obscurité totale sans être importuné de

- *Moi, c'est simple. Si je n'ai pas mon petit 10 heures... je pince !*

- *À bon entendeur, salut. Et éteignez en sortant...*

quelconque façon. Ceci veut dire, dans les grandes lignes, que le fait de recouvrir d'une housse opaque la cage de Coco, sise dans le living-cinéma-maison avec équipement acoustique « Surround Sound », n'est peut-être pas la trouvaille du siècle !

En plus du besoin de profiter d'une nuit de repos raisonnable, comme tout « émigrant du Sud » et à l'instar d'à peu près tous les représentants de la gent ailée, votre psittacidé chéri prétendra à une salutaire « siesta » en début d'après-midi. En effet, les phases d'activités de Coco se situent principalement en matinée et en fin de journée. Alors, il serait préférable de placer les routines de jeux à l'une ou l'autre de ces périodes *(pourquoi pas les deux)*. Votre chéri sera certainement plus réceptif et attentif s'il ne passe pas son temps de jeu à sommeiller.

Besoin de logement : le logement, c'est la cage de Coco *(sa maison - sa piaule - son petit home - son doux foyer à lui tout seul)* et pour celle-ci, il n'y a qu'un mot d'ordre… la stimulation la plus grande possible *(sans surcharge de jouets bien entendu… soyons raisonnables)*.

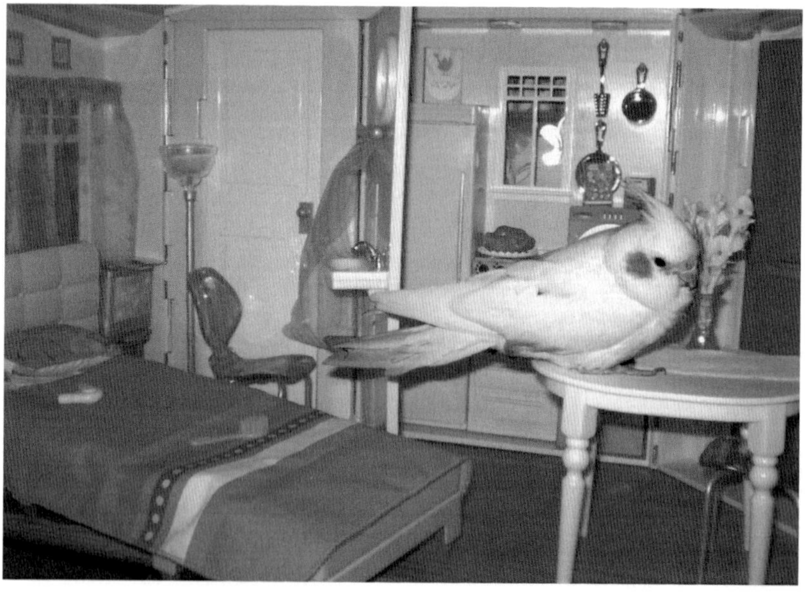

Coup d'œil indiscret sur un intérieur de perroquet.

La cage doit être choisie en fonction du niveau d'énergie de l'espèce et non pas proportionnellement à la taille du « zoizeau ». Les caïques, la famille des loris, certains conures et les cacatoès corella *(cacatua sanguinea)* font partie de ces espèces ultra-dynamiques qui, malgré leur format réduit, demandent beaucoup d'espace pour laisser exploser leur débordante vitalité. Il faut rejeter d'emblée les modèles verticaux qui semblent conçus pour des « oiseaux-hélicoptères ». Le perroquet se situe dans le groupe des « oiseaux-avion », c'est-à-dire que, s'il est normalement constitué, il volera ho-ri-zon-ta-le-ment ... et non verticalement comme un ascenseur ! Vous privilégierez un logement qui offre la place nécessaire à cette activité *(plus large que haut)* et, dans le cas des espèces à longues queues (aras, perruches), il serait minimalement souhaitable que l'oiseau puisse se mouvoir sans que cet élégant appendice ne frotte aux

Think big...

parois ou aux accessoires, ni ne traîne sur le fond *(généralement souillé)*. Vous choisirez judicieusement l'emplacement de la cage. Adossée de préférence contre un mur, question de ne pas constamment avoir à surveiller ce qui se trame à l'arrière de son « cottage », cette position doit être sécuritaire, mais aussi stratégiquement située pour lui permettre d'avoir l'œil sur son territoire dans le calme et sans qu'il ait à subir de va-et-vient incessants. La « maison » de l'oiseau doit être conçue suffisamment haute pour qu'il ait l'occasion d'apercevoir mieux que vos jambes qui passent devant lui *(sans aucun doute, il préfère voir votre tête)*. Et finalement, le penthouse de Coco sera complété par un parc d'amusement sur la terrasse afin qu'il puisse jouir du paysage panoramique de son domaine tout en s'amusant avec ses jouets favoris.

Bon, maintenant que vous avez procuré à Coco la plus « super-fantastique-dernier-modèle-en-vogue-de-couleurs-assorties-à-vos-tentures » cage au monde... dites-vous bien qu'une cage ne demeurera toujours rien qu'une cage. Alors, sortez-le de là le plus souvent possible !

- Viva la libertad !

Besoin de sécurité

Ce besoin est essentiel au développement du perroquet. Dans un contexte de captivité, Coco n'est pas en mesure d'assurer sa sécurité de manière autonome. Il s'agit là au départ d'un point qui me semble passablement insécurisant en soi. Le sentiment de sécurité demeure très subjectif et varie d'un individu à l'autre. Il recouvre en premier lieu une partie très concrète pour l'oiseau : sa propre sécurité physique ainsi que celle des membres de son groupe qui lui sont chers. Ensuite, une seconde partie, plus personnelle, reliée à ses impressions particulières, ses craintes, ses anticipations et à sa façon intime de percevoir son milieu. La tranquillité d'esprit de notre perroquet dépend entièrement de nous. Il est de notre responsabilité et notre devoir de lui fournir un environnement stable, rassurant et prévisible.

Besoin de protection : protéger, prendre soin ne veut pas dire *(en ce qui vous concerne)* de garantir Coco seulement contre les aléas physiques de la vie en captivité. Protéger, c'est aussi préserver ses émotions, respecter son individualité et tenter de minimiser, dans la mesure du possible, ces inutiles situations pénibles qui peuvent survenir à tout moment dans le cadre d'une cohabitation inter-espèce *(humain / oiseau)*.

Par contre et parallèlement à votre désir de combler ce besoin de protection du cher ange, il vous faudra apprendre à ne pas basculer vers la surprotection ; vous savez, celle qui inhibe toute forme de curiosité ou de créativité, celle qui entrave tout comportement d'exploration.

Pour acquérir son autonomie, le perroquet a besoin de faire des expériences. Il fera beaucoup d'essais qui se solderont par autant de réussites que d'échecs. Vous veillerez sur lui sans l'empêcher de « faire » et vous vous retiendrez de vous interposer et / ou d'agir à sa place.

Vous supervisez *(sans intervention)* ses activités en évitant, bien évidemment, toute forme d'exposition à de potentiels dangers, du moins, ceux que vous pouvez anticiper, afin de lui laisser le loisir d'explorer à sa guise ses jouets et ses accessoires ainsi que son territoire en toute sécurité. Vous l'encouragez à interagir avec tous les membres

- *Ça alors... on m'épie encore ! Dites donc les indiscrets...*
... pourriez superviser en douce, non ?

de votre famille, avec vos voisins, amis, parents, etc., et vous présidez (*discrètement*) ces interactions à seule fin de vous assurer que les présentations et interrelations se passent correctement, surtout en présence d'enfants, de personnes craintives ou, pire, d'*homo sapiens* un peu trop crâneurs *(ces derniers sont une vraie plaie)*. Vous protégez votre petit bout, mais vous évitez de vous transformer en tour de contrôle ! Le perroquet a besoin d'apprendre à aller naturellement vers les autres et de faire ses propres expériences.

Besoin de prévisibilité : la prévisibilité est un besoin qui fait partie du cycle de la confiance du perroquet ; elle constitue la base des liens qu'il concevra avec son groupe social, son milieu. C'est donc un point majeur de sa socialisation, et absolument essentiel pour n'importe lequel de ses apprentissages de communication avec vous.

Coco se sentira sécurisé par la régularité structurante des routines que vous mettrez en place pour lui. Il a besoin de savoir que ce qui existait hier va encore continuer aujourd'hui et que la même chose se poursuivra demain. Il aura aussi besoin d'avoir l'assurance que votre attention ou votre affection ne seront jamais conditionnelles à sa performance lors d'apprentissages *(n'importe lesquels)* ou de périodes de jeux en votre compagnie et qu'il pourra profiter du temps qui lui est nécessaire *(parfois plus / parfois moins)* pour parvenir à l'objectif de...

Votre perroquet a besoin d'évoluer dans un climat émotionnel stable et rassurant en ayant la certitude qu'il peut communiquer de façon naturelle avec son humain ou son groupe et qu'il en sera entendu de retour. En effet, le perroquet manifeste ses besoins par différents signes qu'il vous faut rapidement apprendre à décoder, puisqu'il s'attendra à une réponse immédiate et convenable de votre part. Si l'oiseau peut communiquer adéquatement, il se détendra et prendra confiance.

- As-tu prévu quelque chose aujourd'hui ?
- Évidemment... gouverner, c'est aussi prévoir...

Puis, en cours d'apprentissage, votre chéri à plumes devra avoir la conviction que vous serez là pour l'aider et le guider vers la solution du jeu lorsqu'il ne sera pas en mesure de résoudre un problème par lui-même. Tout comme l'humain, le perroquet n'apprécie guère être bousculé et il aime savoir à quoi s'attendre et quelle sera la suite d'un événement. Pour ce faire, vous devrez adapter vos modes de communication en lui proposant des repères concrets, une prévisibilité dans les demandes et dans le temps : vous formulerez des demandes claires, vous ajouterez des aides visuelles *(qu'on verra plus loin)* et vous lui permettrez en tout temps d'être informé quant à ce que vous attendez de lui.

Dans tous ses apprentissages, incluant celui des jeux, vous devrez faire en sorte que l'oiseau soit en mesure de prévoir l'action de façon simple et accessible, en évitant les flots de paroles ou de demandes qui, à cause du nombre d'informations simultanées, lui sembleront anarchiques. Il se trouvera alors dans l'impossibilité de suivre la séquence.

Ce besoin de prévisibilité demeure l'une des bases les plus importantes de la cohabitation avec un perroquet, quelle qu'en soit l'espèce. Elle est essentielle à l'apaisement de cette anxiété si caractéristique de cet animal devant ce qui est inconnu. Un oiseau qui sait que la période de jeu sera en tout point agréable deviendra très excité à la simple écoute de l'énoncé « Viens jouer » et cette anticipation le rendra d'autant plus perméable aux nouveaux apprentissages.

- *Viens jouer ?*
Come on down !

Hoppa !
Arrivo !
Ich komme an !
J'arrive...

Au jeu !

Besoin de communiquer : pour jouer, il faut savoir communiquer ; et communiquer, c'est s'exprimer et être compris. Si votre perroquet ne décode pas vos messages ou vos signaux et, de surcroît, semble incapable de vous transmettre ses émotions parce que vous n'êtes pas réceptif, il le manifestera par des comportements qui seront totalement à l'opposé du plaisir et refusera *(bêtement)* de jouer.

- Même pas vrai, je ne boude pas !

Apprendre à communiquer avec votre oiseau vous permet de lui donner de l'assurance et de le stimuler dans son désir d'apprendre. Il vous sent attentif à lui et est motivé en retour. Je le redis : le perroquet n'est pas un enfant humain ! Sa perception est très différente de la vôtre et j'ose supposer que vous possédez les dispositions pour vous adapter à son monde et à son niveau de communication. Alors, faites-le ! Votre oiseau fait vraiment ce qu'il peut pour entrer en communication avec vous. S'il n'y parvient pas, c'est que VOUS devez faire un effort supplémentaire.

Pour que Coco soit en mesure de comprendre vos intentions, il vous faut être précis en utilisant toujours le même vocabulaire et les mêmes gestuelles. Vous les simplifierez autant que faire se peut, en laissant tomber tous les détails qui risquent de surcharger sa capacité de réception. Vos directives doivent être à la fois brèves, constantes et cohérentes.

- Moi, j'ai rien vu...
- Moi, j'ai rien entendu...
- Bon, alors moi, je dis rien !!

Soyez à l'affût des signes et recherchez les indices : votre petit mousse exprimera ses émotions par ses attitudes et son langage corporel. Vous devrez l'observer attentivement tout au long de l'activité afin de vous assurer qu'il est à l'aise avec le jeu proposé. Un perroquet, qu'il soit satisfait ou incommodé vous le communiquera en démontrant des signaux évidents de plaisir ou de détresse *(voir p. 189)*. S'il vous semble inconfortable, arrêtez tout et essayez de mettre le doigt sur la source de son malaise. Une fois trouvé ce qui cause l'embarras, vous adaptez le jeu ou vous en changez, mais jamais au grand jamais vous ne poursuivez contre son gré. Jouer doit demeurer amusant pour tous les deux.

Besoin de stimulation : le perroquet a besoin de stimulation pour pouvoir apprendre et progresser dans son environnement. Dans un contexte de captivité, l'exploration et l'apprentissage des jeux font partie de ces stimulations nécessaires à la construction et au bon fonctionnement de son système nerveux. Par contre, comme en toutes choses, trop de stimuli peuvent provoquer l'effet contraire et nuire à son développement. Il vous faudra trouver le juste milieu en vous adaptant à son tempérament. S'il y a trop de demandes, trop d'exigences à la performance, trop de bruits ou d'actions, trop de gens qui entrent dans la zone personnelle de l'oiseau, ce dernier se retirera et affichera une attitude de « non-recevoir » pour l'ensemble de votre œuvre.

Productif	**Improductif**
Juste ce qu'il faut de stimuli	Pas assez ou trop de stimuli

Besoin d'exploration : je ne le dirai jamais assez, l'équilibre de votre perroquet passe par sa liberté d'exploration ! En général, dans le monde animal, le comportement exploratoire est principalement accusé chez les jeunes. Cependant, chez certaines espèces plus évoluées, ce comportement subsiste tout au long de la vie de l'animal... Votre perroquet fait partie de ce groupe d'espèces. Il partage d'ailleurs cette particularité avec les grands primates et je ne le mentionnerai pas trop fort... avec nous, humains.

Le comportement exploratoire du perroquet s'apparente aux comportements ludiques et « *sa fonction rappelle fortement celle du jeu en ce sens qu'il ne se manifeste qu'à l'état de relâchement, c'est-à-dire, en dehors de toutes autres tendances comportementales. Le comportement exploratoire se distingue par cette grande flexibilité dans la combinaison des conduites de l'oiseau et il diffère de l'apprentissage par essais / erreurs qui intervient toujours dans le cadre d'un cycle fonctionnel (quête alimentaire, construction du nid, etc.)* » (*) - Immelmann. C'est un comportement

(*) Klaus Immelmann, (1935-1987), éthologiste allemand dont une grande partie des recherches porta sur le comportement des oiseaux, en particulier l'ontogenèse.

- Y a comme quek'chose au fond...

de curiosité et d'investigation qui incite les perroquets à spontanément se mettre à rechercher de nouveaux stimuli et à s'y intéresser.

Tout comme le jeu, le comportement exploratoire permet de découvrir l'espace, des objets ou lieux inexplorés, d'en affiner la connaissance et de s'exercer à exécuter certains mouvements qu'il adaptera à l'objet ou la situation. Pour s'adonner à ces explorations si nécessaires à son développement et son équilibre comportemental, le perroquet, peu importe la taille, a besoin avant tout... DE LIBERTÉ.

Le développement cognitif de Coco passe par le principe d'essais et erreurs... beaucoup d'erreurs. En restreignant sa liberté d'action, vous l'empêchez de faire les expériences nécessaires à ses apprentissages et vous entravez son comportement naturel d'exploration. Si le perroquet ne fait jamais de prospection, il ne fera jamais d'expérimentations, il ne fera jamais d'erreurs et, par le fait même, il ne fera non plus aucun apprentissage ; ce qui au bout du compte laissera tout l'espace voulu à la mise en place d'une grande anxiété face à son milieu.

L'exploration est une facette importante du jeu. Lorsqu'il s'y consacrera en votre compagnie, laissez votre perroquet étudier le jeu, inventer de nouvelles façons de s'y adonner, créer ses propres méthodes et, surtout, soyez souple en vous adaptant à SA manière de jouer. Vous pourriez en être diablement surpris ! On y reviendra.

Productif	**Improductif**
Liberté d'exploration	Encadrement trop rigide

Besoin d'appartenance

Les perroquets sont des animaux sociaux qui ne savent pas survivre sans la présence sécurisante d'autrui. Votre oiseau doit avoir l'assurance qu'il fait partie intégrante de la « colonie » qu'il forme avec votre famille. Vous l'intégrerez dans le maximum de sphères d'activité possibles, puisque ce n'est que dans ces conditions qu'il pourra se développer pleinement. Il vous faudra trouver le juste milieu : Coco a besoin d'être aimé, mais pas d'être étouffé par trop d'amour *(même si vous en avez beaucoup à donner)*. Il est un animal sociable qui a besoin d'entrer en relation avec des tiers *(un groupe social)*, pas seulement avec vous ; vous n'êtes pas unique ! L'oiseau qu'on prétend « d'une seule personne » *(avec ce que cette expression comporte de péjoratif)* est souvent un perroquet pour qui l'humain bienveillant a un peu trop bien comblé ce besoin d'appartenance, mais surtout envers lui-même !

Besoin d'acceptation : qu'on se le dise, le perroquet n'est pas un être humain. C'est un individu d'une espèce distincte et vous devez apprendre à l'accepter sans restriction pour ce qu'il est et non pas pour ce que vous aimeriez qu'il soit ou qu'il devienne. Non, le perroquet n'est pas un enfant à plumes de deux ni de trois ans. Un perroquet de

*- Pfft !
Moi qui me donne tant de mal pour ressembler à un poupon...*

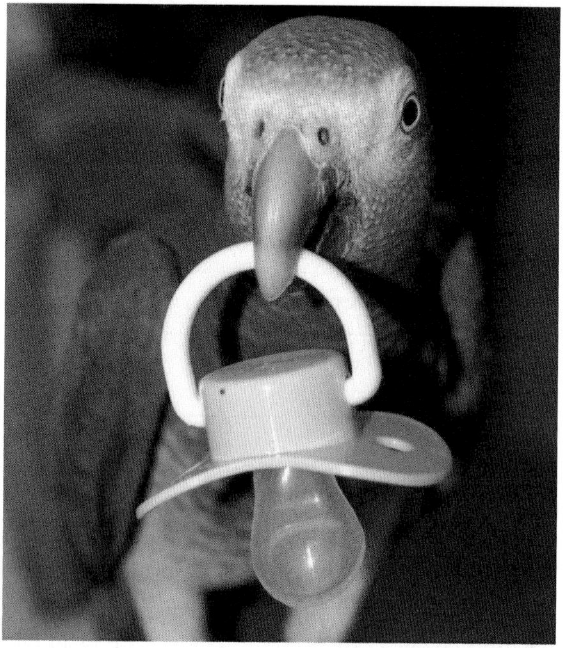

trois ans n'est ... qu'un perroquet de trois ans et, de grâce, ne cherchez rien d'autre ! Coco a besoin d'être accueilli dans votre vie tel qu'il est : *UN PERROQUET*, avec toute la panoplie de besoins et de comportements inhérents à son espèce.

Votre psittacidé est capable d'une quantité impressionnante d'apprentissages, incluant même le langage humain. Toutefois, il le fera toujours avec sa conception de perroquet et encore... seulement s'il en a envie. Il vous faudra accepter les limites de votre oiseau, sa personnalité et les motivations qui lui seront uniques. Cet ouvrage propose de nombreuses possibilités de jeux que tous les perroquets *(ou presque)* sont susceptibles d'accomplir, mais il ne dit en aucun cas que le vôtre doive absolument les effectuer. Il doit avant tout le vouloir !

Besoin de sensualité : mais oui, ne soyez pas étonné ! Votre perroquet a besoin de toucher et d'être touché, mais pas n'importe comment, pas n'importe quand et pas n'importe où. Il ne veut pas se faire empoigner seulement aux moments où cela vous chante ou lors des jeux « actifs ». Et de plus, dites-vous que Coco a le droit d'émettre des restrictions sur les parties de son corps qui ne sont pas disponibles à vos doigts, ou des réserves quant à certains lieux précis de la maison où il ne se sent aucun attrait pour ce genre d'interactions. Sur ce point, je vous recommande *(encore une fois... mais jamais trop)* la lecture de l'ouvrage *Le perroquet, touchers et manipulations* où je décris de manière plus détaillée la façon de toucher *(correctement et respectueusement)* son perroquet, et ainsi combler ce besoin de sensualité.

- Côté ronron, c'est moi le top !

Productif	Improductif
Touchers adaptés et prévisibles	Touchers agressants, soudains et imprévisibles

Besoin d'estime et d'accomplissement

Finalement, votre perroquet aura aussi besoin d'accomplissement. Coco a besoin qu'on le laisse agir, obtenir ses propres petits succès, essayer, se tromper, modifier sa trajectoire et réussir. Pour ce faire, il

- Pas créative ma maisonnette... ? Vous êtes gonflés !

fera montre de beaucoup d'imagination, entendu que personne n'entrave son comportement d'exploration. La créativité est un état d'esprit : de liberté, d'autonomie. Elle fait partie des nombreuses manifestations de l'intelligence et c'est grâce à celle-ci que l'oiseau apprendra à résoudre les divers cactus qui se poseront à lui et à concevoir les solutions appropriées. Ne le sous-estimez pas !

Il aura certainement des motivations que vous ne pourrez jamais cerner. Vous n'êtes pas un perroquet et surtout... vous n'êtes pas à sa place. Pour un problème, il y a généralement plusieurs solutions et les vôtres ne sont pas nécessairement les meilleures. Coco a peut-être une tout autre idée sur le sujet et ses combines peuvent parfois vous sembler étranges ; pourtant, celles-ci n'en sont pas pour autant moins opérantes. Il existe plus d'une façon de penser un problème ; le perroquet le regarde avec un œil de perroquet et ses réflexions sur celui-ci seront, il y a fort à parier, très différentes de votre perception d'humain. Ne faites pas l'erreur de croire qu'il raisonne comme vous : ce qui vous paraît évident ne l'est pas forcément pour lui et l'inverse demeure aussi vrai.

Laissez-le aller, donnez-lui le temps de trouver ses propres réponses. Il passera probablement par d'autres chemins que les vôtres, ce qui sera tout à fait normal puisqu'il raisonne en perroquet et non pas en humain. Ses solutions s'inscriront souvent dans un registre différent de ce à quoi vous vous attendiez. Et puis après...!? Elles apparaîtront singulières et vous sembleront pittoresques. Soyez-en fiers ! Elles définissent la personnalité unique *(et brillante)* de Coco.

$$-\Delta(z) = \sum_{n=1}^{\infty} \tau(n)q^n = q - 24q^2 + 252q^3 - 1472q^4 + \cdots$$

Vous devez le laisser tenter le coup avant de conclure qu'il « ne peut pas ». N'agissez pas pour lui, il doit avoir un rôle actif dans ses apprentissages. Valorisez ses essais et permettez-lui de fouiller, identifier et résoudre par lui-même les multiples « casse-tête » qui surgiront au cours de ses recherches. Tout comme nous, le perroquet retient mieux ce qu'il apprend ou découvre par lui-même. Encouragez-le à continuer s'il avance sur la bonne voie, aidez-le à trouver lui-même la solution ou du moins une partie de celle-ci. Avant de vous interposer, laissez-lui sa chance !

Productif	**Improductif**
Agir par lui-même, essais et erreurs, réussites	Interférence de l'humain avant ou pendant l'essai

Ne trichez pas au jeu !

Ne pas tricher veut dire : ne pas faire les devoirs de Coco à sa place ! Il doit faire lui-même ses erreurs pour parvenir seul à ses réussites. Si vous intervenez tout le temps parce que vous croyez qu'il ne comprend pas ou qu'il n'agit pas assez rapidement à votre goût, vous n'arriverez à rien. Et Coco, las de vous regarder jouer avec ses affaires, risque finalement de vous envoyer « jouer dans le trafic » et de passer à autre chose !

Bien sûr, il aura besoin d'un coup de pouce de temps à autre... mais pas à chaque fois ! Laissez-lui *(au moins)* la chance de tenter de dénouer l'énigme tout seul avant de conclure qu'il en est incapable.

N'est pas considérée de la triche :

- Le modelage *(imitation).*
- Les repères visuels *(il vous observera intensément).*
- Le ciblage.
- L'assistance physique *(seulement en certaines occasions).*

- Dis, si tu me laissais essayer... ça ne serait pas plus mal...

Laissez-lui sa chance...

... il pourrait vous surprendre !!!

Bien que ces précieux outils de « non-triche » *(que nous verrons plus loin)* vous serviront souvent lors d'apprentissage de nouveaux jeux, dites-vous que lorsque vous les utiliserez Coco sera capable d'effectuer lui-même les associations requises, et qu'à partir de ces petits coups de pouce, il sera apte à traiter l'information et à apporter les adaptations requises par sa condition de zygodactyle (deux doigts dirigés vers l'avant et deux vers l'arrière) ainsi qu'à son puissant et combien agile bec *(ça, vous ne pourrez jamais l'exécuter pour lui).*

Voilà un sympathique, mais néanmoins mini, survol des besoins de votre oiseau, extrait imparfaitement de « la pyramide de la hiérarchie des besoins » selon Maslow, et adapté au perroquet dans le contexte ludique d'apprentissage de jeux. Il est évident que les besoins de Coco sont beaucoup plus nuancés et nombreux, mais ces derniers feront l'objet d'autres ouvrages. Dans ce livre, les besoins sont explorés en regard du sujet principal : jouer.

Jouer, un besoin ?

Le jeu est une activité sérieuse et nécessaire chez le perroquet : son développement en dépend. C'est une des clés qui ouvrent la porte à une foule d'apprentissages. Le perroquet a besoin d'expérimenter pour intégrer de nouveaux savoir-faire. Jouer lui servira entre autres choses à développer son expertise sociale, par exemple ses aptitudes à communiquer *(gestes et langage : association, répétition de mots)*, à cultiver son sens de la proximité *(toucher)*, à accroître sa curiosité, sa créativité et sa faculté d'observation, en l'occurrence en apprenant à être attentif lors de la résolution d'un jeu. Cependant, le perroquet ne joue pas spécifiquement dans le but d'accumuler de nouveaux savoirs, il n'a, en tout temps, qu'un seul but conscient en tête : se divertir !

Sans que ça lui semble évident *(et c'est tant mieux)*, plusieurs apprentissages seront réalisés en jouant. Les processus reliés à l'apprentissage et au jeu s'entremêlent les uns aux autres : le jeu comporte inévitablement des notions d'apprentissage et celui-ci inclut des éléments de jeu. Ainsi, lorsqu'il joue, le perroquet acquiert des connaissances en

- Je suis très activement sérieuse !

- Zut... plus d'encre...

combinant des idées avec des expériences. Il apprend à donner un sens à ces expériences en organisant des informations qu'il saura, par la suite, généraliser à différentes situations ou interactions ou à des jeux plus complexes qui lui demanderont un certain entraînement, mais pour lesquels il aura déjà acquis une solide base.

Ainsi donc, pour répondre à la question titre : oui, jouer est un besoin. Par le jeu, le perroquet satisfait une quantité impressionnante ... d'autres besoins !

Je fais ce que je fais... parce que je peux le faire.
- Bernard Werber

Le démon du jeu

L'importance du jeu libre

Bien que le but premier de cet ouvrage soit la mise en place d'interactions ludiques entre l'humain et son perroquet, il faut tout de même prendre en considération que ce dernier peut jouer, de façon naturelle, par lui-même. Notre chéri est à même d'organiser seul des activités qui ne requièrent pas notre intervention. Pour ce faire, il a seulement besoin d'évoluer dans un milieu riche et généreux qui favorise la spontanéité, la curiosité, l'exploration, la découverte et la créativité. C'est à nous de veiller à ce que notre oiseau dispose du temps, des stimulations matérielles renouvelables *(jouets et accessoires)* et de l'espace nécessaires pour jouer, explorer et expérimenter.

- Et c'est parti...

Souvent, le perroquet n'a de raison à agir que *de faire ce qu'il fait, simplement... parce qu'il peut le faire.* Pour ça, il n'a besoin de rien d'autre que de notre ouverture d'esprit à le laisser agir. On ne devra jamais perdre de vue que ses motivations prennent naissance dans un monde qui nous est inaccessible, du moins, tel qu'il peut être perçu selon notre analyse tout humaine. Je le redis, nous ne sommes pas des perroquets et nous ne le deviendrons jamais. Il nous faut donc admettre nos limites et lui permettre de vaquer librement, en perroquet, à ses occupations... de perroquet.

- Wheeeeee ...

- Appelez-moi Evinrude...

Coco a besoin qu'on l'autorise à obtenir des petits succès par ses propres aventures. Il doit être en mesure d'essayer pour pouvoir réussir. Le jeu libre et la possibilité d'explorer librement sont déterminants dans les apprentissages de l'oiseau et ces activités devraient être considérées *(aussi)* comme une priorité dans sa socialisation. C'est une occasion inouïe de faire des découvertes par lui-même. La possibilité de jouer « à la perroquet », de manière bruyante, active, voire même, emportée, en s'en prenant énergiquement à un jouet ou en s'imposant des défis physiques tels que le vol, l'escalade ou autres acrobaties, cascades et loopings, lui offre le loisir de courir des risques et de vivre des expériences sensorielles riches en rebondissements. Vous devez encourager le libre choix de ses activités et de ses expérimentations. Laissez-le faire preuve de curiosité et de créativité dans des occupations qui lui seront personnelles. Ces deux qualités, la curiosité et la créativité, font partie intégrante de l'intelligence du perroquet : elles lui permettront d'appréhender et de concevoir les situations ou objets nouveaux

- Faites gaffe, je repasse...

- Attention au frigo...

dans son environnement, de comprendre et innover des solutions à des problèmes jusqu'ici inconnus et lui donneront l'autonomie nécessaire pour faire ses propres choix.

Il vous faudra tout de même superviser votre petit garnement, mais sans pour autant l'interrompre. Vous verrez à tempérer le jeu si celui-ci risque de mettre en péril sa sécurité *(ou votre mobilier)*, mais autrement n'intervenez pas. Laissez-le aller jusqu'au bout de ces sportifs divertissements qui lui sont essentiels pour le développement de la coordination de ses mouvements (secouer, jeter, s'essorer, voler, évaluer, décélérer, stopper, etc.), le maintien de son sens de l'équilibre (atterrir sur des surfaces difficiles, tournoyer au bout d'un jouet, se ballotter énergiquement sur sa balançoire, etc.), la construction de sa musculature (voler, grimper, transporter des objets, etc.).

C'est par l'autodétermination dans ces jeux libres *(où vous n'êtes pas admis)* qu'il expérimentera le potentiel de son propre corps, ce qu'il est en mesure d'exécuter et les découvertes quant à ses possibilités. Un peu d'exercice n'a jamais nui à quiconque et, croyez-moi, la turbulence des jeux passée, vous serez à même d'apprécier le calme après la tempête. Un perroquet qui a l'occasion de se dépenser physiquement en jouant librement n'a pas beaucoup de temps pour vous embêter *(disons qu'il en a moins)*.

Après l'effort, il se reposera, satisfait et rassasié, et il sera par la suite beaucoup plus attentif et disponible pour d'autres genres d'interactions plus « humaines » avec vous.

- Vous voulez rire... En fait, je suis crevé !

Je fais ce que je fais...
parce que je peux le faire... !

Ne cherchez pas à comprendre...
vous n'êtes pas un perroquet !

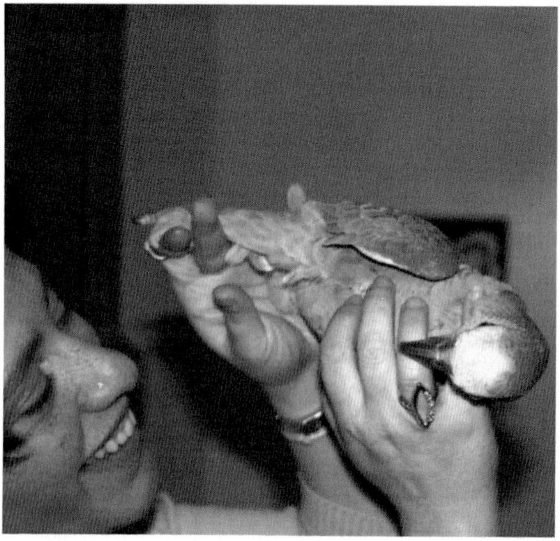

Au jeu d'échecs, les fous sont le plus près du roi. (Proverbe français)

Jeux de société

Pourquoi jouer avec son perroquet ?

En tant qu'animal plus que social, le perroquet a besoin d'accompagnement dans ses activités ; il tirera autant parti du jeu lui-même que de l'attention que vous lui porterez pendant la période de jeu. La plupart des perroquets offerts sur le marché proviennent d'élevage et ont subi une imprégnation hétérospécifique à l'humain, c'est-à-dire qu'ils s'identifient à notre espèce. Il sera alors normal pour eux d'interagir avec un partenaire *(affectionné)* de « leur propre espèce ». Je vous confie un secret de polichinelle : le perroquet adôôrrre jouer avec son humain chouchou !

- C'est que, les échecs tout seul c'est pas marrant !

- Ce drôle d'oiseau ne pense qu'à se faire plumer !

En effet, en dépit du fait que, par votre débordante prévenance, Coco croule déjà sous une montagne de jouets, et bien qu'il soit tout à fait apte à élaborer lui-même ses activités, ses joujoux *(aussi mirobolants soient-ils)* ne pourront jamais se substituer au jeu lui-même. Même son jouet préféré, en aucune façon, ne lui procurera autant de plaisir que s'il le partage avec vous. Croyez-moi sur parole, votre perroquet appréciera davantage son « alouette » qui lui raconte fleurette si c'est vous qui la faites chanter.

Bien qu'il soit primordial de laisser du temps à Coco pour organiser ses loisirs, il demeure crucial pour lui de jouer de façon équilibrée : des fois seul et des fois avec vous. Votre concours lui sera indispensable pour le guider, notamment dans certains apprentissages plus complexes, ou le stimuler à se rendre encore plus loin dans les jeux qu'il connaît déjà.

Dans un contexte de captivité, votre oiseau sera appelé à vivre dans un milieu complètement humanisé et vous deviendrez la pierre angulaire qui fera la différence entre ce qu'il pourra apprendre par lui-même et ce qu'il pourrait être en mesure de réaliser avec votre bienveillante médiation.

C'est, entre autres, une des raisons pour lesquelles l'oiseau de la famille « A » nous paraît très déluré, vif, créatif, frondeur et inventif, alors que celui de la famille « B » semble n'avoir aucun point d'intérêt et démontre une constitution plutôt apathique.

Le perroquet est un animal intelligent qui aime apprendre *(le vôtre ne devrait pas faire exception à la règle)* et sa personnalité se développera en fonction de la qualité de vos interactions. Vous serez

- Je suis « A » et je suis très déluré, vif, créatif, frondeur... et j'en passe et des meilleures...

- Je suis « B », mais ne vous méprenez pas, un volcan bouillonne en moi prêt à exploser si on m'en laisse l'opportunité.

celui ou celle qui, en tenant compte de son degré de maturation, le guidera dans l'organisation de ses connaissances en l'aidant à faire des sélections parmi les nombreuses informations qui se présenteront et en lui enseignant à mettre ces données à profit dans certains contextes.

On partage les jeux de Coco parce qu'on s'y amuse et que, accessoirement, le jeu sert à l'établissement et à la consolidation des liens de confiance entre lui et nous. Le jeu fait partie intégrante de la socialisation du perroquet et commande une grande réceptivité de la part des deux parties. Le façonnement et le contact nous obligent à réellement observer ses réactions quant à une demande ou un problème,

- Elle ne fait que lever le bras... Et c'est encore moi qui me tape tout le travail !

et soyez certain que cette vigilance sera réciproque. Ainsi, nos modes de communication s'affineront mutuellement, l'un cherchant constamment à comprendre ou transmettre un message à l'autre. Et tout ça… en nous divertissant. N'est-ce pas le meilleur des mondes ?

Avec *La tripolarité comportementale du perroquet*, nous avons vu que les perroquets sont des animaux grégaires qui, pour la plupart des espèces, passent la presque totalité de leur journée à interagir et à communiquer entre eux. Votre perroquet de compagnie n'aura de cesse d'obtenir le même type de relation avec vous.

Dans leur environnement naturel, les perroquets communiquent entre eux dans un langage de perroquet (visuel, auditif ou les deux), cueillent, apprêtent de la nourriture de perroquet, mangent, volent et naviguent à la façon des autres perroquets, se touchent à la manière des perroquets, interagissent et jouent à des jeux de perroquets. Bref, ils se comportent et pensent en perroquet. En fait, me direz-vous, rien d'anormal pour un perroquet que de se conduire en perroquet... et vous aurez bien raison.

Toutefois, en y regardant de plus près, on constate que ces comportements, qui nous semblent si naturels, ne sont pas forcément présents à la naissance. Plusieurs sont acquis par expérience. L'instinct incite les perroquets à reproduire, par observation et imitation de leurs semblables, les compétences nécessaires à leur subsistance et certains comportements sociaux leur permettant d'être acceptés dans un groupe sans lequel ils ne pourraient survivre. Il s'agit donc de comportements adaptatifs acquis au contact d'autres perroquets de leur espèce.

Prendre part au jeu

Il n'en va pas autrement chez notre perroquet né ou vivant en captivité. Malgré le fait qu'il ne lui soit d'aucune utilité de développer de compétences particulières à sa survie, il sera tout de même contraint d'adapter certains de ses comportements visant à s'assimiler à un groupe et à interagir socialement avec les membres de ce dernier. Au départ de l'aventure, il vous faudra bien comprendre que toutes les conduites sociales de Coco font partie de ses comportements acquis. Dans le contexte de cet ouvrage, sa colonie est composée de vous ainsi que de votre entourage immédiat. Son intégration nécessite de vous observer *(vous êtes son modèle)*, de vous écouter, de vous imiter et de participer à la vie en commun avec vous, de prendre sa place au sein de votre collectivité. Bref, le perroquet de compagnie a besoin d'être considéré comme un membre à part entière de votre famille.

- J'insère l'anneau, puis je grimpe sur le piquet pour chercher mon bisou.

- Bon, voilà,
que mon humain
a besoin de
distraction...

- Allons-y.
Faisons impression !

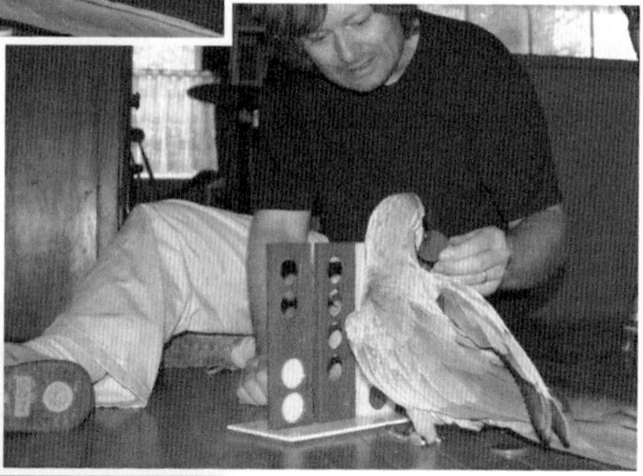

- Admire mon grand,
tu ne verras pas ça
souvent !

- Cesse de pointer
le jaune. La pièce
rouge va dans la
colonne rouge.
Vu ?

Rien n'intègre mieux un animal à sa communauté que le jeu. En effet, le jeu est au centre d'une multitude de rapports sociaux qui situent l'oiseau par rapport aux individus de son groupe : les conduites sociales, les modes de communication, les relations *(plus ou moins privilégiées)*, la création de liens *(appariement et affiliation, etc.)*.

Les comportements qui y seront acquis refléteront les interactions futures que vous entretiendrez avec votre perroquet. Dans ces conditions, aussi bien partir du bon pied en mettant toutes les chances de votre côté en développant une familiarité sensationnelle avec lui, et ce, toujours en vous amusant. ☺

Votre influence est primordiale. En jouant avec Coco, c'est vous qui orientez le jeu vers l'apprentissage de nouveaux savoirs faire. Vous serez l'agent de motivation majeur qui encouragera le perroquet à prolonger l'exercice lors des situations où l'initiation lui semblera difficile. Vous tiendrez le rôle principal en devenant vous-même un joueur pour l'aider à reconnaître, conceptualiser et résoudre un problème. Lorsqu'il réussira, ce sera par votre enthousiasme qu'il sera célébré et qu'il acquerra encore plus d'assurance ; vous serez l'élément crucial qui le stimulera à apprendre, celui qui rendra l'activité amusante. Ceci entraînera, en guise de complément, un renforcement des liens affectifs et de confiance qui vous unissent à votre boule de plumes et par-dessus tout, fait non négligeable, vous aurez la chance de développer une meilleure perception de votre oiseau. En effet, par le jeu Coco vous fera découvrir son univers ; un monde de créativité, d'ingéniosité et d'habiletés peu communes qui viendront faire un pied de nez à ces *$?%$&*!* de caquetages qui entretiennent depuis trop longtemps le mythe du perroquet cassant, teigneux et belliqueux. Un perroquet ce n'est pas ça… Ce n'est surtout pas ça !

Le jeu vous permettra de communiquer de façon très personnelle et intime l'un avec l'autre et contribuera à mettre en place cette complicité tant recherchée avec votre compagnon. Vous retirerez une grande satisfaction de ses progrès et de sa créativité et vous serez fier de vous *(avec raison)* d'avoir réussi à établir une relation hors de l'ordinaire avec votre perroquet *(je vous jure, vous ferez des envieux)*.

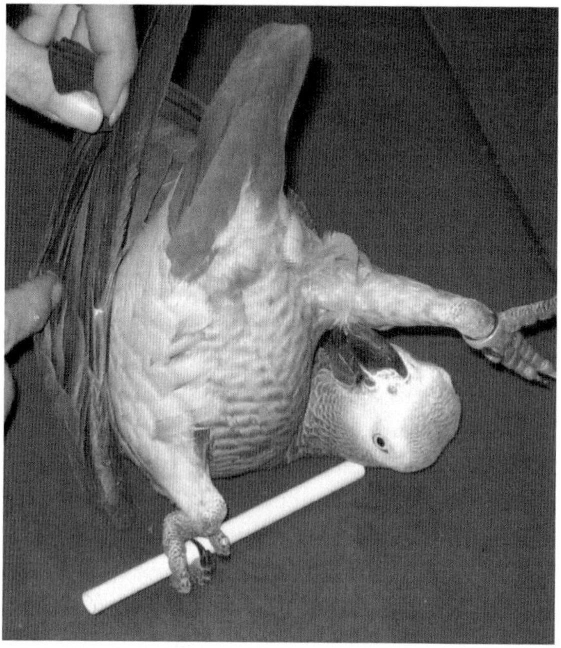

On peut en savoir plus sur quelqu'un en une heure de jeu qu'en une année de conversation.

\- Platon

À quoi on joue ?

Maintenant, à quoi jouerez-vous avec votre perroquet ? Vous êtes seul juge… après Coco, bien entendu. Certains jeux vous apparaîtront plus amusants et distrayants, et vous tiendrez certainement compte de vos préférences et de vos affinités. Néanmoins, il ne faudrait surtout pas négliger l'appréciation du principal intéressé : Mister Coco lui-même…

Cet ouvrage vous proposera plusieurs choix dont certains vous plairont assurément plus que d'autres et il en sera de même pour votre bout de chou à plumes. Un jeu qui se révèle très divertissant chez le cacatoès de votre voisin peut vous sembler soporifique avec votre amazone. Ce qui motive l'oiseau de votre belle-soeur peut démonter le vôtre à plusieurs égards.

- Tiens donc...
Y'a un copain
caché sous
la revue !

Clémentine et Pablo sont deux gris d'Afrique qui cohabitent avec moi. Clémentine adore tout ce qu'on pourrait facilement désigner sous le vocable « ébats extrêmes » : les pirouettes, les bagarres, les culbutes, les vols en rase-mottes et j'en passe et des succulentes. Clémentine, ma princesse qui me semblait si gracile lorsqu'elle était toute jeunotte... ma si séduisante petite poupée Barbie... s'est révélée, avec le temps, être possédée par un véritable tempérament de G.I. Joe.

Pablo pour sa part est d'un naturel plutôt... intellectuel ! Il déteste littéralement qu'on le bouscule, même juste un peu. Par contre, il se distingue avec mention dans les « joutes oratoires » : commenter, interroger, discutailler, compter, nommer les couleurs, les objets, les aliments ou les jeux. Occasionnellement, Pablo aime bien pousser la chansonnette, danser, chahuter et, comme tout perroquet normalement constitué, foutre le bordel dans un monceau de papiers en ma compagnie ou celle de ses congénères.

Même espèce, mais tempéraments diamétralement opposés. C'est pourquoi il ne faut surtout pas se laisser influencer par toutes les généralisations entourant les « traits typiques » des espèces. Chaque

Tempérament zen...

... ou givré !

oiseau possède son propre tempérament sur lequel se bâtiront son individualité et sa personnalité unique. Malgré le fait que toutes les espèces de perroquets soient habitées par le « gène du jeu », certains caractères se montreront plus actifs et curieux que d'autres, et les aptitudes ou sympathies particulières de chacun pourront se situer à des niveaux forts différents.

Ainsi, lorsqu'on me pose la question « *Quel est le meilleur jeu ou jouet pour mon perroquet ?* », je serais tentée de répondre qu'un bon jeu ou jouet demeure celui qui est en concordance avec son âge, ses capacités, ses affinités, ses talents ou habiletés *(que nous verrons plus loin)*, de même que le temps et l'espace qui lui sont alloués pour s'y adonner. Bien sûr, un jeu doit accrocher et stimuler, toutefois, ce sont des notions très subjectives : ce qui peut sembler incitateur et motivant pour Coco ne l'est pas forcément pour Cocotte.

Pour le perroquet, tout peut être source de découverte, tous objets ou situations sont des expériences *(certains présenteront plus d'intérêt pour lui)* qui produiront des compétences qui viendront s'ajouter à l'imposant bagage qui enrichira sa personnalité.

Coco ne cache pas son jeu

Certains oiseaux ne peuvent résister à l'envie irrépressible de mettre en pièces complètement et sans ménagement le jouet qu'on leur a confectionné avec tant d'attention, le considérant presque comme un ennemi à abattre. Cependant, d'autres seront plus « appliqués » et boulotteront méthodiquement l'objet, morceau par morceau, nœud par nœud avec une infinie patience. Chacun son tempérament. Vous aurez à observer et choisir le style de jeu adapté aux dispositions de Coco.

Voici quelques traits de personnalité assez communs chez les perroquets. À vous de déterminer quels sont ceux représentant le mieux le caractère du vôtre. De quel(s) type(s) est votre oiseau ? *(Attention, il peut y en avoir plusieurs.)* ☺

Le type tendance Paris Hilton. Il aime ce qui est « *hot* ». Fasciné par les bijoux et tout ce qui scintille, il ne peut résister devant des boucles d'oreilles, un bracelet, un collier, peu importe si c'est du solide ou du toc. Donnez-lui des jouets brillants *(acier inoxydable)*, tapageurs et très colorés *(baballes bruyantes et panachées)* qui font « gling-gling ». Il adore attirer l'attention et raffole qu'on pose le regard sur sa petite personne. Pour y arriver, il fait du bruit. C'est un « gling-gling-gneux »...

Le type tendance Arsène Lupin. C'est le filou *(lire cacatoès)*, le perceur de coffre-fort, celui qui aime fracturer avant de chaparder *(ou saccager)*. Offrez à ce « gentlebird cambrioleur » les ingrédients parfaits pour une bonne casse : des boîtes, des bouteilles ou des coffres à perforer et ouvrir contenant un butin *(de valeur pour lui)* à l'intérieur. Il se délectera.

Le type tendance Debbie Travis. Voici le spécialiste de la décoration. Il fait et refait la composition de votre appartement ou de sa cage *(c'est selon)* et, contrairement à Mme Travis, le résultat n'est pas toujours très convaincant. Le type *tendance Debbie Travis* possède un sens très personnel de l'aménagement intérieur. Mieux vaut bien sécuriser et fixer les accessoires à l'intérieur de sa cage (augets, perches, jouets) sinon, tout risque de changer d'emplacement... et rarement à votre convenance. Offrez-lui des jouets à manipuler qu'il peut aisément déplacer (jouets de patte). Les perruches moines sont toutes de type *tendance Debbie Travis.* Mettez à leur disposition beaucoup, beaucoup de matériaux de construction (brindilles et fourrage).

Le type tendance Old Powell (Lucky Luke, La ville fantôme). C'est le foreur de mine. Il aime creuser et excaver ; il sape partout. Il cherche... on ne sait quoi, pourtant il prospecte *(et entame)* chaque coin du logis ... sous la couette, les linges, les sofas, les meubles. Il transperce les murs ou les portes, un vrai mineur ! On l'approvisionne en boîtes de carton ou de bois, vieilles serviettes ou draps, car s'il n'a rien à fouiller ou ronger qui lui appartienne en propre... un monde de possibilités s'offre à lui dans votre appartement !

Le type tendance discobole. Voilà un fieffé lanceur… Il balance tout ce qui lui tombe sous le bec ou la patte : jouets de son parc de jeu ou de son perchoir, grains, moulée, fruits et légumes de son écuelle. Ce type particulier de Coco adore faire maison nette dans votre vaisselier, sur vos comptoirs ou tables du salon. Il ne se considère pas destructeur, il ne grignote pas beaucoup. C'est réellement un « garrocheux ». Son jeu préféré : « Va chercher ! » Il lance un objet et se régale lorsque son humain chouchou se penche pour le ramasser et le lui redonner afin qu'il puisse le projeter de nouveau ; c'est sa façon bien personnelle de s'assurer qu'il a le pouvoir de faire venir l'être aimé vers lui. Si Coco a du goût pour vous… des heures et des heures de plaisir en vue… ! Jouez à la balle ou au basket-ball, enseignez-lui à ranger ses jouets dans un coffre. Un conseil : ne laissez pas traîner vos bibelots de valeur *(du moins, pas à la portée de son bec)* et solidifiez ce qui se trouve à l'intérieur de sa cage… le catapultage de l'auget est élevé au rang de discipline olympique pour le type *tendance discobole !*

Le type tendance gabier. « Mateloteur » dans l'âme, expert ès gréements ; les nœuds et cordages ne recèlent aucun secret pour le type *tendance gabier* : feston simple, double, mouchet, cul-de-porc, bouline, boucle, entrecroisement et autres, rien n'est à son épreuve, rien ne lui résiste. Avec méticulosité, il passera des heures à défaire les nœuds des plus fins tressages, peu importe le matériau : sisal, coton, noix de coco, chanvre ou lanières de cuir. Il réinvente l'art du nœud selon sa propre conception se servant de son bec tel un épissoir, un couteau ou une paumelle pour élaborer ses créations très personnelles. Vous savez quoi lui offrir. *(Attention : les jeux de cordages doivent se dérouler sous votre supervision afin de prévenir les risques d'étranglement.)*

Le type tendance Adrien Monk. Dans le monde du type *tendance Adrien Monk*, tout doit être impeccable. On y trouve un purisme à outrance, une obsession à la limite de la compulsion ! Il tranche, supprime, détache tout ce qui dépasse : grains de beauté sur votre cou, boutons sur votre visage, poils disgracieux, croûtes et saletés sur vos mains, ainsi que tout ce qui peut porter le nom de bouton poussoir ou « piton »…

du corsage à la télécommande, du téléphone au remontoir de la montre, des yeux au nez des peluches, etc. Il démontre généralement une certaine fierté du travail accompli *(et de vous avoir rendu un appréciable service)*. Offrez-lui des objets à grande surface avec des trucmuches en relief ou qui font saillie. Jetez un oeil sur son travail à l'occasion, question de vous assurer qu'il n'avale pas les petites pièces.

Le type tendance Dolce & Gabbana. Voici le designer. Il coupe et redécoupe tous vos habits, fait disparaître avec acharnement ces inesthétiques lignes de couture à la hauteur de vos épaules, ces pointes de cols de chemisier… Ouf ! Et que dire de ces hideeuuuuses étiquettes à l'arrière de vos pulls… Allez, zou ! Du balai… ! On redessine, on retaille et on en fait un original *Dolce & Perroquita*, suivant les « *fashionables* » du jour ! Le type *tendance Dolce & Gabbana* se définit aussi comme un « chiqueux de guenilles » ! Il aime les jouets de corde, de cuir *(végétan)* et adorera vos vieux vêtements de coton, coupés en lanières et pelotés.

Le type tendance graveur / sculpteur. Lui, c'est l'artiste-sculpteur sur bois. Son bec est son ciseau et tout ce qui se nomme bois mérite d'être taillé, gravé et ciselé selon l'avant-gardisme artistique en usage chez le psittacidé branché. Le type tendance graveur / sculpteur a développé une esthétique très particulière qui risque parfois *(souvent)* de nous échapper... Nous, humains, réagissons comme des béotiens devant la magnificence de l'art aviaire… Tous des barbares, pense-t-il ! Malgré ça, pour cet artiste à plumes, le choix de jouets est très varié et surtout... disponible *(faites tout de même gaffe à votre piano)*.

Le type tendance Kasparov. C'est le cérébral… le joueur aviaire de haut niveau. En fait, joue-t-il vraiment ou dispute-t-il le grand « match » de la décennie ? Ce type d'oiseau aime les jeux complexes et il affiche une exceptionnelle capacité d'attention pour apprendre. Souvent, ce sera celui qui « améliorera » le jeu selon sa propre perception. Il peut faire montre de beaucoup d'imagination pour généraliser les séquences de jeux déjà acquises à plusieurs sphères d'activités quotidiennes. Ce type de perroquet se renouvelle constamment et sait captiver son public. Voilà le sujet idéal pour les jeux d'abstractions (couleurs, formes, etc.).

Le type tendance Martha Stewart. Un tout autre genre d'oiseau : chiffonnier, ferrailleur et bricoleur. Très ingénieux en rafistolages de toutes sortes. Ce drôle de moineau aime bien concevoir ses jouets lui-même. Sa collection déborde d'objets éclectiques qu'il transforme, selon ses humeurs, créant ainsi des jouets composites dont seuls les initiés de la gent ailée peuvent se représenter l'attrait. Il passera des heures à remplir une petite bouteille de morceaux de papiers mouchoirs en les y insérant un à un à la perfection, il s'ingéniera à défaire les pièces d'un jouet pour tenter de les intégrer dans un autre. Il a une sainte horreur du gaspillage. Il amasse et recycle tout ce qui lui tombe sous le bec. Offrez-lui des coffres à jouets truffés de trésors. Laissez-le vider le premier pour en charger le second et préférez pour lui des jeux de motricité fine où il doit introduire *(ou retirer)* un objet dans un autre.

Le type tendance Obélix. C'est le bon gars qui, bien malgré lui, réussit à mettre en pièces tout ce qu'il touche. Ce n'est pas de sa faute : il est trop imposant, son bec trop puissant ; il est trop fort ! C'est souvent le cas des grands aras et cacatoès. On lui déniche des jouets à l'épreuve des mastodontes. Mes plus petits perroquets ont la hantise que Molly, ara hyacinthe de profession, vienne faire patte basse sur leurs jouets. Un joujou passé par le bec de Molly est un jouet foutu !

Le type tendance sportsbird. C'est le gymnaste, le cascadeur, le trapéziste, l'aviateur. Il ne recule devant aucune manoeuvre pour remporter *(haut la patte)* toutes les épreuves sportives et physiques qui se présentent à lui. Il excellera avec le même brio aux barres asymétriques, aux enchaînements au sol, aux anneaux. Quant à la poutre, c'est un jeu d'enfant pour lui. Grâce, entre autres, à sa spectaculaire technique du « looping », il prévoit sous peu rejoindre les rangs de l'équipe canadienne de démonstration d'acrobaties aériennes « Snowbirds ». Cet oiseau a besoin *(vous vous en doutez)* d'espace pour s'exécuter. Si on le restreint dans sa nécessité de bouger, les représailles se feront rapidement entendre *(et fort)*.

Au rayon des jouets

Jouer est un élément incontournable de l'apprentissage pour le perroquet, d'où l'importance des jouets dans son environnement. Les jouets servent à divertir, instruire, nourrir *(de façon amusante)* et souvent, chez l'oiseau qui n'a pas de compagnon, d'instrument de toilettage qu'il utilisera pour atteindre les parties inaccessibles de son corps (tête, cou et joues) dans le but de nettoyer les petites pennes sèches qui grattent et qui piquent. Pour susciter l'intérêt de Coco, ces jouets ne doivent pas nécessairement être « conçus pour perroquets » et achetés à prix d'or en animalerie. Inutile donc de vous ruiner en saturant l'oiseau de joujoux du commerce qui dans les faits, risquent de ne le

- *Deux petites balles et ça y est ! Pas une... deux. Le nombre est important pour créer une sinusoïde symétrique et harmonieuse...*

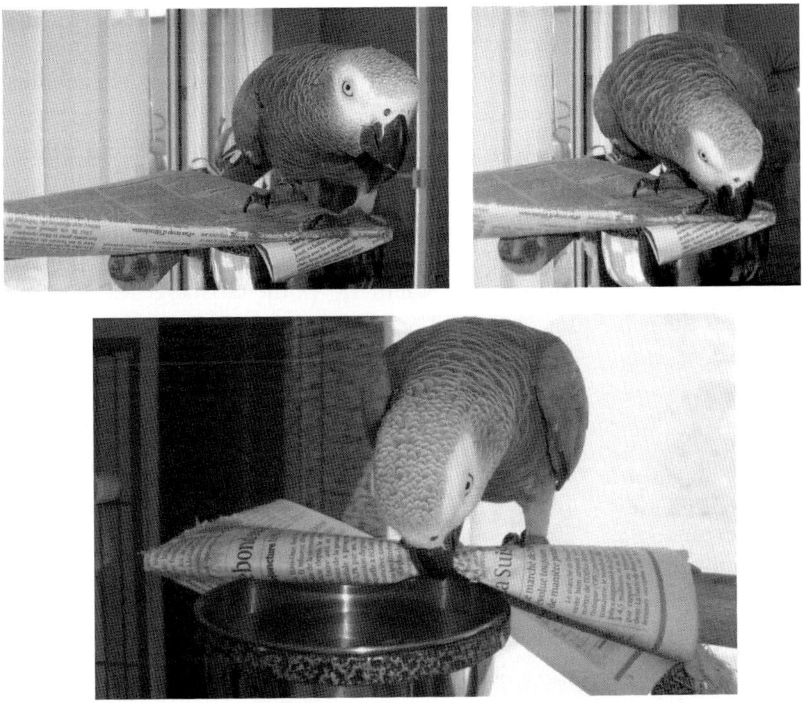

- Moi, j'aime qu'on m'offre mon journal quotidien... bien plié !

captiver que quelques minutes, pour s'en désintéresser prestement et passer à fond de train au massacre de la *(fascinante)* boîte de papier mouchoir qui traîne par là.

Ce qu'il faut avant tout considérer dans le choix d'un « bon » jouet pour Coco, c'est que l'activité est beaucoup plus importante que l'objet lui-même. Évitez de tomber dans le piège du marketing, du « jouet à la mode » : votre chéri appréciera tout autant fourrager dans un amoncellement de papiers ou de boîtes de carton que dans un jouet manufacturé *(foraging toy)* en acrylique conçu pour combler ce besoin de trifouiller. Si le jouet est destiné à être détruit, il ne sert à rien de vous mettre en frais : souvent, un simple bout de bristol ou de bois tendre aura plus d'intérêt à ses yeux que la très onéreuse brochette de polymère coloré garnie d'une parcelle de cuir.

En fait, ceux qui partagent leur vie avec un perroquet savent que ce dernier peut s'avérer très contrariant sur le sujet, préférant la plupart du temps s'amuser avec des bidules tout aussi hétéroclites qu'inattendus, tels vos cuillères de bois, votre souris d'ordinateur, votre brosse à cheveux, les pages du chapitre final du best-seller chouchou *(que vous n'avez pas encore terminé...)*, les cordons de votre pull *(tout neuf, sinon ça ne vaut pas)* ou votre trousseau de clés, lequel est indissociable du démarreur à distance *(foutu)* de la voiture, plutôt qu'avec le jouet fabriqué spécialement pour satisfaire les besoins ludiques du perroquet-roi.

- Je suis d'une lignée ducale qui depuis toujours revendique son droit au trône.

Alors, si on me l'offre, je veux bien faire perroquet-roi.

La mercatique manufacturière sait toucher la corde sensible du « psittaphile » en produisant dans un matériau de plastique *(aux couleurs voyantes et aux pictogrammes enfantins)* divers jouets qui le séduiront à coup sûr, mais que le principal intéressé préférera, si on lui demande son avis, fabriqués de carton ou de bois. Comprenez que ces jouets ne sont pas conçus selon des critères édictés par les oiseaux, mais simplement dans le but de faire la conquête de l'humain qui tient en main la carte de crédit. Si vos moyens vous le permettent, achetez ces jouets ; cependant, gardez en tête que Junior ne demande rien d'aussi glamour.

Il préférera combler ses besoins ludiques avec plusieurs objets *(beaucoup, beaucoup... et rajoutez-en encore... ce ne sera jamais assez)* que LUI considérera comme autant de jouets attrayants lui permettant d'occuper son esprit, ses pattes et son bec, et ce, pendant plusieurs « cinq minutes » dans sa journée, passant de l'un à l'autre ou en juxtaposant deux ou trois de ces babioles dans des scénarios qui lui seront bien personnels. Ces jouets le magnétiseront de par leurs couleurs *(hé oui, les perroquets voient les couleurs, on y reviendra)*, leurs formes, leurs textures et par ce qu'on pourra y introduire ou en retirer.

Tout, mais alors là vraiment tout, peut devenir une source de stimulation pour un perroquet. Ce point ne pose aucun problème. Cependant, vous devrez être vigilant dans le choix de ces « jouets » que vous soumettrez à Coco. Certains matériaux ou formes peuvent s'avérer extrêmement dangereux ou toxiques pour lui *(voir p. 110)*.

Soyez imaginatif et laissez se révéler vos talents de bricoleur. On trouve sur la Toile une quantité impressionnante de sites proposant des idées plus ingénieuses les unes que les autres de jouets à fabriquer soi-même à partir d'éléments du quotidien et offrant une très grande palette de textures stimulantes, et ce, à très faible coût (bois, cordes, tissus, cuir, etc.). Coco n'a pas et n'aura jamais une capacité d'attention de plus de quelques minutes par activité. Il préférera avoir beaucoup de choix et il butinera entre ses jouets au gré de l'inspiration du moment.

Les jouets faits main

Pourquoi payer cher quand il est si simple de contenter un Coco prêt à en découdre avec des n'importe quoi peu coûteux et de surcroît, faciles à dénicher ou à confectionner ? Les jouets faits main *(faits maison, s'entend)* sont encore la meilleure façon de se donner la possibilité de varier souvent la forme ou la composition des joujoux du petit mousse. Personne n'a besoin de posséder un diplôme *ès bricolage* pour fabriquer lui-même les petits bonheurs de son perroquet. En fait, le plus nécessaire sera des aires de rangement où vous pourrez accumuler *(sans rendre votre conjoint marteau)* toutes les petites pièces et autres

- Amenez-en
du fourbi,
des bébelles,
des trucmuches,
des zigouzis,
des cossins,
des bidules.
Je suis preneur
de tous les guedis
que vous me
fournirez...

Ça va pas
être triste !

zibouibouis que vous dénicherez *(à peu ou pas de frais - c'est plus drôle)* dans les articles usuels de la maison, les boutiques d'artisanat, dans la récupération d'éléments encore valides d'un vieux jouet *(recycler les pièces des jouets défraîchis prolonge leur longévité. Plus de sous dans vos poches et plus de « bidous » pour gâter votre poussin - ce qui veut dire : ne jetez rien)* ou sur Internet, pour vous adonner à votre nouveau passe-temps. Si vous avez la chance de vivre près d'un entrepôt où on fait de la coupe de bois, passez voir le détaillant et offrez-lui de le « débarrasser » de ses recoupes en prenant, bien sûr, le temps de vérifier les essences qu'il vous fourguera *(n'empoisonnez pas votre lardon tout de même)*. Le commerçant sera tout content et vous ferez ainsi l'acquisition de beaucoup, beaucoup, beaucoup de matière première *(gratos)* pour vous amuser *(vous et Coco)*. À peu près n'importe quoi peut servir de jouet ou de divertissement à votre oiseau, seule votre imagination est la limite et... votre prudence bien entendu. Référez-vous aux conseils de sécurité indiqués un peu plus loin en ce qui concerne les matériaux et la forme des jouets.

Voici quelques petites idées rapides d'exécution *(je suis très paresseuse)*, qui ne coûtent pratiquement rien et qui feront le ravissement de votre oiseau.

- Le classique rouleau vide *(ou neuf... le barda en devient d'autant plus drôle)* de papier essuie-tout *(papier-linge Sopalin)* demeure un indémodable en matière de recyclage-bonheur pour Coco. Évitez *(comme la peste)* d'offrir les rouleaux vides de papier hygiénique *(tout neuf, ça, vous pouvez...)* : dites-vous que chaque fois que vous tirez la chasse d'eau, des milliers de bactéries *(dégoûtantes)* sont dégagées et pulvérisées dans la pièce. À ce compte, il y a de forts risques qu'elles contaminent aussi le rouleau de papier hygiénique. N'oubliez pas que votre moustique portera systématiquement à son bec tout ce que vous lui proposerez *(ouarch)*. Pourquoi tenter le diable ?

  Mise en garde pour les tout-petits : les mini-perroquets tels la perruche ondulée, les touïs, inséparables, conures miniatures, etc. s'amusent à exploiter ces rouleaux comme tunnels et souvent... restent bloqués à l'intérieur. Mieux vaut couper le rouleau sur sa longueur avant de l'offrir à ces minuscules fouineurs.

- Bon...
C'est quoi
l'affaire ?

Une guêpière
pour perroquet ?

Vous pouvez découper des bandelettes de papier *(récupération)* ou utiliser des rubans de papier frisé de fête *(pas de papier métallique ou de plastique)* déroulés et en fourrer le rouleau d'essuie-tout *(un peu comme un rouleau de printemps)*. C'est divertissant comme tout et ça coûte trois fois rien.

- Pelote de nœuds de corde de coton ou de lanières de tissu taillées dans de vieux t-shirts *(de coton)*. On façonne un nœud, puis un autre par-dessus le premier et un autre et encore un autre jusqu'à ce que le tout ressemble à une boule. Certains oiseaux adorent défaire les nœuds *(type tendance gabier)*. Vous pouvez incorporer des noix au cœur de cette boule, elle n'en deviendra que plus intéressante.
  Attention : C'est un jouet de tissu ou de corde, alors Coco doit y jouer en notre présence (surveillance).

- Le courrier indésirable *(que notre facteur nous fournit à la tonne)* ou vieux papiers chiffonnés en boule dans lesquels on insère une petite « surprise »... ça vous occupe un bec !

- Junk mail...
Big time !

- On perce des trous dans un carton et on y noue des lanières de cuir sur lesquelles on a enfilé quelques billes de bois et du papier « mâchonné ». Ça peut sembler « totoche » comme jouet, mais essayez : vous serez agréablement surpris...

- Les boîtes de carton vides de n'importe quoi *(sans agrafes ni ruban gommé)* pour se cacher ou méditer son prochain « putsch ».

- ... Ensuite, tu fais distraction à l'office pendant que je procède au casse...

- D'ac Jack !

- Un plumeau de cuir. On prend plusieurs lanières de cuir qu'on attache solidement ensemble par le centre et qu'on fixe à l'extrémité d'un bâtonnet. Excellent jouet de patte, comme d'ailleurs tout ce qui ressemble à une sucette et qui se tient dans la patte (bâton avec pièce de bois ou noix favorite maintenue à un bout).

- Le panier-surprise. On se procure un panier de paille de bonne dimension *(non traité non teint, ça va de soi)* assez grand pour que le poulet puisse s'y installer confortablement et... y être à l'aise pour s'amuser. On suspend ce panier à l'intérieur de la cage, assez haut pour qu'il ne frotte ni aux barreaux ni aux perches afin qu'il puisse s'y balancer et de manière qu'il soit aisé à l'oiseau d'y grimper. Vous y déposez ses petites babioles préférées à grignoter ou lisser. Coco s'installera complètement dans son panier et pourra passer un bon moment à s'amuser avec ses jouets favoris.

Les jouets gustatifs pour fourrager

Les perroquets possèdent un tempérament, disons, pas mal inquisiteur et adoooorent fourrager, fouiller et ratisser. L'exaltation s'accentue avec la complexité de la tâche. Drôles de bestiaux... Ils aiment prospecter et travailler dans des espaces exigus pour mettre à jour des gâteries ou babioles qui se présentent à leurs yeux... trèèès dignes d'intérêt. Pourtant, peu d'amateurs pensent à offrir de ces jouets alléchants pour combler ce besoin. Comme mentionné plus avant, ces oiseaux sont friands à l'idée de chercher et de s'activer pour se procurer leur nourriture ; alors, pourquoi ne pas transformer certains aliments en jouets très distrayants ? Une combinaison des plus engageante

- *C'est pas aussi lourd qu'on pourrait le croire !*

pour votre volatile. De plus, ce genre de « jouet » peut réussir *(là où vous avez si souvent échoué)* à titiller « l'intérêt alimentaire » de ce Coco si pointilleux et peu enclin à essayer de nouveaux aliments ou des saveurs inexplorées. Donnez-lui des jouets gustatifs qui comportent des défis et une certaine difficulté d'accès à la nourriture. L'oiseau en sera tout fiérot et puisqu'il aura travaillé *(comme il se doit)* pour atteindre sa gâterie, elle n'en deviendra que plus exquise ! L'avantage *(non négligeable)* des ces jouets gustatifs réside dans le fait qu'ils se présentent toujours frais, renouvelables, très économiques et offrent un rendement maximal pour le perroquet : plaisir et profit *(fourrager et se nourrir).* ☺

- Les jouets à petites fentes ou percés de trous, dans lesquels on insère des cacahuètes, graines de tournesol ou n'importe quelle autre friandise procurent des heures d'occupation à l'oiseau. Plusieurs jouets du commerce, généralement sécuritaires, correspondants à ce besoin de fouiller sont mis en marché et vendus en animalerie. Sinon, servez-vous d'un simple bout de bois, perforé stratégiquement, dans lequel vous introduisez ses gourmandises favorites et que vous suspendez aux barreaux de la cage de votre poulet le matin avant de partir au boulot. Succès assuré !

- Ingénieux et rapide : procurez-vous une tige filée d'acier inoxydable *(vendue en pièce de un mètre environ)* ainsi que quelques écrous et disques *(washers)* aussi en inox. Sciez cette tige selon vos besoins *(les parties sciées doivent être passées à la meule d'établi afin d'éviter les éraflures)*, puis fixez une tige à la cage de Coco *(dans un coin ou au plafond)* avec les disques et les écrous. Il ne vous reste plus qu'à y piquer fruits et légumes préférés de l'oiseau. Les pommes grenades et les petites courges, toutes deux très fournies en pépins, procurent un divertissement qui pourra accaparer l'attention de votre perroquet pendant toute la matinée *(et qui vous occupera beaucoup à votre retour… Houla ! Le bordel).*

- Vous êtes pressé de quitter ce matin et Coco *(vous n'avez pas le choix, disons)* passera la journée enfermé dans sa cage. O.K., mais ce n'est pas une raison pour qu'il s'embête. On fait simple, mais amusant. On y va d'un simple brin de brocoli avec tête *(bien entendu)*, dans laquelle vous glissez quelques cacahuètes ou graines de tournesol ; ou encore, une grappe de raisin ou une banane *(avec pelure bien lavée)* que vous suspendez dans un coin de sa cage… plaisir *(et foutoir)* garanti.

- Une autre petite vite : glissez ses gâteries chouchou (cacahuètes, pistaches, noix diverses) dans une petite boîte d'emballage de carton *(le suremballage de notre société de consommation nous en procure à profusion)* ou dans un sac de papier *(brun)* que vous fixez aux barreaux ou laissez traîner négligemment au fond de la cage.

- Des cacahuètes dans une boîte de macaronis...

Quelle délicate attention !

- De même, prenez une grosse boîte de carton dans laquelle vous ne percerez qu'un minuscule trou, puis introduisez-y les friandises. L'oiseau s'amusera à élargir ce trou pour ensuite s'infiltrer dans la boîte y cueillir son pactole. Coco sera content, content, content dans sa cachette et bien occupé !

- Hyper-rapide : chaussettes blanches de coton, de laine ou de lin *(vous savez, celles qui ont perdu leur sœur dans la sécheuse)* dans lesquelles on insère des noix, pistaches ou cacahuètes et qu'on noue à chaque extrémité. Le perroquet s'approche, touche et tâte ce « jouet » et il sent bien qu'il y a des gâteries à l'intérieur... alors commence le processus de destruction pour quérir les gourmandises. Dans le cas de grands poulets, un collant (de coton ou de lin) coupé à mi-jambe, rempli d'un bout à l'autre avec plusieurs

nœuds en prime vous assure la paix pour une bonne heure... Certains tempéraments ne s'empêtreront pas dans les fleurs du tapis et vont, sans ambages, saccager la chaussette pour accéder aux noix, tandis que d'autres déferont minutieusement les nœuds un par un, prendront les douceurs et nous rendront la chaussette pratiquement intacte, prête pour un autre remplissage... Encore une fois, question de personnalité, mais dans les deux cas, plaisirs et distractions garantis - Un incontournable.
Dans un même ordre d'idée, pourquoi pas un gant à surprises ? Procurez-vous une paire de gants de coton non teint dans un centre de jardin : dans chacun des doigts, vous glissez une surprise *(gâterie, bois à mâchouiller, morceaux de cuir, petits jouets, etc.)* et vous attachez solidement la base du gant avec une lanière de cuir. Simple, mais drôlement efficace.

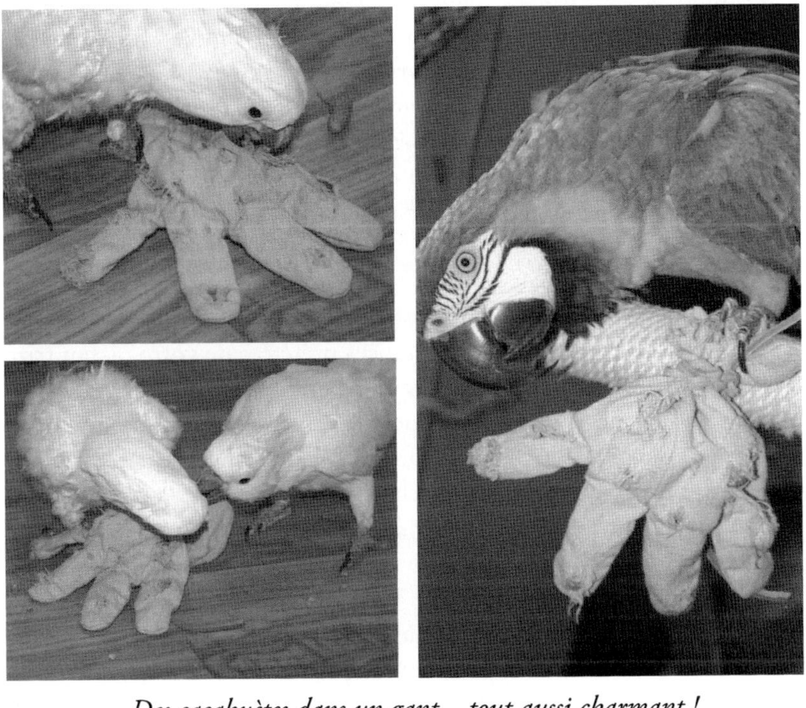

- Des cacahuètes dans un gant... tout aussi charmant !

- Les pommes de pin… constituent des jouets extraordinaires pour les oiseaux qui aiment fouiller et détruire. Naturellement, il faut tenir compte de la taille du perroquet… les petits cônes pour les mini-pious et les grands pour les maxi. Dans une « cocotte » *(en québécois)*, on peut insérer des graines et du beurre d'arachide ou de noix. Les pignes (noix de pin) contenues à l'intérieur des cocottes sont un délice pour nos oiseaux. Ne les retirez surtout pas ! Vous pouvez récolter vous-même vos pommes de pin et les préparer. Lors de la cueillette, assurez-vous que vos « cocottes » ne soient pas abîmées, trop vieilles ou pourries, qu'elles soient sèches *(du moins, pas trop humides)* et exemptes de moisissures ou de mousses.

  Méthode pour apprêter les pommes de pin : *il n'est pas vraiment possible de stériliser les pommes de pin ; toutefois, les passer au four achève de complètement les sécher, tue les petites bestioles qui pourraient s'y cacher et détruit les moisissures ; ce qui les rend alors sécuritaires pour nos chéris. Chauffez le four à 225 °F (110 °C) et placez-y les cocottes pour 30 minutes, puis éteignez le four et laissez-les refroidir pour environ 2 à 3 heures afin de s'assurer un bon séchage. Ne pas excéder la température de 225 °F (110 °C) sinon les « jouets » risquent de prendre feu.*

- La pochette nutritive : munissez-vous de 2-3 grandes feuilles de laitue et fourrez-les des bouffetances préférées de votre oiseau (riz, boulgour et légumineuses *(tous cuits)*, petits fruits et légumes, une pincée de cannelle) que vous pouvez laisser entières ou passées au robot culinaire. Puis vous rabattez les feuilles de laitue de façon à former un genre de sac et attachez le tout avec une lanière de cuir. Succès garanti *(peut aussi servir à faire accepter de nouveaux aliments à Coco le capricieux)*.

- Le plus simple des jouets pour fourrager : offrez-lui une petite boîte de céréales *(celles qui viennent généralement en paquet de huit)* les moins sucrées possible et permettez-lui de démolir cette boîte.

- Le premier fâcheux qui s'approche de ma boîte de raisins, je le pince !

Il aimera sûrement ce qu'il y trouvera à l'intérieur. Mes perroquets en sont fous ! Idem pour la petite boîte-collation de raisins séchés... certains la mettront en pièces tandis que d'autres déplieront le couvercle et en retireront un à un les fruits qui s'y trouvent.

- Cuillère de beurre de noix : garnissez une petite cuillère à ras de beurre d'arachide « crunchy », de noix d'acajou ou de beurre d'amande et offrez-la à votre perroquet. Vous pouvez y mélanger de petits fruits séchés ou morceaux de noix. L'oiseau fouillera pour trouver les pépites cachées dans le beurre. Il appréciera ce jouet de patte délicieux.

- Coco fun : procurez-vous une noix de coco entière, lavez-la soigneusement, percez un trou à chaque extrémité et videz-la de son lait. Lorsque la noix est vide, coupez-la en deux et passez-y une lanière de cuir *(pas trop longue)* que vous nouez à l'intérieur. Puis fixez solidement les deux pièces sur les gyms des oiseaux *(si vous ne partagez votre vie qu'avec un seul oiseau, réservez la seconde moitié de noix au frigo)*. Les perroquets adorent grignoter la chair à même la noix de coco. Ce jouet prend cinq minutes à fabriquer, mais dure une journée entière. À la fin de la journée, comme ça aura traîné, on le jette.

- Découpez des céleris et carottes en languettes et faites-les friser dans l'eau froide. Offrez vos légumes de façon originale à Coco bébé. Il appréciera ce changement et pourrait même retrouver l'envie de manger des légumes dont il s'était lassé. Les lanières doivent être assez petites pour qu'il les tienne dans sa patte, sinon, glissez-les à travers les barreaux de sa cage.

- Popsicle savoureux : remplissez un bac à glaçons « cocktail » du parfum de yogourt préféré de votre perroquet. Piquez dans chacun des compartiments un bâtonnet à café de quelques centimètres. Déposez au congélateur et laissez prendre toute une nuit. Puis offrez à Choupinet. Il adorera tenir son bâtonnet dans sa patte tout en dégustant cette douceur gelée. C'est un peu salissant quand le « popsicle » commence à fondre, mais ça en vaut le coup. On en profitera pour lui donner un bon bain.

- C'est froid. Chaque fois je fais frrrrttjjjjj !

Les jouets non traditionnels

Beaucoup de mes clients se fournissent en babioles diverses dans les boutiques de jouets pour enfants. C'est déjà pas mal, mais il ne faut jamais perdre de vue que les jouets qui sont considérés sécuritaires pour les enfants humains ne le sont pas nécessairement pour un bec de perroquet en santé et bien dur. Ici, c'est à vous de juger !

Quand je dis « jouets non traditionnels », je parle de ces n'importe quoi d'usage commun ou gadgets qu'on trouve dans nos maisons ou dans les grandes surfaces et qui ne sont pas, a priori, destinés à l'usage des perroquets. Il y a beaucoup de petits trésors dans ces objets qui peuvent retenir l'attention de Coco. Encore une fois, la sécurité prime ! Vous devez faire preuve de discernement, car l'oiseau, lui, ne le fera pas et s'intéressera avidement à tout ce que vous lui présenterez... Il a la ferme certitude que vous ne lui offrirez rien qui puisse lui être dommageable ; je pense entre autres aux centres d'activités à piles pour bambins de diverses firmes, avec des touches musicales et des boutons tire-pousse qui rendent les perroquets complètement dingos. Nos oiseaux adorent les sons enfantins qui sortent de ces jouets... ils en sont hypnotisés. La plupart de ces jouets sont bien solides sauf... la fragile petite porte où l'on insère les piles.

- Allo la Lune... Ici la Terre...

Alors, oui pour ces jouets musicaux et fascinants, mais JAMAIS dans la cage ou sans supervision. Pour apprendre à reconnaître un jouet sécuritaire, référez-vous à la section *« On joue... mais pas avec n'importe quoi ! La sécurité avant tout »* un peu plus loin dans ces pages. À partir de ces informations, vous serez à même de juger si un jouet se présente de manière sécuritaire. Si vous y décelez un risque « incontrôlable », mieux vaut ne pas offrir ce jouet à Coco-le-concasseur. ☺

Des jouets dans la cage

Des jouets de cage à visser ou à suspendre, il y en a de toutes natures, variétés, textures, formes et couleurs. Ce sont des jouets qui sont appréciés et essentiels au bien-être des oiseaux qui passent beaucoup de temps à l'intérieur de la cage, ou encore, des petites espèces qui ne se servent pas de leurs pattes comme outil de préhension. Cependant, ce ne sont pas les préférés des moyens et grands perroquets qui ont le loisir de se mouvoir à leur aise dans la maison.

- *Moi, j'suis petit et je craque sur tout ce qui est « article de maison ».*

  Ben oui quoi ? Ma cage, c'est ma maison... Relisez le deuxième chapitre !

Disons que ce sont des jouets qui peuvent tuer l'ennui un moment, mais qui deviennent rapidement lassants, attendu que plusieurs personnes ne pensent pas à les remplacer périodiquement. Une fois installé, ce genre de jouet a malheureusement tendance à prendre racine dans la cage.

La rotation des jouets : il est important de faire une rotation des jouets de votre perroquet afin qu'il garde son intérêt dans les activités que vous lui proposez. Dès qu'il semble s'en désintéresser, on les remplace. On ne jette pas ces jouets, on les réserve pour plus tard. Quand les nouveaux auront perdu de leurs attraits, on reprend ces vieux jouets qui redeviennent accrocheurs... pour un moment, puis, on change encore... ☺

- *Tiens ! C'est déjà le temps de changer mes jouets...*

Y a plus de saisons !

La meilleure clé antidésœuvrement *(et de l'enrichissement)* demeure sans contredit la nouveauté ! Plus c'est inédit, plus c'est stimulant. Les jouets doivent être remplacés sur une base régulière, inscrivez-le à votre calendrier...

Les jouets de pattes

Les jouets de pattes sont ceux que l'oiseau peut tenir en patte, manipuler et déplacer à loisir. Contrairement aux jouets suspendus qui ne risquent pas de se retrouver par terre ou au fond de la cage, les jouets de pattes sont indéniablement source de surcharge de travail pour l'humain. En effet, on découvre plus souvent qu'autrement ceux-ci sur le sol de la cage, souillés par des excréments ou de la nourriture

sous ou autour de la cage, sur le plancher ou carrément flottant dans l'écuelle d'eau de Coco. Mais il nous faudra faire contre mauvaise fortune bon cœur puisque les jouets de pattes demeurent vraiment les plus appréciés de nos psittacidés. La plupart des perroquets aiment tenir des objets : ils peuvent les transporter là où se déroule l'action et développer leurs propres stratégies de jeux et surtout, en changer souvent. Les jouets de pattes doivent être adaptés à la taille de l'oiseau afin que ce dernier puisse les manipuler ou les transporter facilement.

Le coffre à jouets

Utile entre autres pour ranger ces « charmants » jouets de pattes, mais aussi pour y caser toutes ces petites babioles, joujoux, pacificateurs ou autres colifichets qui stimulent et occupent notre lardon pendant des heures. L'objet peut se présenter sous la forme d'une boîte de carton (chaussure), d'acrylique, de bois, d'un petit panier d'osier *(non traité)* ; peu importe, pourvu qu'on puisse y mettre des tas *(beaucoup de tas)* de machins. Le(s) coffre(s) à jouets sera inspecté tous les jours *(vous n'avez pas idée de tout ce qu'un perroquet normalement constitué peut y remiser)*, nettoyé des charpies et rempli de nouveaux « cossins » tout aussi quotidiennement.

Des jouets partout, partout... Il est essentiel pour le perroquet de pouvoir jouir d'un grand assortiment de jouets, mais il est tout aussi primordial que ce ne soit pas toujours le même coffre aux trésors (jouets) qu'on trimballe d'un appartement à l'autre. L'oiseau y perdra rapidement intérêt et cherchera autre chose pour s'occuper dans la pièce de la maison où il vous suivra... quelque chose que vous pourriez tristement regretter... Donc ici, je suggère d'offrir plusieurs coffres à jouets à votre tsarévitch : un pour chacune des chambres de la maison et, si possible, contenant des trucmuches ayant un certain rapport avec l'activité qui se déroule dans cette pièce. Par exemple :

Coffre à jouets de salle de bain : brosse à cheveux et peigne pour enfant, petites serviettes, brosse à dents. *Attention :* méfiez-vous des fixations métalliques insérées dans les brosses à dents. Il ne faut pas présumer

- Laissez tomber les jouets et le coffre...

Moi, c'est la boîte qui m'intéresse.

que celles-ci sont fabriquées entièrement de plastique. Les poils sont souvent fixés par de très petites plaques de métal très difficiles à voir qui peuvent sévèrement intoxiquer votre oiseau. Vous pouvez vérifier en utilisant une lampe de poche pour voir au travers du plastique *(pourvu que ce dernier soit transparent)*.

Coffre à jouets de cuisine : cuillères de bois, bols, ustensiles divers, petit rouleau à pâte en bois, linges de table, vaisselle miniature pour enfant, etc.

Coffre à jouets de bureau : crayons pour enfants (non toxiques), papiers, vieux livres, etc.

Coffre à jouets de salle de télévision : ce coffre doit être très, très, très varié si vous désirez visionner et surtout, écouter votre film en paix.

Jouets de sortie : vous faites un saut chez un parent, un ami et vous décidez d'emmener Coco... Mieux vaut prévoir des tas de jouets neufs et très excitants... Rien de pire qu'un oiseau qui s'embête en visite...

Les jeux et jouets d'éveil (intelligence et praxie)

Offrez des jouets défis à votre perroquet. Soyez créatif, donnez-lui des occupations qui vont le fasciner et retenir son attention, qui demandent réflexion et fine motricité. On verra beaucoup de ces jeux ou jouets *(traditionnels ou non)* dans ce bouquin.
Usez-en abondamment !

- Tchick à tchick...

... et gâteries à la carte !

Les jouets d'activités physiques et sportives

Le perroquet a besoin de se dégourdir les muscles et de faire de l'activité physique quotidiennement pour se tenir en forme ; il a besoin de bouger dans une journée ! C'est un animal qui vole, mais aussi un animal qui grimpe et rien de plus facile que de combler ce besoin dans nos maisons sans pour autant laisser l'oiseau saccager l'appartement.

Chez le perroquet tout comme chez l'humain, il est bien plus souriant de faire ses activités par le biais des jeux, alors, pourquoi pas des jouets qui lui apporteront un peu d'exercice ? Les jeux à grimper comme les cordages (lianes), les échelles, les parcs d'amusements, arbres, anneaux, cubes, sur lesquels le perroquet peut se balancer, virevolter, pirouetter, tournoyer, monter, descendre, revenir encore, etc. procurent beaucoup d'agrément et d'exercice.

- *Dites, on est pas censé se bouger un peu, là ?*

- *Pourquoi faire ?*

- *Parce que c'est un jouet d'activité sportive !*

- *Ah bon ! On ne nous avait pas avisé...*

- *On ne nous dit jamais rien à nous...*

- Le surf aviaire, c'est le pied !!!!

Naturellement, le vol libre dans la maison ou à l'extérieur avec un harnais demeure encore le meilleur exercice pour votre compagnon. Cependant, l'escalade me semble un bon compromis pour les longs mois d'hiver quand l'espace est restreint pour le vol à l'intérieur.

Les jouets cachettes

Les perroquets aiment leur intimité et sont en constante recherche d'endroits exigus, d'espaces privés ou encore du nid idéal *(même sans but reproductif)*. Le jouet cachette est à mon avis un accessoire des plus importants pour nos oiseaux, en fait indispensable. Les boîtes cachettes, les petites maisons ou tout ce qui peut servir à se dissimuler *(selon le format de l'oiseau)* sont très prisés et plus que grandement appréciés par nos Coco. Pas besoin de se mettre en frais, parce que le jouet cachette suprême, du moins, si on demande l'avis de nos perroquets, demeure la simple boîte cartonnée. Vous savez, celle

L'indispensable jouet cachette

qu'on vous fourgue avec n'importe quel achat de n'importe quel produit et dont on a toujours de la difficulté à se débarrasser... Bien entendu, choisissez-la propre, sans agrafes, ruban adhésif, etc. Croyez-moi, une fois passée par le bec de Coco, votre boîte logera très aisément dans votre bac de recyclage...

Vous pouvez aussi dénicher sur le marché du jouet pour perroquet de compagnie une quantité effarante de ces boîtes cachettes de différents formats. Soyez prudent. Avant de les offrir, vérifiez que les ouvertures soient assez larges pour que votre perroquet puisse y circuler aisément *(s'il s'y coince, vous ne serez pas plus avancé).*

Notes sur les tentes de tissu : Ces cachettes pour perroquets sont souvent causes d'accident. Les petites espèces, dans leur désir « d' aménager » ce nid, déchiquettent et parfois même ingèrent des bouts d'étoffe, la doublure ou le matériel de rembourrage contenu dans celle-ci. C'est dommage, car l'idée est bonne, mais plusieurs de ces maisonnettes proposées dans les « boutiques spécialisées » sont confectionnées de tissus synthétiques (peluche, polar, etc.) cousus avec... du fil de nylon (transparent)???? Inspectez bien l'objet avant de vous le procurer ou mieux, fabriquez vous-même la petite yourte de Coco... Confectionnée avec amour, elle sera beaucoup plus sécuritaire.

- Paraît que l'isolation de ma maison est délétère...

L'industrie du bâtiment n'est plus ce qu'elle était...

Les jouets perchoirs

Les perroquets aiment la hauteur, c'est bien connu. Les sommets, c'est la sécurité et c'est pour ça qu'ils recherchent les points culminants, du genre perchoirs qu'on suspend très haut *(près du plafond)* et qui leurs procurent une grande tranquillité d'esprit puisqu'ainsi stratégiquement positionnés, ils peuvent observer *(ou surveiller)* l'ensemble de leur territoire. Plus c'est haut, mieux c'est !

- *Dis donc, c'est bien chez toi...*

- *Ouais, le panorama est à couper le souffle !*

La télé, l'ordi... pourquoi pas !

La télévision ou votre PC *(quand on est présent bien évidemment)* sont les parfaits auxiliaires à votre quiétude. Quand je suis occupée, je « parke » les oiseaux devant la télé et ouf... je gagne la paix ! La plupart des perroquets sont fascinés par les images et les sons qui sortent de ces boîtes magiques, surtout lorsqu'un perroquet se donne en spectacle sur U-Tube. Certains des membres du BBB *(Big Birds Band)* ont appris les thèmes musicaux de leurs émissions préférées ; ils connaissent par cœur les musiques et chansons de plusieurs « sitcoms » et de messages

- Allo la Terre...
ici la Lune !

- Houston !
Houston !

Vous me
recevez ?

publicitaires qui repassent souvent. Ils répondent même « allô » quand le téléphone sonne à la télé ! Mes perroquets ont une nette préférence pour les émissions où il y a de l'action (dessins animés, cinéma d'action catégorie « Rambo », enlevante partie de hockey). Ce style d'émission a souvent des effets sonores spéciaux (chansons entraînantes, bruits, cris, explosions, coups de feu et onomatopées diverses) ce qui les stimule énormément. Mon amazone Lili-Anne frétille devant ce genre d'émission, c'est une téléspectatrice active. Ses œuvres cinématographiques préférées ?... La famille de films d'horreur série « B » où l'on retrouve toujours la sacro-sainte *« greluche-qui-hurle-comme-une-pintade-plutôt-que-de-prendre-ses-jambes-à-son-cou »*. Lili possède un don naturel de tragédienne, c'est LA « star » du gore, il faut l'entendre pour le croire... Elle sympathise beaucoup avec la pauvre donzelle qui va se faire découper en morceaux...!

Les jouets pour les « piqueurs »

Le picage est, dans la généralité des cas, associé au manque de stimulations dans l'environnement ; c'est une pathologie reliée directement à la captivité. Les oiseaux piqueurs développent des manies autocentre (mâchouillent ou arrachent leurs plumes) souvent par désoccupation et désœuvrement. Le meilleur moyen pour combattre cet « ennui » est... de les tenir occupés. Pour ce faire, Coco a besoin de piment dans sa vie, d'activités tonifiantes *(et il y a beaucoup d'idées dans ce bouquin pour faire en sorte que votre perroquet émerge un peu de sa torpeur sédentaire).*

Bien que les jouets vendus à l'usage des perroquets « piqueurs » n'aient pas de réelle incidence sur la pathologie, on peut tout de même *(avec beaucoup d'optimisme)* s'efforcer d'aider l'oiseau à rediriger cette pulsion vers des objets autres que son propre corps ; des jouets qui possèdent les caractéristiques idéales pour se laisser toiletter, mâchouiller, qui lui permettent même d'en arracher des bouts et qui pourront *(peut-être)* se substituer au plumage. Ça n'agit qu'une fois

- *Si vous êtes optimistes, je le suis aussi.*

Alors, on tente le coup ?

sur dix, mais ça vaut la peine de tenter le coup... on ne sait jamais ! En aucune façon, il ne faut lui offrir de jouets fabriqués de plumes *(ridiculement conçus et vendus pour oiseaux piqueurs)*, vous ne ferez que le confirmer dans sa manie.

Les jouets à longs « poils » comme les lavettes à vaisselle ou vadrouilles de coton (mop) non traité, les houssoirs, époussettes ou tout ce qui ressemble à une tignasse (corde de coton, de sisal) et même... votre chevelure *(sans fixatif ou autres coquetteries)*, peuvent sérieusement intéresser le lisseur ou toiletteur compulsif. Une bête tête de vadrouille placée stratégiquement sur son aire de jeu chouchou peut retenir son attention *(et ses pulsions)* pendant un bon moment, ou même un balai de paille ou autres matériaux sécuritaires (non traités).

- *Moi, lui chercher des poux ???*

- *Quelle idée !*

Pour les Coco « impulsionnels » qui déracinent carrément leurs plumes, on peut essayer d'offrir des jouets en corde de sisal sur lesquels ils pourront se soulager... brindille par brindille.

Les jouets de cuir, de corde ou sisal avec plein de nœuds à délier, un rouleau *(plein et neuf)* de papier hygiénique, au travers duquel on passe une perche, si facilement déroulable et « déchiquetable » peuvent aussi obtenir une certaine considération de la part de notre piqueur impénitent *(ainsi que de tous les perroquets d'ailleurs)*.

- Tiens !

C'est intéressant, ça...

- Houla !

De plus en plus intéressant...

- Faut que les copains voient ça...

...mais plus tard !

Le plus important demeure de garder en tête que ce genre de jouets ne fait au mieux que rediriger la compulsion de l'oiseau sur un objet autre que son petit corps à lui, mais ne la fera jamais disparaître. Dès qu'il sera à court de jouets « à lisser », il reprendra le travail sur ses propres plumes. Mieux vaut miser sur une approche plus holistique en évaluant l'environnement global de notre gugusse et en y apportant les correctifs nécessaires.

On joue… mais pas avec n'importe quoi. La sécurité avant tout !

Même si un jouet vous semble très attrayant, il faut demeurer vigilant : la sécurité doit primer dans la sélection d'activités que vous offrez à votre perroquet. N'oubliez pas qu'il se bataillera et portera systématiquement à son bec tout ce que vous lui présenterez, et ce, sans méfiance aucune ! Comme il n'a pas trop le choix de s'en remettre à vous, ce sera donc votre travail *(devoir)* d'examiner scrupuleusement tout jouet que vous lui proposez. Souvent on me demande en quoi consiste un jouet parfaitement sécuritaire pour un perroquet. Malheureusement, il n'y a pas de réponse précise et adaptée à tous les tempéraments de ces volatiles. Chacun est différent et interagit avec son environnement *(et ses jouets)* d'une manière bien à lui. Par contre, avant d'offrir un jouet à Coco, on peut se poser quelques questions : est-ce que mon oiseau peut s'y prendre les pattes, les griffes, la tête ? Peut-il le décrocher, le détacher ? Peut-il s'y enrouler un doigt, une patte, la tête ? Les matériaux sont-ils toxiques ? Les pièces trop facilement détachables… ingérables ? Imaginez toujours le pire scénario… Avec les perroquets, même l'improbable peut se produire, ces oiseaux, dans un contexte de captivité, incarnent parfaitement la loi de Murphy… S'il y a un seul aléa…, il arrivera…! *(La vraie, vraie loi de l'emmerdement maximum - LEM.)* Certains jouets se présentent très sécuritaires à l'état neuf et deviennent de plus en plus dommageables en se détériorant. Je pense ici plus particulièrement aux jouets de cordes *(courtes ou pire, longues)* ou aux jouets de bois maintenus en place par des quincailleries (vis, œillets, etc.). Ayez l'œil…

- Murphy ??? Jamais entendu parler !

Si vous offrez des jouets de matériaux poreux ou naturels à Coco (corde, cuir et bois tendre), assurez-vous de bien limer les ongles de votre joueur étoile. Ces matières peuvent être « accrochantes » et avoir de fâcheuses conséquences pour Chéri qui risque de s'y prendre les griffes. Soyez certain de l'entière sécurité d'un jouet avant de l'installer dans sa cage ou de le laisser jouer seul avec cet objet. Dans le doute, retirez le jouet de la cage si vous devez quitter la maison. Certains jouets commandent votre présence, votre surveillance « parentale ».☺

Si vous fixez vos jouets avec de la corde ou des lanières de cuir aux barreaux de la cage, assurez-vous de les nouer avec force, de serrer très fort les nœuds afin qu'aucune petite boucle ne se forme. Les perroquets sont curieux et vont s'acharner à agrandir cette maille au risque de s'y faire cravater.

Gardez toujours en tête que le jouet qui nous semble si innocent et sécuritaire peut devenir extrêmement dangereux dans les pattes de certains caractères de perroquets. J'ai tenté de regrouper dans les pages suivantes les pièges les plus hasardeux et courants. Essayez d'en tenir compte la prochaine fois que vous offrirez un jouet à votre oiseau.

Les Géants et les Lilliputiens

Les Géants ne doivent pas jouer avec les affaires des Lilliputiens - C'EST DANGEREUX ! Choisissez toujours un jouet en fonction de la taille de votre perroquet. Un tout petit jouet pour votre inséparable peut s'avérer mortel pour l'amazone, les mini-pièces s'y détachant et s'ingurgitant trop facilement. N'oubliez jamais que les grands psittamécanos deviennent complètement « gaga » devant tout ce qui ressemble à un écrou, un boulon, une vis, un papillon ou finalement, n'importe quelle menue pièce qui leur passe sous le bec. Les jouets fabriqués pour petits oiseaux ne sont que pour petits oiseaux : les attaches, clochettes, chaînes, billes, etc., sans danger pour le minuscule perroquet peuvent trancher le fil des jours du « majuscule » perroquet. Je sais que le prix des jouets miniatures est plus alléchant que celui des jouets élaborés pour votre colosse, mais en regard des honoraires que vous demandera votre vétérinaire *(c'est beaucoup plus cher chez les « ouazeaux king size »)*, ou encore pire, la perte de votre compagnon, je crois que mieux vaut investir un peu plus dans les joujoux conçus pour la taille de votre chéri que de prendre le risque de...

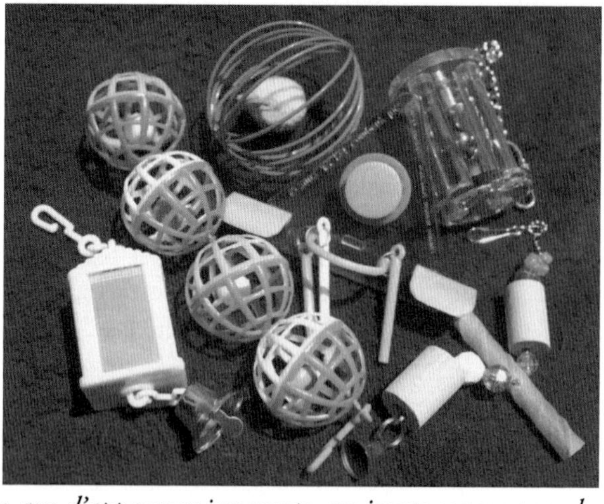

Bien que d'apparence innocente, ces jouets conçus pour les mini-pious peuvent s'avérer fatals pour votre grand perroquet.

Vous devez être très vigilant quand vous offrez un nouveau jouet à votre perroquet et particulièrement attentif quant à la manie de certains de ces volatiles d'avaler des n'importe quoi non comestibles. Il est évident, et presque normal, dans le cas d'un très jeune oiseau « EAM » de ne pas faire tout à fait la différence entre nourriture et autres objets ou substances qu'il porte à son bec *(il n'a pas de modèle)*. Par contre, une des pathologies assez répandues chez les perroquets captifs est l'allotriophagie, qu'on appelle aussi le pica, qui consiste en une sorte de perversion de l'appétit qui les conduit à absorber des matières non comestibles et dangereuses pouvant sérieusement irriter le tract digestif de l'oiseau, bloquer le système digestif, perforer le jabot ou l'intestin.

- *Saveur de bois rouge...*

Mioum, mon essence préférée...

Allez je me fais un petit en-cas...

Les cacatoès et certaines espèces de conures semblent plus enclins à développer un goût prononcé pour ce genre de pratique ; pour certains ce sera la corde ou le cuir des jouets, pour d'autres le bois ou le sisal et même le plastique. Encore un de ces petits travers imputables à la domesticité et en particulier, à « l'élevage à la main ! »

Danger d'étranglement et / ou de constriction avec les jouets

Un autre sujet pas très « jojo »... Pourtant et malheureusement, il est si fréquent de voir un perroquet s'embourber dans ses jouets et parfois même s'y étrangler que je ne pouvais pas passer à côté du sujet.

Les risques d'étranglement sont plus élevés avec les jouets à suspendre (dans ou à l'extérieur de la cage). En effet, plusieurs fabricants de jouets ne tiennent pas compte de l'emportement naturel des perroquets lorsqu'ils se bataillent avec un jouet. Ainsi, ils offrent à la vente des jouets sur chaîne ou corde beaucoup trop longue (cloches, roche de lave, bois ou plastique, boules de coton, etc.) ou tantôt, des jouets très fragiles

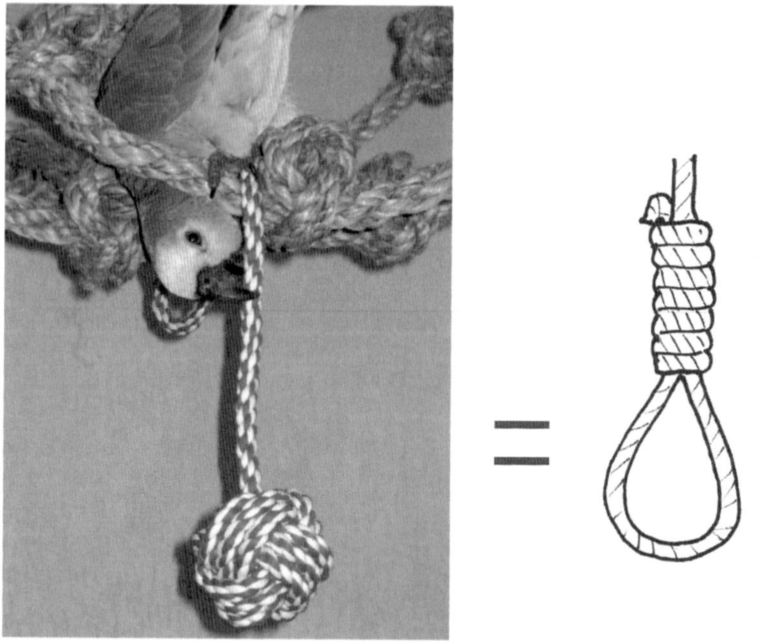

(carton, bois tendre, tissu ou papier) maintenus en leur centre par du cordage ou de la chaînette, qui une fois la partie « mâchouillable » du jouet détruite, ne laissent qu'un long bout de corde ou de chaîne pendouiller... une belle cravate pour pendre un Coco un peu trop impétueux. Il faut retirer ou renfiler ces jouets dès qu'ils commencent à se découvrir de leurs garnitures. Méfiez-vous aussi des jouets comportant des anneaux, les risques que l'oiseau s'y prenne ou s'y pende sont très élevés. Ces anneaux doivent être de diamètres soit assez grands pour que le corps de l'oiseau y passe complètement et aisément, soit trop petits pour qu'il n'y engage pas la tête ou ne s'y prenne une

- *C'est dangereux ?*

Ah bon ?
Dommage.
C'était bien
amusant !

Peux-tu m'en
offrir un
plus
grand
s'il te plaît ?

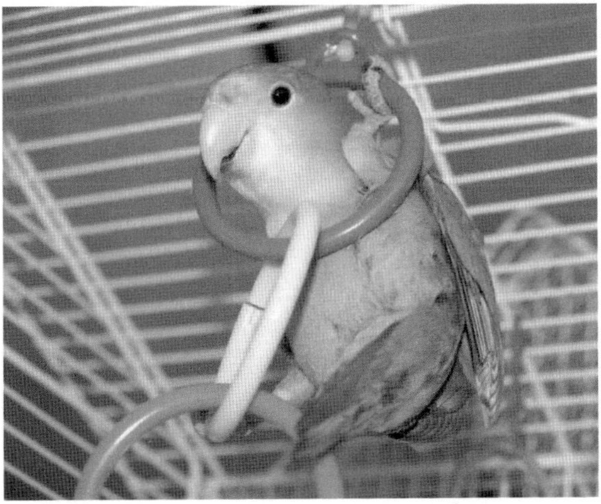

patte ou un doigt. Pour minimiser les risques, n'offrez pas de tels jouets sans supervision, ce qui en gros revient à dire qu'on ne place jamais ces jouets à l'intérieur de la cage ou dans une volière s'y on n'y est pas. Mieux encore, évitez ces jouets et pensez toujours au danger d'étranglement lorsque vous fabriquez un jouet pour votre perroquet. Ce serait trop bête que...

Des pièges à doigts, pattes, bec, tête... alouette...

Les clochettes : avis aux campanophiles, les clochettes font partie des accessoires à risque pour les perroquets. La plupart de celles-ci présentent un battant (langue) trop facilement accessible pour un bec inquisiteur et qui plus est, généralement ce battant n'est pas soudé au corps de la cloche. Le perroquet, curieux de nature, s'en prendra inévitablement à celui-ci et risque de l'ingérer s'il réussit à le décrocher et / ou de s'empaler le bec sur le petit crochet à l'intérieur de la cloche qui sert à fixer ce battant.

Les grelots sont aussi à proscrire totalement. Ce sont des pièges à doigts et à bec. En regard de la forme des échancrures, il est facile pour un perroquet d'y insérer un doigt dans la partie élargie et de le glisser vers la partie mince, ce qui expose l'oiseau à une sérieuse constriction du doigt. Excessivement dangereux !

Si vous êtes vraiment un fana du tintement, on retrouve sur le marché des cloches sécuritaires, même pour nos oiseaux de grande taille. Ces jouets sont solides et le battant, très bien soudé et inaccessible pour notre fouille-tout emplumé.

Quincaillerie

Il est important de mesurer la teneur en danger des quincailleries que vous repérez sur un jouet du commerce ou sur un jouet que vous désirez fabriquer vous-même. Les vis, clous, crampons, agrafes, etc. sont à prohiber complètement dans des jouets, parcs ou balançoires destinés à Coco chéri. Ces ferrailles se détachent facilement de la structure et deviennent par conséquent terriblement dangereuses. De toute façon, moins il y aura de quincaillerie sur un jouet, mieux Choupinet se portera !

Crochets décoratifs : si vous devez suspendre un perchoir ou un jouet au plafond de la volière ou de la maison, n'utilisez *(surtout)* pas de crochets décoratifs pour suspension de lampe.

1. Souvent, ils contiennent du plomb ou autres métaux et peintures toxiques.
2. Un moyen ou un grand piou arrivera immanquablement à décrocher le jouet et sera surpris dans la position de l'écartèlement du perroquet téméraire, c'est-à-dire, une patte agrippée au plafond sur le crochet et l'autre tenant le perchoir ou le jouet dans le vide. Très inconfortable comme posture *(en plus d'être complètement ridicule et mortifiant pour l'amour-propre de Coco).*
3 Mieux vaut utiliser un œillet soudé (inox ou plaqué nickel) que vous fixerez au plafond. Ainsi, le perroquet ne sera pas en mesure de démonter quoi que ce soit et son jouet ou perchoir demeurera bien en place, là où il se doit.

Lethal metal !

- Les suspensions « Made in PRC » NE SONT PAS des jouets, ni des perchoirs pour nous. Capitch ?

Chaînes : fuyez les chaînes de métal qui se plient un peu trop facilement dans vos mains. Souvent, du plomb se retrouve dans la composition du métal. Les chaînes qui entrent dans la fabrication de jouets pour perroquets doivent absolument être fabriquées de maillons soudés afin que le perroquet ne réussisse pas à les déplier et ainsi les transformer en hameçons pour bec imprudent. Les chaînes de style « jack chain » sont affreusement dangereuses pour les perroquets ; à proscrire totalement de l'environnement.

Choisissez de préférence des chaînes de métal en *acier inoxydable* ou, si votre budget est restreint, plaquées nickel. Vous devez absolument éviter les chaînes plaquées au zinc *(hautement toxique pour les oiseaux)* ou fabriquées de matériaux indéterminés.

Prévenir les pièges à orteils : c'est reconnu, les chaînes sont les meilleurs « agrippe-orteils-de-perroquet » qui soient. Lorsque l'oiseau s'y prend... il panique, se débat et souvent, s'enroule autour de la chaîne. À ce moment, il est souhaitable que vous soyez présent à la maison, sinon... imaginez le pire scénario (patte cassée ou étranglement)... Pour éviter ce genre d'accident, les maillons des chaînes de métal ou de plastique doivent se présenter soit très larges en proportion de la taille de l'oiseau pour que celui-ci y passe et retire facilement un orteil ou soit très petits afin que le perroquet n'y engage pas son doigt.

Soyez vigilant afin d'éviter...

À fuir absolument : les longues chaînes, les grosses tout autant que les très minces, redoutables autant pour les petits que les grands perroquets *(étranglement et pendaison)*. Gardez toujours les chaînes les plus courtes *(vraiment très courtes)* possible.

Fixations : il est important que les fixations des jouets ne servent pas à embrocher le bec du perroquet et qu'elles soient assez grosses pour qu'aucune petite pièce ne s'en détache (et risque d'être avalée par l'oiseau). Le perroquet est véritablement un « fouilleur ». S'il sent la moindre faiblesse dans un objet, il cherchera immédiatement à l'élargir, l'écarter ou le disjoindre ; ce qui souvent transformera la fixation ou ferrement en hameçon pour bec de perroquet.

- *Anneaux de porte-clés :* becs et langues empalés, doigts coincés, tordus ou brisés, voilà les incidences qu'apporte ce genre de fixation. Les perroquets aiment bien explorer tout ce qui leur tombe sous le bec. Ces bestioles sont contrariantes et vont automatiquement tenter d'élargir l'anneau en question et risquent de s'y blesser très gravement. À ce moment, ce genre d'anneau devient carrément un hameçon très pointu. C'est, à n'en pas douter, la plus dangereuse des fixations à jouets de perroquets et malheureusement, encore aujourd'hui, une des plus utilisées.

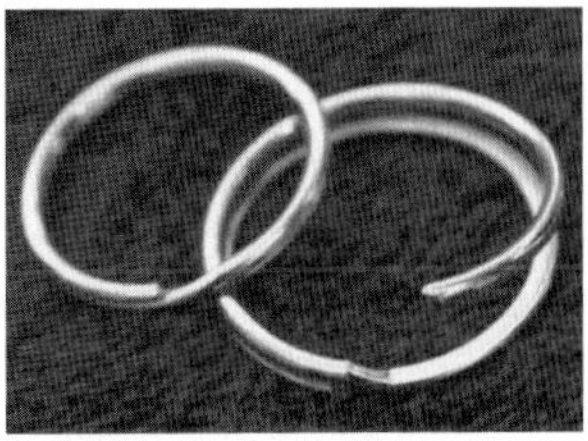

Hameçon à bec

- *Attaches en « S » :* trop souvent responsables de becs empalés ou de doigts piégés, tordus ou brisés.

- *Mousquetons divers à bannir totalement :* tous les mousquetons conçus pour les laisses de chiens (crochets à pression (snap)), les bateaux, les cordages, etc., ainsi que toutes autres « attaches » à pression qui se referment ou se coincent toutes seules. Pensez toujours en fonction de la sécurité de l'oiseau et demandez-vous s'il lui est possible d'y insérer son bec ou un orteil. Mieux vaut prévenir que guérir.

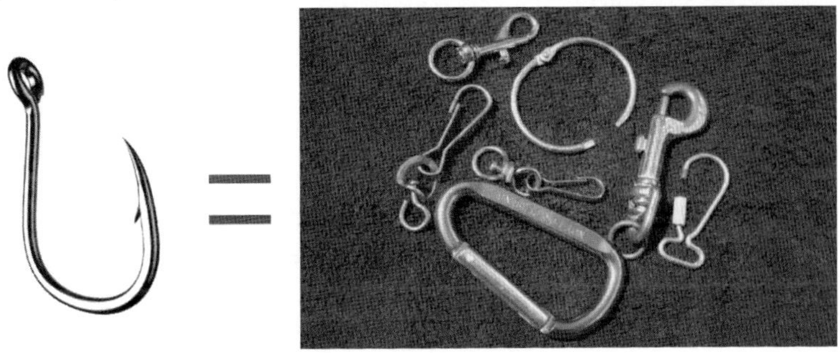

Évitez de vous approvisionner auprès de firmes de jouets pour perroquet utilisant ce genre de fixations ; elles démontrent un non-sérieux évident.

- *Le mousqueton à maillon rapide en C (quick link ou C link)* demeure grosso modo la seule fixation (attache) qui se présente de façon *(à peu près)* sécuritaire *(mais pas totalement)* pour les gros becs inquisiteurs des perroquets *(tout ce qui est plus costaud qu'une perruche ondulée)* ; pourvu bien entendu que celle-ci soit fabriquée d'acier inoxydable. Pour les plus petits perroquets, le mousqueton en forme de poire *(pear link)* demeure le seul *(acceptablement)* sécuritaire, mais il demeure excessivement dangereux pour les plus gros oiseaux, l'alliage étant trop fragile et le « vissoir » se détachant facilement...

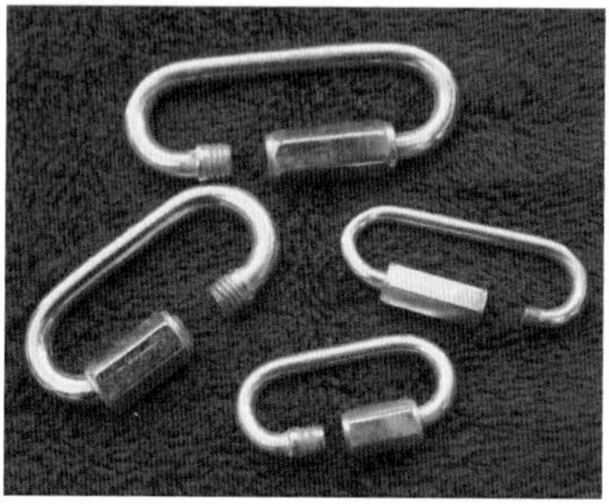

Maillon rapide en « C »

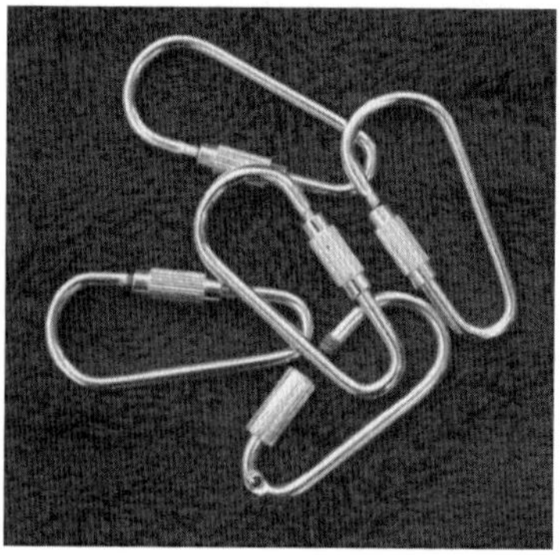

Maillon rapide en « poire »

Les cordages et les tissus

Les jouets fabriqués avec du cordage ou du tissu sont TOUS potentiellement dangereux (étranglement, griffes enroulées ou coincées et impaction du jabot si ingéré). Il est important de les inspecter souvent et retirer ceux qui commencent à se défraîchir.

Les cordages doivent être confectionnés de fibres naturelles uniquement (coton, lin, laine, sisal). La corde de coton naturelle se présente généralement de couleur crème *(off white)* et ne doit pas porter la mention « blanchie *(bleached)* ». Les cordes de coton demeurent sécuritaires jusqu'à ce qu'elles s'éfaufilent. Vous devez couper immédiatement toutes effilochures. Les nœuds dans les cordes doivent être très serrés et re-serrés régulièrement afin d'éviter que l'oiseau y passe un doigt, une patte ou pire... sa tête. Après un certain temps, la corde peut être souillée (eau, jus de fruits, fientes) et se transformer en véritable nid à bactéries. Si vous ne pouvez laver ni désinfecter le jouet de corde, mieux vaut le remplacer. Ne jamais laisser un jouet avec une très longue corde qui pendouille à un perroquet sans surveillance *(très haut risque d'étranglement)*.

Fibres synthétiques : redoutables pour nos perroquets. Les fibres synthétiques telles le nylon ou le polyester sont très *(trop)* solides pour le bec de l'oiseau. En cas d'enroulement, il ne pourra s'en dégager. De plus, souvent, les fils synthétiques, très fins et transparents, passent inaperçus dans le cas de bobinage sur une patte ou un doigt, ce qui risque de causer une constriction au niveau du membre et mettre en péril ce dernier *(amputation)*.

Malheureusement, il y a beaucoup de cordes synthétiques qui prolifèrent dans le lucratif marché du jouet à perroquet. Ces cordages offrent des teintes plus colorées et sont beaucoup moins dispendieux que la corde de coton. Seul le fabricant, en plus de créer des jouets éblouissants et panachés pour le consommateur *(vous)* au détriment de la sécurité de Coco, y trouve son compte... de banque !

Méfiez-vous aussi de ces imitations de cordes de coton qui pullulent *(et polluent)* le monde du jouet pour Coco. La contrefaçon est sidérante, même au toucher, outre le fait qu'on retrouve en plus de ces *(foutus)* mélanges de coton et de synthétique *(coton blend)*.

Si ça se consume comme une mèche, c'est tip-top !

À gauche : synthétique, la corde a fondu.
À droite : naturelle, la corde s'est consumée.

Si vous désirez acheter de la corde de coton pour confectionner vous-même les jouets de votre perroquet, ou encore, si vous doutez du nouveau jouet que vous venez d'acquérir, faites brûler un bout de la corde en question avec une allumette. Si la corde se consume comme une mèche de bougie en produisant une cendre noire, les fibres sont naturelles. Par contre, si la corde fond en brûlant et durcit en refroidissant, vous êtes en présence de fibres synthétiques qui peuvent être très dommageables *(lire occire)* pour votre perroquet.

- *Moi je ne sais pas me protéger du gros méchant nylon !*

Fils de nylon : trop souvent vu dans la fabrication de jouets pour petits perroquets, les fils de nylon transparent ou de couleur *(fil de pêche ou fil à coudre)* sont excessivement dangereux (enroulement autour de la patte, constriction, strangulation, etc.). Aucun jouet à fil de nylon (petit ou gros fil) ne devrait jamais être offert à un perroquet.

Corde de sisal : la corde de sisal est très appréciée des perroquets. Par contre, évitez d'en recouvrir les perchoirs, car elle est très rêche et irritante pour les petons du perroquet. La corde de sisal doit être naturelle, c'est-à-dire, non traitée à l'huile. Ne vous procurez pas votre corde de sisal à la quincaillerie du coin ; souvent cette dernière est utilisée comme cordage à bateau et a été enduite d'un traitement à l'huile, facilement reconnaissable à l'odeur et à sa couleur d'une teinte jaunâtre plus prononcée que le sisal naturel. Regardez plutôt du côté des boutiques d'artisanat et soyez sélectif.

Tissus : tout comme les cordes, les étoffes qui entrent dans la fabrication de jouets pour oiseaux doivent être de fibres entièrement naturelles (coton, lin, laine), pas un mélange de synthétique et de naturel *(blend)*. Ces fibres synthétiques sont parfois très difficiles à détecter et causent fréquemment constrictions ou étranglements. Comme la plupart sont élastiques, tenez-vous-en aux textiles plus rigides. Si vous

- Je ne peux pas croire qu'il me ferait du mal celui-là.

achetez du tissu de coton teint pour élaborer des jouets pour votre oiseau, mieux vaut le laver une ou deux fois afin de nettoyer tout excédent de teinture. Tous les jouets de cordage ou de tissus demeurent des dangers potentiels pour votre perroquet. Inspectez ceux-ci régulièrement et dès qu'ils commencent à « s'effilocher », changez-en. Soit dit en passant, les peluches avec leur bourre synthétique NE SONT PAS des jouets pour perroquets.

Accidents

Si par malheur, votre oiseau se pend, s'entortille, se coince le pied ou le bec dans un jouet, de grâce, n'essayez pas de le dégager tandis qu'il est suspendu ou pendu *(dans sa cage, sur son gym ou ailleurs)*. Soutenez son corps d'une main et de l'autre main, décrochez le jouet ou coupez la corde. Puis, installez-vous dans un endroit tranquille et libérez l'oiseau de sa fâcheuse position. Si le perroquet est en état de panique, baissez l'éclairage, cela le calmera pendant que vous le dégagez.

Qu'en est-il du zinc ?

Avant d'offrir un jouet comprenant des parties métalliques à votre perroquet, assurez-vous que ces dernières ne contiennent pas de zinc (plaqué zinc ou galvanisé). Ce métal est hautement toxique pour votre perroquet. Même si la rumeur veut qu'on puisse « nettoyer » ces métaux avec du vinaigre afin de les rendre sans danger, il n'en est rien. LE NETTOYAGE AU VINAIGRE NE NEUTRALISE PAS LE ZINC ! Que ce soit sur les broches métalliques d'une cage ou pour certaines pièces de quincaillerie.

La galvanisation est une méthode très économique de protection du métal contre la rouille en le trempant dans du zinc en fusion *(l'acier plaqué zinc est le moins cher des aciers)*. Le nettoyage au vinaigre ne sert qu'à retirer la fine poudre qui se forme sur la surface *(excessivement toxique)* sans endommager la couche de zinc qui sert de protection au métal. En aucune façon, les milieux acides comme le vinaigre ne neutralisent le zinc.

Alors, quels métaux employer ?

L'acier inoxydable demeure le meilleur choix lorsqu'on doit utiliser des pièces de métal dans la fabrication d'un jouet pour perroquet, mais reste néanmoins plus dispendieux ; c'est le plus cher des aciers. Vous pouvez employer des pièces de quincaillerie plaquées nickel *(acier moins budgétivore que l'inoxydable, mais plus cher que le plaqué zinc, un bon compromis)*. Les aciers plaqués nickel sont généralement estampillés NP *(nickel plated)*. La plupart du temps, un manufacturier de jouets pour perroquets qui utilise des pièces en acier inoxydable ou plaqués nickel l'indiquera sur ses emballages ou le publicisera. Ce sont des matériaux plus dispendieux que ceux plaqués zinc ; donc, le coût des jouets en bout de ligne s'en ressent forcément. Comme l'industrie du jouet pour perroquet est en plein essor et par conséquent très *(énormément)* compétitive, je sais que le prix affiché sur les étalages de l'animalerie ou certains sites Internet pèsera dans la balance, titillant votre réflexe de consommateur ou de cyberacheteur... C'est une grave erreur... Dites-vous que plus c'est bon marché, moins les matériaux sont de qualité... équation invariable dans bien des domaines, et le marché des accessoires pour animaux ne fait pas exception à la règle...

Comment savoir si c'est vraiment de l'acier inoxydable ? Rien de plus simple. L'acier inoxydable n'est pas magnétique. Si vous approchez un aimant du mousqueton, chaîne, vis ou écrous, et que ceux-ci y sont attirés... CE N'EST PAS de l'acier inoxydable, ... facile non ?

Les plastiques

Le polyéthylène est probablement le polymère que vous utilisez le plus souvent dans votre vie de tous les jours ; c'est le plastique le plus populaire du monde dont sont faits, entre autres, les sacs des supermarchés, les bouteilles de shampoing et beaucoup de jouets pour enfants. C'est un plastique recyclable et non toxique pour les perroquets *(bien entendu, vous comprenez que même si ce polymère n'est pas nocif, on n'offre jamais de sac de plastique à son perroquet, il pourrait disons... manquer d'air !).*

L'acrylique (plexiglas) n'est pas toxique pour les perroquets et est couramment utilisé dans la fabrication de jouets pour ces derniers. C'est un plastique relativement sécuritaire, sauf dans le cas où un costaud à plumes réussit à le briser... À ce moment, il devient très coupant et excessivement dangereux.

- Pffft... De toute manière, l'acrylique, c'est trop dur. Moi je ne croque pas de ce pain là !

Intoxications à long terme, ingestion, impaction du jabot, etc. ...

Ça ne vaut vraiment pas le coût $$!

À PROSCRIRE TOTALEMENT, *les jouets de plastiques mous (vinyle souple).* La raison ? Un produit nommé phtalate de diisononyles (DINP), un plastifiant utilisé pour assouplir les vinyles, très dangereux et hautement nocif à l'usage. Les jouets en vinyle souple présentent un risque potentiel pour la santé des très jeunes enfants pesant moins de huit kilogrammes qui ont un contact oral prolongé avec ces produits *(à ce compte-là, nos perroquets ne pèsent pas lourd dans la balance).* Des études effectuées sur des animaux indiquent qu'il existe un sérieux risque de dommages causés au foie ou aux reins, en cas d'exposition orale considérable au plastifiant utilisé dans le vinyle (DINP).

Le PVC (plastique polyvinylique) ou chlorure de polyvinyle est une matière plastique couramment employée dans la fabrication d'articles souples et rigides destinés aux enfants, comme les jouets pour le bain et les jouets à presser. On le retrouve aussi dans de nombreux produits de consommation. Le PVC est une substance dure à l'état naturel à laquelle on ajoute des principes chimiques potentiellement dangereux pour en modifier la composition. Par exemple, les phtalates qui servent à l'assouplir, et souvent, on y annexe des métaux lourds, comme du plomb et du cadmium pour rendre le PVC rigide encore plus durable. On l'utilise sous cette forme pour faire des jouets pour enfants plus âgés et autres marchandises de consommation courante.

Ces adjuvants peuvent se libérer des jouets de PVC

1. *Le plomb* cause des dommages au système nerveux, dommages qui peuvent avoir des effets nuisibles sur le développement intellectuel et comportemental. S'il est exposé à la chaleur ou aux rayons du soleil et aussi, simplement, par le processus de vieillissement, le PVC libère du plomb sous forme d'une fine poussière qui s'amasse à la surface du produit. Les oiseaux peuvent facilement avaler ou respirer cette poudre qui, il faut savoir, n'est pas biodégradable et se mêle à la poussière de la maison.

2. *Le cadmium* cause le cancer et, selon certains tests sur les animaux, des dommages aux reins. Il peut aussi compromettre le développement du cerveau.

Beaucoup de jouets pour bébés et tout-petits vendus au Canada sont importés d'usines d'Asie qui utilisent beaucoup le PVC *(en quantité impressionnante dans les « Dollar Store »).* Or, il y a d'autres types de plastiques qui sont souples à l'état naturel *(comme le polyéthylène et le vinylacétylène)* et qui ne contiennent pas de plastifiants tels que les phtalates.

Malgré cela, il est difficile en Amérique du Nord de trouver des jouets pour enfants qui sont fabriqués à partir de ces plastiques. Seuls les jouets en plastique pour les bébés de moins de trois ans doivent respecter les normes d'emballage des produits alimentaires. Toutefois, les phtalates, le plomb et le cadmium sont exclus de la législation sur l'emballage des produits alimentaires. Au Canada, la loi ne prescrit pas encore de limite quant à la quantité de plomb ou de cadmium pouvant être utilisée dans les produits de consommation en plastique. De plus, point à ne pas négliger, dans les *colorants pour plastique*, on utilise le plomb pour fixer la couleur ; c'est grâce à lui que l'industrie obtient des jaunes et des rouges éclatants.

Maintenant, il est important de comprendre qu'il n'existe pas de niveau d'exposition au plomb qui soit réputé « sans danger ». Même l'absorption d'une quantité infime demeure dangereuse. Le bon sens nous dicte alors de ne jamais offrir de jouets de plastique à son perroquet dans le but de lui permettre de mordillonner ou détruire ce jouet. Moi, j'utilise des jouets et accessoires conçus pour très jeunes enfants (moins de trois ans) lors de périodes de jeux d'interaction avec mes chéris. Toutefois, jamais je ne laisse ces jouets à leur disposition pour leurs moments de jeux libres ou en dehors des heures de jeux que nous partageons. Je suis très prudente sur la question des plastiques. Mes oiseaux ne mâchouillent ni ne mâchouilleront jamais quoi que ce soit de plastique... Voilà !

Le cuir

Le cuir brut (rawhide) dont sont fabriqués les jouets (os) pour chiens n'est pas un cuir toxique, mais il devient hasardeux dans sa forme enroulée, serrée et pressée. Comme le perroquet a tendance à essayer de désassembler tout objet comportant une légère faiblesse (fente), il se peut qu'il tente de dénouer le cuir dur torsadé. N'ayant pas de salive, il ne peut ramollir ce cuir dur au risque de s'y prendre ou de s'y casser le bout du bec *(c'est un grand classique chez les vétérinaires aviaires)*. Mieux vaut lui présenter des « chips » de cuir brut ou des objets à forme simple (*petits souliers*, plaquettes, etc.) et non des pièces enroulées sur elles-mêmes.

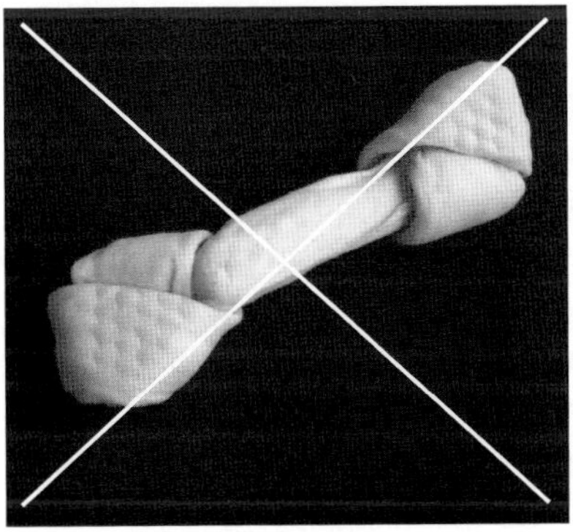

Casse bec

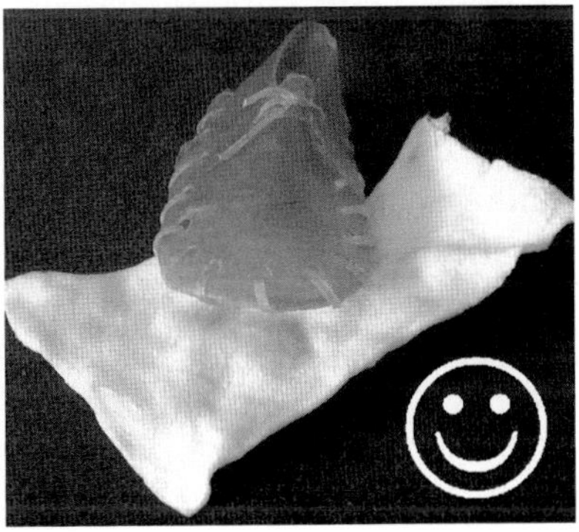

Casse monotonie

On ne doit absolument pas offrir de jouets ou lanières de cuir traité chimiquement à Coco chéri. Ces cuirs peuvent contenir des substances extrêmement toxiques pour lui :

1. *Chrome / syntan :* sert au tannage de cuir « softy ».
2. *Sel d'aluminium :* sert au tannage de cuir « velours » et « nubuck ».
3. *Dihydroxydiphénylsulfone :* sert au tannage de cuir « nubuck » et « peau de reptile ».
4. Sans compter tous les « *-aldéhydes* » qui entrent dans la composition de presque tous les « cuirs-tissus à vêtements ».

Ce qui veut dire en gros de ne jamais laisser Coco s'amuser avec votre sac à main, vos chaussures, vos vieux vêtements de cuir, ceintures ou lacets de cuir. Ces derniers sont traités chimiquement dans le but de les assouplir. Très toxique pour les perroquets. Seul le cuir traité avec des tannins végétaux « Végétan » est sécuritaire pour nos perroquets. Il se présente généralement de couleur plus pâle et de texture plus rigide.

Note : Après un certain temps, il peut se développer des bactéries sur un cuir souvent lavé et humidifié. Après deux ou trois nettoyages, mieux vaut le remplacer.

Le bois

Le bois demeure, parmi tous les matériaux entrant dans la fabrication des jouets, l'un des préférés des perroquets. Certaines essences tendres, comme le pin, se détruisent facilement et rapidement. C'est pourquoi ce genre de bois est particulièrement apprécié de nos psitta-destructeurs. D'autres, comme le manzanita ou l'aubépine, sont très solides et pratiquement indestructibles. Les jouets composés de bois durs semblent moins intéressants, mais ils peuvent très bien servir de perches plus durables à l'intérieur de la cage ou d'arbres à perroquets. N'utilisez que des essences non toxiques et n'ayant subi aucun traitement chimique *(ce qui inclut les branches que vous taillez à*

- *Croc croc...*
Ronger, briser,
casser, détruire,
ravager, démolir,
ruiner, saccager...

Le bonheur quoi !

l'extérieur) : pas de pesticides, insecticides, herbicides, pas de vernis *(tout ce qui brille doit être évité)*, pas de préservatifs ni d'enduits d'aucune sorte, pas de colle (bois pressé ou contreplaqué) ni aucun produit chimique. Du bois tout nu et... vierge !

Si vous désirez vous-même couper des arbres pour votre oiseau dans un boisé, que ce soit pour fabriquer de petits jouets, des perches ou des arbres-perchoirs, il y a quelques règles de sécurité à observer :

1. Il est important de sélectionner l'essence d'arbre appropriée (plusieurs sont mortelles pour les perroquets).

2. Mieux vaut repérer une forêt assez éloignée de la route parce que même si l'essence est sans plomb aujourd'hui, ce n'est que vers la moitié des années 1970 que ce genre de carburant a été prohibé. Alors, si vous coupez les branches d'un vieil arbre, il renferme peut-être encore des résidus de plomb. De plus, le plomb des carburants a été remplacé par d'autres métaux lourds tous aussi nocifs pour votre perroquet.

3. Le sel qu'on utilise l'hiver pour fondre la glace peut aussi contaminer un arbre.

4. Une autre raison d'éviter de prendre vos arbres dans les régions urbanisées... cette foutue manie des humains de vouloir à tout prix du gazon vert de golf (engrais, herbicides, pesticides, etc.). Tous ces produits peuvent corrompre un arbre et se rendre jusqu'à votre oiseau s'il le grignote... Vive la campagne profonde !

Voici une petite liste non exhaustive d'essences sécuritaires pour Coco.

Aubépine	Lilas	Pin
Bambou	Magnolia	Poirier
Bouleau	Manzanita	Pommetier
Cornouiller	Mélèze	Pommier
Épinette	Noyer	Rosier
Frêne	Olivier de Bohême	Sapin
Hêtre	Orme	Saule
Hibiscus	Peuplier	Tremble

Érable : très bien séché - jamais frais. Peut produire des oxydants très dommageables pour l'oiseau.

Pour un complément d'information sur les plantes et les perroquets, consultez mon site Internet www.perroquet-perroquets.com. ☺

- *Ça se grimpe, ça se ronge et... ça se salit.*

Ce dernier énoncé ne me concerne pas. C'est elle qui doit nettoyer mes petits « oublis ».

C'est bien pensé, non ?

Maintenant que vous avez trouvé votre arbre *(sans chimique, bonne essence)*, il faudra le désinfecter… Bien oui… nos petits oiseaux autochtones (moineaux, roselins, étourneaux, etc.) ne sont pas propres, propres, propres…! Ils peuvent être vecteurs de maladies, de bactéries, fongi et autres impuretés pour lesquelles nos perroquets de compagnie ne sont pas protégés *(anticorps)* et ces petits moineaux se baladent sur les branches des arbres, s'y nourrissent, s'y toilettent et y laissent des fientes. Donc, mieux vaut bien les désinfecter avant de les offrir à nos chéris.

Recette pour désinfecter
Bien laver et décrasser la branche ou l'arbre avec une brosse et du savon doux. Puis, on désinfecte en frottant avec une solution d'eau de javel et d'eau 1/10 et on rince, plus que pas assez, afin qu'il ne demeure pas de résidu de javel. On place la branche au four (si c'est possible) à 250 °F ou 120 °C pour une heure (le bois doit être séché jusqu'à son cœur). On éteint le four et on la laisse en place pour encore deux heures. La chaleur détruira les parasites, champignons, microbes ou bactéries. Bien évidemment qu'un arbre complet ne passera pas au four, alors, on le laisse sécher à l'intérieur (ne risquez pas de le re-contaminer en le faisant sécher dehors ☺) et on l'offre sec et propre à Coco (le temps de séchage dépend de la dimension de l'arbre). Il est important de très bien faire sécher les essences d'arbres qui possèdent un taux de créosote élevé tel le pin.

Mise en garde : les bûches pour foyer ou poêle à bois NE SONT PAS DES JOUETS pour perroquets. C'est inimaginable le nombre de fois où j'ai rencontré des clients qui prenaient extrêmement soin de la santé de leur perroquet (tests vétérinaires, choix de jouets sans danger, désinfection totale de la cage et des perchoirs une fois par semaine), mais qui permettaient à leur chéri de s'en donner à cœur joie dans le déchiquetage des belles grosses bûches posées près du foyer…???? Ces bûches sont aussi des arbres… et ces arbres n'ont été ni nettoyés, ni aseptisés…!!!

Les colles

La toxicité des colles est due principalement aux résines et solvants qu'elles contiennent. Les solvants organiques tels que le toluène, le formaldéhyde et l'acétone sont volatils et responsables de l'odeur caractéristique de certaines colles. Leur inhalation est dangereuse. Pour les utilisations courantes, une colle sans solvant, à l'eau, suffit amplement (colle blanche non toxique pour enfants).

Note : Ne jamais faire usage d'un fusil à colle chaude dans la même pièce que l'oiseau. Des vapeurs nocives peuvent en émaner.

Les teintures

Préférez des jouets non teints pour les matériaux poreux. Mais, si vous achetez ou fabriquez un jouet coloré pour votre perroquet, choisissez des teintures alimentaires ou non toxiques pour enfants (FDA *Food and Drugs Administration* approved). Vous pouvez vous procurer des pâtes colorantes (poudre ou gel) chez les pâtissiers ou les commerces d'articles de cuisine ; les gouaches atoxiques pour jeunes enfants (Tempra, Schola, etc.) sont aussi un bon choix pour des couleurs plus solides. On les trouve dans les boutiques d'artisanat. Ne jamais colorer les pièces de bois, tissus ou corde (coton, sisal...) avec des jus de fruits qui leur donneront une saveur agréable. L'oiseau risque de les confondre avec du « miam-miam » et les avaler. Préférez le « Kool-aid » ou « Jell-O » sans sucre *(amer)* en les y laissant tremper toute une nuit. Le résultat sera un peu pâle ; disons que vous créerez des jouets pastel. Ne jamais offrir de jouets de bois verni *(brillant)* ; il peut être hautement toxique.

Même si votre perroquet discerne les couleurs, si le jouet a pour but d'être détruit… Coco prendra autant de plaisir à le ruiner s'il est naturel. Un bout de bois ne demeure rien qu'un bout de bois, qu'il soit bleu, rose ou naturel… mais si ça vous amuse de jouer au coloriste, faites-le prudemment.

- Avez-vous tout retenu ? Parce que nous, on a pas trop le choix que de vous faire confiance...

L'amour du jeu est tellement universel
et sa pratique tellement agréable
que cela doit être un péché. - Edward Murphy

Hors jeu ?

Trop vieux, trop jeune, trop petit, trop... ????

Non ! Qu'on se le dise une bonne fois pour toutes... un perroquet n'est jamais trop vieux pour apprendre de nouveaux tours, trucs, routines, mots, chansons, jeux ou ce que vous voudrez. Par contre, il est vrai qu'un oiseau ayant du vécu peut se montrer plus circonspect quant au choix dudit apprentissage. Il vous faudra certainement y aller d'une petite enquête sur la personnalité ainsi que les goûts et intérêts particuliers du Coco exercé et connaisseur.

- Trop vieux !? Ça va pas non !

- T'as tiré combien déjà ?

- 8 ans d'expérience... tout juste...

- Moi 5 ans...

- Moi 12 ans...

- 28 ...

- 10 ans...

- Bon, ça va les gars, on arrête les frais !

Souvent, un perroquet plus âgé *(expérimenté et qui sait y faire)* apprendra plus rapidement un nouveau jeu ou routine puisque son sens de l'observation et son esprit d'analyse et de synthèse auront eu la possibilité de se développer. Il pourra, entre autres, fixer son attention plus longtemps qu'un jeune ou qu'un pubère. Donc, un perroquet n'est ou ne sera jamais trop vieux pour jouer. Cette étonnante bestiole explore et apprend toute sa vie. Period ! Ceci étant résolu, passons maintenant aux jeunots.

Oui, un perroquet peut être trop jeune pour assimiler, enregistrer et retenir. Avant l'âge de deux, trois, six ou douze mois

- À l'évidence, et de manière tout à fait pragmatique, tu es décidément trop jeune pour jouer avec moi !

(selon l'espèce), il ne faut rien attendre ou exiger d'un « bébéquet » *(désigne un bébé perroquet encore dépendant de ses parents)*. Et avec un juvénile, votre optimisme doit demeurer pragmatique.

Lorsqu'on joue avec un jeune, mieux vaut y aller d'activités très simples, élémentaires et facilement accessibles. Des jeux dont nous croyons en la réussite. Il serait *(très)* maladroit de pousser Junior vers un échec inutile et prévisible qui risquerait de compromettre son envie de coopérer. Il faut faire preuve d'un minimum de jugement en réalisant qu'il ne peut apprendre plus rapidement que son développement le lui permet. Chaque oiseau et chaque espèce suit une évolution qui lui est propre, en s'épanouissant à son propre rythme.

Si la progression de votre biquet ne semble pas conforme aux standards édictés par les membres de votre club d'amateurs de perroquets, ayez pour toute réponse de souligner *(avec ostentation)* ces autres facultés particulières que Chéri aura certainement acquises, diversement ou plus facilement que les « ti-n'amis » du même âge. Na !

Chaque tempérament demeure unique et croît au sein d'un milieu différent. Ainsi, deux oiseaux d'une même espèce, d'âge équivalent ne seront peut-être pas prêts à développer certaines capacités exactement au même moment. De toute manière, il n'est pas impossible que certains talents ne se manifestent jamais, surtout si Choupinet n'y voit aucun intérêt. Il vous faudra éviter la tentation de comparer Coco et de lui imposer des jeux qui ne lui correspondent pas.

- Moi, ce que je préfère, c'est détruire.

- Grand bien te fasse, mais cesse de remuer comme ça, j'essaie de lire...

Trop souvent, je rencontre des clients qui s'attachent à prescrire un jeu beaucoup trop complexe pour leur gamin à plumes. Je pense, entre autres, à ces « jeux éducatifs » destinés à faire acquérir un savoir ciblé. Ils présument à tort que ce jeu stimulera encore plus le développement de leur petit lardon et le rendra plus habile, plus intelligent, plus « éveillé ».

Détrompez-vous : au mieux, le jeune ignorera le jeu. Au pire, s'il ne peut combler vos attentes, son échec pourrait induire une très grande frustration et lui faire perdre ce fantastique intérêt qu'il aurait pu développer pour l'apprentissage d'autres jeux ! Il faut donner au petit les moyens de jouer, sans rien lui imposer : le jeu doit être perçu comme ludique. Junior doit vivre des expériences stimulantes, actives et interactives, mais pas au détriment de ses besoins particuliers ou de ses capacités.

- Mon développement est encore minuscule... mais ma personnalité est prodigieusement colossale !

Vous devez apprendre à connaître votre perroquet avant de consacrer vos énergies à des jeux qui demanderont plus d'attention de sa part. Un jeu doit répondre aux besoins de l'oiseau auquel il est destiné. Ce qui veut dire que, peu importe son âge, le jeu que vous choisirez devra absolument tenir compte des deux aspects suivants :

1. Le jeu doit être adapté au développement de CE perroquet.
2. Le jeu doit être en concordance avec SA personnalité.

Voici la toute première question que vous devrez vous poser avant de passer à l'action : quel jeu est adapté au développement actuel de mon oiseau ? Ce qui, je vous avise tout de suite, ne correspond pas nécessairement à son âge réel. Un perroquet de trois ou cinq ans et même parfois plus vieux, qui n'a pas pu profiter d'une socialisation riche en expériences, peut se trouver à un niveau similaire à celui d'un jeune d'un ou deux ans. En tel cas, votre insistance à lui imposer des jeux trop difficiles ou complexes sera terriblement anxiogène, ce qui au bout du compte n'aboutira qu'à une perte d'assurance de l'oiseau envers lui-même et surtout qu'à créer un sérieux préjudice à la confiance qu'il vous porte. Cela fera en sorte que sa perception d'une période de jeu rimera avec période de contrainte, ce qui entraînera une pression supplémentaire à l'adaptation à son milieu.

En revanche, un perroquet mal socialisé au départ ou désocialisé *(mais non, ce n'est pas votre faute)*, dont on respecte le développement en commençant par lui « apprendre à apprendre » *(on verra ça plus loin)*, pourrait se révéler plus qu'intéressé et s'appliquer avec ferveur à découvrir ce nouveau monde d'opportunités qui s'offre maintenant à lui. Le protocole à suivre est ici des plus simples : *chi va piano, va sano e va lontano...*

- *Toi, la socialisation, ça va un peu ?*
- *J'ai eu un départ difficile, mais comme tu vois, je m'adapte...*

Le cas inverse est aussi probable : un jeune de deux ans qui a pu profiter d'une plus qu'excellente socialisation *(parfaitement adaptée à lui)* pourrait avoir maîtrisé plusieurs habiletés qui dépasseront de loin celles d'autres oiseaux du même âge. Il pourrait donc s'ennuyer royalement si le jeu ne représente aucun défi. Vous devez tenter d'identifier le niveau d'autonomie de votre perroquet devant la complexité d'un jeu.

Niveau	Description
1.	*Coco ne sait pas ou ne peut pas faire, parfois accompagné de ne veut pas faire.*
2.	*Coco veut, mais ne sait pas ou ne peut pas faire.*
3.	*Coco veut et sait faire, mais pas toujours.*
4.	*Coco veut et sait faire.*
5.	*Coco sait, mais ne veut pas faire.*

Votre chouchou ne sera pas au même niveau pour tous les jeux. Il pourra se situer au niveau 5 pour les jeux de manipulations actives, au niveau 3 pour les jeux de balles et au niveau 4 pour les jeux très complexes (couleurs, formes). Ce qui demeure certain, c'est que tous les perroquets se situent au niveau 1 lors de la présentation d'un nouveau jeu.

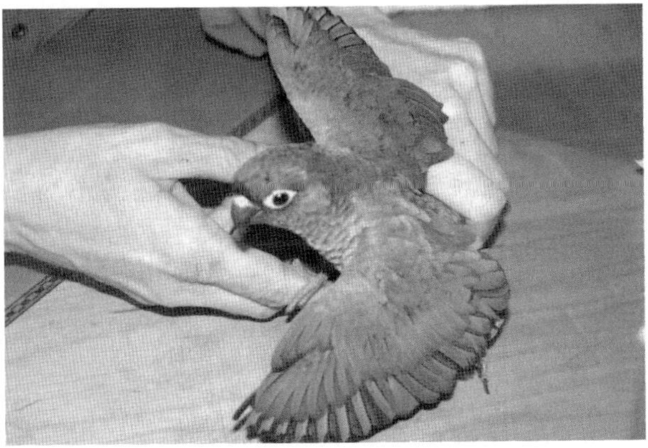

- *Moi, je trébuche encore sur le « Hop » ...*

Alors, pour la question des niveaux... vous repasserez !

Vous devrez découvrir ce qui démotive l'oiseau qui sait faire et qui malgré tout refuse de faire (niveau 5). Peut-être que ce jeu ne lui plaît pas ou ne représente plus aucun défi pour lui et qu'il s'ennuie tout simplement. Vous devrez alors soit éliminer ce type de jeu, qui n'est pas en concordance avec sa personnalité, soit le modifier en diminuant ou augmentant le degré de difficulté afin qu'il retrouve son intérêt à y jouer.

Important : Pour chacune des catégories de jeux qui vous seront proposées plus loin dans ce livre, il vous faudra déterminer le niveau d'autonomie de votre perroquet et adapter les jeux en conséquence. N'imposez rien !

Maintenant, en ce qui concerne la taille de l'oiseau... Si la plupart des perroquets qu'on exhibe lors de spectacles sont des représentants de grandes espèces, ce n'est qu'afin de permettre à tous les participants de bien les apercevoir en action *(... évidemment, un gros zoizeau c'est plus impressionnant)*. N'y voyez aucune autre raison *(ne cherchez pas, il n'y en a pas)*. Tous les perroquets peuvent apprendre à jouer ! Du plus petit au colosse, ils ont tous cette fabuleuse disposition de retenir les séquences d'un jeu et de généraliser ces dernières à d'autres jeux qui demandent plus d'application.

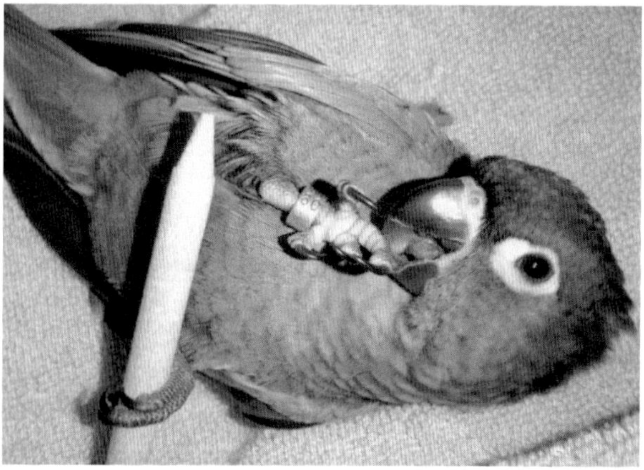

- Pis, nous les tout petits, on est bien plus mignons...

Alors, pour un spectacle à caractère familial, Tom-pouce saura se distinguer avec autant de brio que Goliath, pourvu que vous le considériez en regard de sa capacité d'apprendre plutôt que de sa taille. Du touï à la perruche ondulée, de l'amazone au gigantesque ara, les méthodes d'apprentissage *(ainsi que votre patience, votre constance et votre sourire)* demeurent les mêmes. Les petits perroquets peuvent se montrer aussi talentueux et remarquables, sinon plus, que les grands. Seul le format des jouets et accessoires devra être adapté à la taille de mini-Coco.

- Fais quand même gaffe à ton bec !

Il faut jouer pour devenir sérieux.
- Aristote

Des jeux de son âge

Comme précédemment porté à votre attention, un « bébéquet » est un très jeune perroquet encore dépendant de ses parents. Et puisque, malheureusement, de nos jours, les perroquets offerts sur le marché sont trop souvent cédés bien avant d'acquérir leur autonomie *(avant la fin du sevrage alimentaire)*, si vous venez tout juste d'adopter un mignon oiselet, vous avez très certainement entre les mains un « bébéquet ». Bien que bébé ait déjà atteint sa taille adulte, il n'en possède pas pour autant la maturité. C'est un petit oiseau qui n'était encore qu'un œuf, il y a quelques semaines. Alors, soyez réaliste, il ne va pas

- C'était moi, ça ?

accomplir d'exploits à cet âge. Personne n'oserait demander à un enfant humain de lacer ses chaussures à cinq mois ou à un chiot de quatre semaines d'apporter son journal. Donc, même si vous avez « baptisé » votre bébéquet « Einstein », il y a peu de chances qu'il vous décline le nombre π jusqu'à la énième décimale *(du moins, pas tout de suite)*. Ce n'est qu'un fragile petit bébé et traitez-le comme tel. Les performances viendront plus tard.

À cet âge tendre, le but du jeu se résume surtout à s'attacher à hausser le plus possible le seuil d'émotivité du petiot, afin qu'il puisse facilement s'adapter à ce milieu qui n'est pas du tout conçu pour lui, soit l'environnement humain. Le premier « jeu » de l'oisillon consistera à vous observer : vous êtes *(pour l'instant)* ce qu'il y a de plus intéressant pour lui, une mine inépuisable de distractions en tout genre et, bien sûr, une source d'apprentissages inestimable.

Trimballez-le avec vous dans la maison au gré de vos occupations, initiez-le à diverses activités : plier les vêtements fraîchement sortis de la sécheuse, faire le lit *(avec Chouchou sous les couvertures)*, accomplir votre toilette matinale pendant que bébé frime devant cette bestiole inconnue dans le miroir, passer l'aspirateur avec le petit dans la poche de votre tablier, etc. Plus il vivra d'expériences dans son milieu en votre compagnie, moins il aura d'appréhensions à le parcourir seul lorsqu'il sera en âge de le faire.

- Et en plus, il me lit des histoires...
L'humain chouchou rêvé !

Un *(bon)* jeu ou jouet pour « bébéquet » doit s'accorder avec son développement. Ce jouet peut très certainement stimuler certaines facultés *(tout est stimulant à cette période)*, cependant le jouet ou le jeu ne doit en aucun cas s'apparenter, ni de près ni de loin, à une contrainte éducative. Avivez ses sens en le mettant en contact avec des

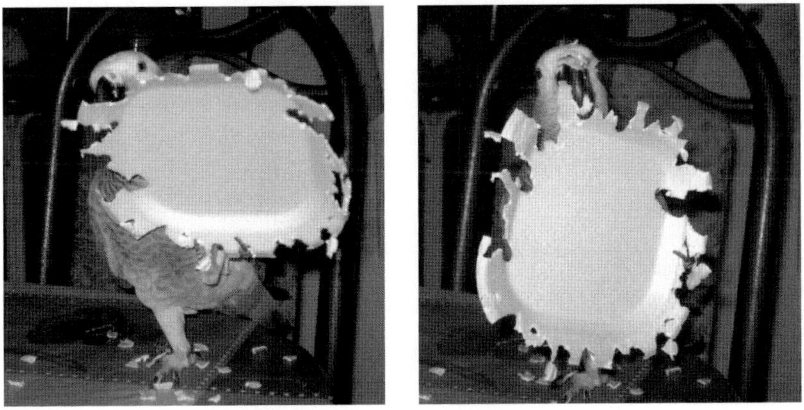

- Peut être pas pédagogique... mais drôlement digne d'intérêt !

couleurs, des bruits, sons et musiques. Dynamisez-le avec divers objets en variant les textures (cuir, bois, coton, papier, sisal, etc.), les consistances (dur, mou, liquide, chaud, froid, etc.) et les volumes (petit, moyen, grand, jéroboam). Encouragez-le à s'intéresser à ses jouets et incitez-le en lui donnant beaucoup, beaucoup d'attention, toujours en gardant en tête que les jeux ou jouets acquerront une plus-value *(plaisir et profit)* si vous jouez avec lui. Si un jeu ou un jouet ne suscite pas son intérêt, n'insistez pas et allez en chercher un autre. Ce qui semble ennuyeux ou apeurant aujourd'hui deviendra peut-être passionnant demain ou lorsqu'il sera plus « grand ». Surtout, ne jetez rien !

Le « bébéquet » doit assez rapidement prendre conscience qu'il n'y a pas de risque à se faire toucher et manipuler partout sur son corps et cet apprentissage aux contacts peut aisément prendre la forme d'un jeu *(la bibitte qui monte, qui monte... mordre la petite bedaine, manger les petits pieds, becquer sous les ailes... enfin, vous voyez le genre)*. On manie ainsi notre petit le plus souvent possible, et ce, dans différentes

- Bon, ça va, on a compris le «manger les tites cui-cuisses ! »

pièces de la maison et en différentes situations : on joue à « *la bibitte qui monte* » au salon, à la cuisine, sur le lit, debout, assis, en regardant la télé, etc.

Sa socialisation débute à cet âge. On lui présente différentes personnes : femmes, hommes, enfants. On laisse ces derniers toucher le petit Coco ou le prendre sur la main. On lui fait rencontrer les animaux domestiques qui feront partie de son environnement : le chien-chien, le minou, la gerbille, etc. On lui propose divers objets : jouets, balançoires, perchoirs, limes pour ses griffes, accessoires usuels de la maison, ainsi qu'une grande diversité d'aliments (tiède-froid / tiède-chaud) en variant l'aspect (entiers, coupés, hachés, en purée) pour effectuer tout en jouant, une désensibilisation très précoce à la nouveauté sous toutes ses formes.

Dès qu'il commence à bouger, c'est le temps de l'encourager à expérimenter les possibilités de son petit corps. C'est la période parfaite pour lui enseigner à venir vers vous *(le Hop)* tout en tenant compte de sa capacité motrice *(s'il tombe, vous ne serez pas très avancé).*

- Dr Livingstone, I presume ?

Faites-le grimper et descendre de divers perchoirs dans la maison, jouez à l'escalier avec vos deux mains, laissez-le escalader et se percher à divers endroits (main courante, portes, chaises, etc.), enhardissez-le à vous rejoindre en volant *(s'il a toutes ses plumes de vol)* en minimisant les risques d'accident fâcheux. L'aisance et la précision dans les mouvements viendront en leur temps *(et avec la pratique).*

- C'est à l'atterrissage que je me goure !

La motivation ne précède pas
l'apprentissage, elle s'y construit. - P. Meirieu

Se piquer au jeu

Soyez motivant

Vous ne devez jamais penser le jeu avec Coco en termes de ce qui devrait être, mais bien en termes de ce qui est. Il n'existe pas de démarche normative à l'apprentissage des jeux : certains seront facilement acceptés et assimilés tandis que d'autres présenteront plus de difficultés, ou encore seront carrément refusés. Avec une bonne dose de motivation, tous les perroquets peuvent accomplir des exploits, quelle qu'en soit l'espèce. Chaque oiseau peut apprendre à jouer, à faire des trucs ou des tours à condition qu'on lui fixe des objectifs personnels réalistes, c'est-à-dire, adaptés parfaitement à son développement, son potentiel et ses préférences.

- Je n'ai pas encore bien défini mes objectifs personnels...

Actuellement, je suis un peu pris... je vous reviens là-dessus...

Alors, peu importe ce qu'on vous a dit ou ce qu'on vous dira, votre chéri est normal et ses apprentissages dépendront de sa motivation qui, elle, prendra ses sources dans son intérêt pour le jeu, l'activité dans son milieu et, bien évidemment, dans ses interactions sociales. Il n'existe pas de bons ou de mauvais jeux, il n'y a pas de bons ni de mauvais joueurs et il n'y a pas non plus de bonnes ou de mauvaises manières de jouer : le jeu comporte beaucoup trop de possibilités qui seront l'aboutissement de la symbiose des personnalités uniques du perroquet et de son humain ainsi que de la qualité de la relation qu'ils auront développée.

Pour être motivant, il faut d'abord être motivé... rien de nouveau sous le soleil. Si vous savez être motivant, Coco sera motivé et, puisqu'il sera motivé, il deviendra lui aussi motivant pour vous. Et ça, ce n'est pas négligeable. Ainsi, la motivation stimule la motivation... rien de nouveau ici non plus. Alors... faites comme si je n'avais rien écrit, mais retenez-en tout de même l'idée générale !

Qui peut dire d'un animal qu'il n'est pas motivé ? Dans les faits, tout comme nous, Coco est toujours motivé, cependant la question demeure : par quoi est-il motivé ? Souvent, lorsqu'on se procure un

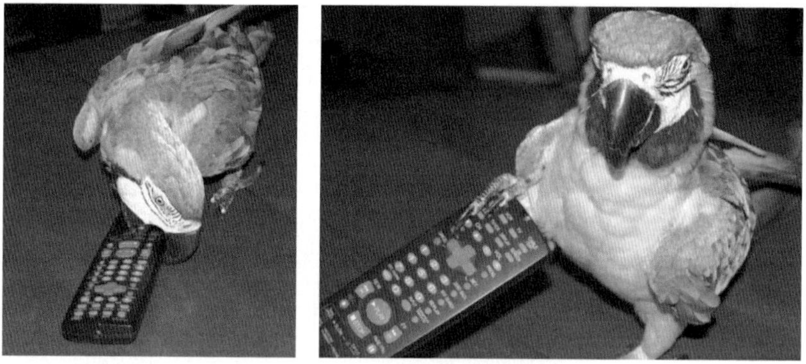

- Je crois que je viens de trouver ma motivation du jour...

jeu ou un jouet pour son oiseau, on présume que celui-ci y verra naturellement un intérêt à y jouer... Erreur ! Dans un contexte de captivité, et surtout chez le perroquet socialisé par l'humain, c'est à nous que revient la tâche de l'inciter et l'éveiller au jeu, de développer et utiliser les informations, les compétences et les prédispositions qu'il possède déjà, d'orienter ses motivations et évidemment, prévenir toutes formes de démotivation. Au départ, gardez en tête que le jeu que vous lui présentez ne veut rien dire du tout pour votre perroquet : il n'en connaît ni les avantages, ni les plaisirs. En d'autres mots, il n'y voit *(pour l'instant)* aucun intérêt ! Le jeu devient accrocheur dans la mesure où il commence à être profitable, qu'il comble un besoin ou apporte une satisfaction. Retenez que ses actions ne seront motivées

- Je commence à saisir le sens...

C'est même tout plein de bon sens !

qu'à partir du moment où le comportement émis sera consciemment voulu, c'est-à-dire, qu'il aura acquis un « sens », donc un certain intérêt pour l'oiseau. Sa motivation dépendra de ce « sens » que Coco donnera à son action et ce « sens » résultera de votre implication à lui faire apprécier le jeu.

Être motivé pour... c'est avoir envie de...

Coco ne se réveillera pas un beau matin, encore sous l'effet euphorisant des cacahuètes de la veille, en ayant subitement trouvé SA motivation, et cette dernière ne viendra pas non plus en « équipement standard » avec le jeu que vous lui proposerez *(aussi flamboyant soit-il)*. Ce sera à vous de créer cet intérêt.

La motivation, ça se bâtit par ce que le jeu lui apporte dans sa relation avec vous, ça se structure par votre guidance et vos encouragements lors des essais, ça se construit par votre complicité qui lui offre la conviction que vous partagez un but commun, ça se renforce et ça s'entretient par l'attention *(éclatante)* que vous portez à ses efforts et à ses succès *(qui devront être nombreux)*. Ainsi, vous serez l'architecte de la motivation de votre perroquet en contribuant à ses apprentissages par la découverte des jeux. Lui, de son côté, apprendra par sa propre motivation, c'est-à-dire qu'il devra apprendre à expérimenter LE jeu pour apprécier le principe même des jeux. S'il aime l'activité, il sera motivé à mettre à l'épreuve d'autres jeux. Il faudra éveiller son intérêt en procédant par transitions simples, en vous assurant qu'il a bien réussi une étape avant de passer à une autre, plus délicate. L'important n'est pas d'enseigner une multitude de jeux, de routines, de tours et de trucs à votre perroquet, mais bien de développer sa motivation à apprendre, à avoir envie de.... Le reste ? Ça viendra avec l'usage !

- *J'aime bien l'idée du libre choix...*

- *Ouais... ça motive !*

La motivation est un processus qui cause le déclenchement, l'orientation et le maintien d'un comportement. Elle est basée sur deux principes fondamentaux :

1. *Le libre choix de faire ou de ne pas faire.*
2. *L'orientation de l'action vers un objectif, que cet objectif soit conscient ou non.*

Selon (*) Joseph Nuttin, « *la motivation serait bâtie sur les interactions dynamiques préférentielles entre l'individu et son milieu.* » Il considère la motivation comme « *toute tension affective, tout sentiment susceptible de déclencher et de soutenir une action dans la direction d'un but.* » La motivation ne serait pas l'élément déclencheur du comportement, mais constituerait une « *direction active du comportement vers ce but.* » Ainsi, Nuttin établit une distinction entre les motivations intrinsèques et extrinsèques :

- Motivation intrinsèque (*auto-motivation*) : c'est l'intérêt que le perroquet portera à l'activité elle-même. C'est jouer pour le plaisir.

- Motivation extrinsèque (*motivation liée à l'environnement*) : c'est l'intérêt instrumental qui va au-delà de l'activité. C'est jouer pour y gagner un avantage.

Le plus souvent, ce sera la combinaison de ces deux motivations qui rendra le jeu le plus intéressant pour l'oiseau : il jouera pour le divertissement *(plaisir)* et, en plus, il y gagnera un ou plusieurs avantages *(caresses, attention ou gâteries)*. La motivation serait alors la résultante de l'émotion (*plaisir*) et de l'objectif *(l'avantage qui y est rattaché)*... pas plus compliqué que ça !

- Moi, je prends le tout : les caresses, les bisous et les gâteries...

(*) Joseph Nuttin (1909-1988), psychologue reconnu pour ses travaux sur l'apprentissage, la personnalité et surtout, la motivation.

Pourriez-vous parier votre chemise sur la motivation de Coco ?

Selon le tempérament de l'oiseau et sa socialisation, vous essaierez de l'amener au jeu en utilisant ce que vous considérez être SA motivation dominante.

Un perroquet mal socialisé ou désocialisé peut ne pas avoir envie d'interagir avec l'humain... Pour lui, le jeu en lui-même ne représentera pas tout de suite un plaisir. Il pourrait alors être motivé par l'attrait de l'avantage *(gâterie)* ; en ce cas, il devient déterminant de concevoir une idée aussi exacte que possible de ce qui stimule CE Coco. Il se demandera sûrement « que vais-je obtenir pour mon effort ? » et vous devrez être en mesure d'évaluer la valeur de l'enjeu... selon son point de vue à lui.

Pour obtenir la coopération de son oiseau, on doit lui fournir de bonnes raisons de vouloir jouer. Le critère principal du jeu est composé des mots « plaisir » et « intérêt ». Si le jeu ne comporte pas ces deux aspects, votre perroquet vous opposera une fin de non-recevoir, préférant passer à une activité qui lui apportera un bénéfice plus concret.

- Ouais... Maintenant, si on discutait de mes honoraires...

Votre manière de communiquer influencera en grande partie sa motivation. Ce ne sera pas tant ce que vous lui demanderez qui comptera, que la façon dont vous le ferez. Soyez pétulant et rythmé, créez une échelle de temps en cadence ou en chanson, improvisez un crescendo dans la prononciation de vos liens au fur et à mesure que l'oiseau se rapproche du but ou du comportement final désiré *(voir p. 263)*. Votre perroquet sera alors accompagné et guidé par l'enthousiasme de votre voix et par la gradation de vos encouragements.

- *Garde un peu le rythme... je sens que ça vient...* ☺

De plus, comme nous l'avons vu, l'invitation au jeu devra être prévisible. Concevez un rituel propre à la période de jeu afin que Coco puisse anticiper joyeusement le temps qu'il passera en votre compagnie. Avisez-le toujours de vos intentions avant de commencer, par une phrase du style « Viens, on va jouer » ou, plus hollywoodien, « Show time ! ». Vous devez adopter le timbre de voix bon enfant et guilleret de celui qui s'en va faire la fête *(les voix blanches n'ont pas la cote chez les psittacidés)*. N'oubliez pas qu'avant toute autre considération, vous planifiez de vous amuser avec votre oiseau : il doit le ressentir. Le perroquet, en bon baladin, partagera illico votre entrain à son tour et se délectera à l'avance du plaisir qu'il prendra à jouer avec vous.

La période de jeu débute par un petit réchauffement, en lui faisant exécuter des jeux qu'il maîtrise déjà, qu'il mène à bien sans difficulté et dont la promesse de récompense lui est déjà familière. Chaque réussite *(même toute petite)* lui imprégnera le souvenir d'une conséquence agréable. Souvent, ce sera ce souvenir qui ressurgira et le motivera à l'apprentissage d'un nouveau jeu. Le succès apporte la confiance et la confiance apporte le succès. D'où l'importance, au tout début de ses apprentissages, de choisir des jeux facilement accessibles, en concordance avec son niveau de développement. L'oiseau sera motivé par ses réussites et filera avec dynamisme et assurance vers de nouveaux objectifs.

- Eh, ho ! On a dit un truc facile...

Si on est pas plus attentif, je vais la perdre pour de vrai ma motivation... !

Abattez votre jeu !

Retournons un peu en arrière. Lorsque vous avez fait le grand saut, soit l'adoption de votre perroquet, votre but n'était certainement pas d'en faire une star du tour ou du truc aviaire. Vous désiriez partager votre vie avec un animal exotique à souhait, d'une esthétique à couper le souffle et d'une sensibilité tout à fait adorable. Depuis, Chéri a su vous surprendre à maintes reprises, votre passion s'est amplifiée, vous vous êtes inscrit à un forum de discussion Internet, abonné à plusieurs périodiques, vous faites maintenant partie d'un club d'amateurs de perroquets et vous avez découvert que votre boule de plumes recelait des trésors jusqu'ici inconnus. Votre « *psittacus familiaris* » serait doté d'une intelligence peu commune et vous avez eu le loisir de visionner sur la Toile plusieurs vidéos mettant en vedette des perroks aux talents phénoménaux.

Alors, maintenant qu'on a parlé des motivations de Coco, si on regardait d'un peu plus près les vôtres propres. À quoi pensiez-vous (*honnêtement - entre vous et vous*) en vous procurant ce livre ?

- Ouais, on veut savoir, nous...

- Dis, t'arrives à lire les réponses toi ?

- Pas toutes...

1. Simplement à passer du bon temps avec Coco ? ________

2. Mettre à l'épreuve « l'intelligence » des perroquets ? ________

3. C'est votre premier perroquet et vous avez la ferme intention d'apprendre à vous amuser avec lui ? ________

4. Utiliser le jeu comme arme de séduction pour devenir « l'humain chouchou » de VOTRE Coco-totalement-infatué-de-votre-conjoint *(quelle injustice)* ? ________

5. Vous dépasser en entraînant un animal et vous prouver *(ainsi qu'à tous ceux qui trouvent que vous en faites trop avec Coco)* que vous en êtes capable ? ________

6. Après avoir visionné la vidéo sur U-Tube d'un perroquet prodigieux qui réalisait des tours, vous avez la certitude que le vôtre est tout aussi brillant ? ________

7. Vous recherchez une forme de reconnaissance de votre club d'amateurs de perroquets ou de votre forum Internet avec les trucs pas possibles que vous enseignerez à Coco ? ______

8. Impressionner votre copine qui « se la pète » avec son perroquet qu'elle considère tellement génial ? ______

9. Autre ? ______

Connaître vos propres motivations serait au départ déjà pas mal, puisqu'elles auront très certainement une influence sur votre attitude qui, elle, aura une influence certaine sur les motivations de votre perroquet à vouloir apprendre et / ou jouer avec vous.

Quelles que soient vos motivations, vous aurez tout de même à composer avec celles de Poussin chéri. Alors, essayez au moins d'afficher une contenance positive à l'égard de Coco qui lui, honnêtement, n'en a rien à cirer de vos motivations. Ce qu'il veut... c'est jouer et retirer le plus d'agrément possible de ces moments en tête-à-tête passés en votre compagnie. Ne projetez pas vos motivations *(ou ambitions)* sur votre oiseau ; demandez-vous plutôt comment les faire correspondre réciproquement sans qu'une nuise à l'autre. Une bonne collaboration s'élabore toujours à la faveur des deux parties.

Jeu d'échec ?

Avant de conclure à l'échec de votre perroquet quant à un jeu ou une demande, offrez-lui l'occasion de se reprendre, de changer de stratégie pour parvenir à son but. Dites-vous que l'erreur n'est pas un échec, elle fait partie du processus d'apprentissage de l'oiseau. L'erreur est la conséquence d'une expérience et ce sera par ses expériences qu'il apprendra. S'il se méprend dans la séquence d'un jeu, votre rôle ne consistera qu'à le guider et à l'aiguiller sur la bonne voie. Il ne s'agit pas d'intervenir à sa place ni d'interrompre le jeu ! Si vous mettez fin au jeu parce que l'oiseau se trompe *(ce qui pourtant est normal)*, vous transformerez alors une petite erreur en un cuisant échec.

Rien de plus démotivant que l'échec, soit le fait de ne pas arriver à comprendre et / ou à réussir un jeu ou se rendre à vos attentes. Votre insistance à pousser votre perroquet à la performance n'arrangera pas l'affaire. S'il y a échec, il découlera généralement d'une mauvaise perception de votre part : mauvaise évaluation de l'intérêt de Coco pour ce jeu *(le manque de motivation est un grand facteur d'échec)* ou de ses capacités (trop complexe pour son développement, bases déficientes ou défaut de talent pour... etc.), mauvais renforcement, mauvaise méthodologie de votre part et / ou mode de communication inadapté. Le perroquet n'a aucun contrôle sur les causes de l'échec. Le sentiment d'impuissance pourrait l'amener *(bêtement)* à développer des stratégies d'évitement envers vous et vos « divertissements ». - Pas bon ça ! Le jeu ne doit en aucun cas devenir une tâche qu'il doit accomplir ou une tâche conditionnelle à ______________ *(écrivez ce qui vous concerne et rejetez-le, c'est antiproductif)*. L'échec crée une anticipation de l'échec et peut mener à un apprentissage progressif de l'abandon total du désir de jouer.

Pour comprendre l'échec de Coco *(vraisemblablement aussi le vôtre)*, posez-vous en premier lieu la question à savoir si votre demande est réalisable pour lui, si elle est en concordance avec son développement. Prenez le temps de vérifier encore une fois si ce jeu entre bien dans les champs d'intérêt de la personnalité de votre oiseau. Puis, si vous avez acquis la certitude que le perroquet aime généralement ce genre d'activité et qu'il peut accomplir ce que vous lui demandez, à ce moment-là, c'est probablement votre façon de faire qui manque d'efficacité, de précision *(ne vous prenez pas la tête, ça arrive tout le temps)*. Vous devrez alors analyser votre attente en la déconstruisant complètement *(du début jusqu'au but)*, ce qui, selon (*) Philippe Meirieu, « *exige que vous vous posiez les bonnes questions et dans le bon ordre.* »

(*) Philippe Meirieu (1949 -), pédagogue, militant et inspirateur de réformes pédagogiques, auteur de nombreux ouvrages et d'émissions de télévision traitant de la pédagogie.

Alors, reprenez votre demande du début en répondant dans l'ordre, à ce petit questionnaire pédagogique élaboré par M. Meirieu, et que j'ai adapté pour vous :

1. *Qu'est-ce que je veux que mon perroquet apprenne ?*
   Votre réponse : ______________________

2. *Pour qu'il puisse apprendre, qu'est-ce qu'il doit comprendre ?*
   Votre réponse : ______________________

3. *Pour qu'il comprenne, que faut-il qu'il fasse « dans sa tête » ?*
   Votre réponse : ______________________

4. *Pour qu'il fasse cela « dans sa tête », qu'est-ce qu'il faut qu'il fasse concrètement ?*
   Votre réponse : ______________________

5. *Pour qu'il fasse cela concrètement, qu'est-ce qu'il faut que je mette en place comme situation ?*
   Votre réponse : ______________________

6. *Pour que cette situation fonctionne, de quels outils ai-je besoin ?*
   Votre réponse : ______________________

7. *Quelle consigne précise me faudra-t-il donner à l'oiseau pour qu'il exécute l'activité concrète, pour qu'il comprenne ce que je lui demande d'apprendre ?*
   Votre réponse : ______________________

Écrivez et analysez vos réponses et vous constaterez à quel point la solution nous apparaît, comme par enchantement, dérisoipe de simplicité. En prenant le temps de revoir toutes les étapes d'un jeu, en choisissant des outils performants *(que je vous proposerai plus loin dans cet ouvrage)* selon ce qui vous semblera le mieux adapté à votre perroquet, en modifiant quelques menus détails si nécessaire, en replaçant dans l'ordre ce que vous avez fait *(de bien ou de mal)* et ce que vous devriez faire, vous augmenterez les chances de réussite de Coco. Par la même occasion, vous vous donnerez la permission d'esbroufer sur vos talents de formateur.

Je connais mes oiseaux, je connais leurs centres d'intérêt, je suis consciente de leurs niveaux de développement et de ce qu'ils sont, individuellement, capables ou non d'exécuter. Lorsque je me bute à un échec, le problème vient *(à peu près)* toujours de moi *(personne n'est parfait)*.

- Je tente d'aller trop rapidement en sautant certaines étapes importantes.
- Je prends pour acquis que mon perroquet est génial et qu'il généralisera automatiquement une performance antérieure à CE nouveau jeu.
- Les informations que je lui fournis ne sont pas claires.
- Je n'utilise pas les bons outils.
- Ou étonnamment *(il m'arrive encore de me surprendre)*, je me suis lourdement fourvoyée sur le goût de cet oiseau pour CE jeu. Comme une « bleue », j'ai ignoré les signaux de désintéressement qu'il tentait *(vainement)* de me communiquer.

- Bien voilà, tu vois qu'elle n'est pas parfaite...
- Veux pas le savoir !

Quand je bavure à ce point *(ça vous arrivera aussi - vous n'êtes pas parfait non plus)*, j'essaie de me rattraper soit en réajustant les étapes du jeu, soit en changeant prestement pour un jeu plus facile d'exécution. Et si je m'aperçois que l'intérêt n'est pas en cause, je rame un bon coup pour tâcher de redynamiser celui-ci chez mon choupinet.

L'idée est de ne pas conclure à l'échec trop rapidement si l'oiseau ne semble plus s'investir dans un jeu. Le perroquet, surtout très jeune, ne peut pas demeurer concentré sur une seule action pendant une longue période, suivant son tempérament ou selon son intérêt pour le jeu. Alors, n'insistez pas sur un même jeu encore et encore, mais changez-en au moment où il commence à le comprendre, au moment où il fait un pas dans la bonne direction ou au moment où il réussit de plus en plus souvent *(toujours finir sur une note positive)*.

Gardez Coco attentif en évitant les répétitions ennuyeuses et passez à un autre jeu dès que son intérêt s'amenuise. Reprenez alors un jeu qu'il maîtrise bien, question de le stimuler par des petits succès. Puis, enchaînez avec un nouveau jeu pour ensuite revenir au premier : à ce moment, il aura peut-être envie de continuer plus avant. En

- Hier, on a joué pendant une heure... Chouette, non ?
- Moi, une fois, j'ai joué toute une matinée. Ce qu'on s'était éclaté...

changeant souvent d'activité, Coco ne sentira pas de pression à la performance ni votre éventuelle déception : vous demeurez dans l'esprit initial du jeu qui est de vous amuser. Ainsi, le temps que vous passerez avec lui sera stimulant du début à la fin et vous le conserverez gaillard aussi longtemps que vous pourrez capter son attention.

En opposition à ce qui est trop fréquemment véhiculé, une période de jeu ne doit pas nécessairement être courte, elle doit surtout être stimulante. En maintenant l'intérêt de mes perroquets, j'arrive souvent à étendre un moment de jeu pendant une ou même deux heures *(et parfois plus avec Quita)*. Entrecoupé de quelques pauses « goûter-câlins », le jeu peut durer encore et encore et… encore !

Signes habituels d'un oiseau démotivé

- Refuse de faire le jeu.
- Joue très lentement ou trop rapidement, de façon bâclée.
- Interrompt souvent le jeu.
- Jette le jeu, des pièces du jeu ou la récompense par terre.
- Passe frénétiquement d'un jeu à l'autre.
- Ne porte plus attention ni à vous ni au jeu *(feint ne pas vous voir ou vous entendre)*.
- Devient nerveux ou anxieux.
- Demande constamment des encouragements *(trop)* pour s'exécuter.
- Facilement distrait par ce qui ne le gêne pas en temps normal.
- Irritable et impatient.
- Cherche à jouer avec vos doigts ou fait des pitreries pour vous détourner du jeu.
- Manifeste très certainement d'autres signes propres à lui-même.

Vous devrez en tout temps demeurer vigilant afin de reconnaître rapidement ces signaux. Il serait improductif de s'acharner à garder votre perroquet dans une activité qui le rebute, et souvent, ce sera ce manque d'intérêt qui le mènera à l'échec. Coco n'est pas différent de vous : êtes-vous motivé à travailler sur un projet ennuyeux ou qui vous déplaît alors qu'il y a tellement plus intéressant à faire ?

Causes fréquentes de démotivation

Psychologiques

. *Jeu en non-concordance avec le développement de l'oiseau.*
. *Manque d'intérêt pour ce genre de jeu.*
. *Demandes irréalistes.*
. *Entraînement obligatoire / contrainte.*
. *Exigence à performer / attention de l'humain conditionnelle à...*
. *Défaut de soutien / d'encouragement.*
. *Imprévisibilité dans la démarche.*
. *Insécurité émotive / impuissance apprise.*
. *Manque d'accomplissement personnel et / ou réussites antérieures.*

Sociales

. *Interactions (attention) de l'humain seulement lors des périodes de jeux / exclusion en dehors de la période de jeu (cage).*
. *Attitude inadéquate (négative) de l'humain.*
. *Crainte face aux manipulations.*
. *Dysfonction de la communication.*
. *Enthousiasme anémique de la part de l'éducateur.*

Physiques

. *Déficit de sommeil et / ou de sieste.*
. *Modifications physiologiques (puberté, mue, période hormonale, etc.).*
. *Carences alimentaires / manque d'exercice (général) / maladie.*

Environnementales

. *Autres activités familiales plus intéressantes à proximité (télé, enfants qui jouent, bruits, etc.).*
. *Sentiment d'insécurité dans l'environnement (objets ou personnes).*
. *Crainte des accessoires ou des jouets.*
. *Espace de jeu inadéquat (trop petit ou non stimulant).*
. *Atmosphère familiale perturbée / malsaine.*

Votre compère ne puisera pas toujours sa motivation à jouer ou à apprendre dans l'attention que vous porterez à ses tentatives ou dans les succulentes gâteries qu'il pourrait y gagner. Un perroquet qui fait l'objet de prévenances continuelles de notre part ne trouvera aucun intérêt à faire des efforts puisqu'il n'a pas besoin d'accomplir quoi que ce soit de particulier pour qu'on le regarde avec adoration, pour qu'on le ravitaille en friandises ou pour qu'il se retrouve bien lové dans le creux de nos bras. Si vous faites partie du lot et ne pouvez vous

- Sincèrement, je ne fais aucun effort... JE SUIS irrésistible...

empêcher d'être à genoux devant chaque cabriole qu'il effectue à votre intention *(ne vous en faites pas, c'est humain)*, vous pourrez tout de même parvenir à le motiver, non pas par ce que l'action lui apporte *(il reçoit déjà tout)*, mais par ce qu'elle ne lui procure pas ou, pire encore, par ce qu'elle suscite pour un quidam qui n'est pas lui... *(crime de lèse-majesté)*.

C'est ainsi qu'en opposant un compétiteur à Coco-roi, simplement en jouant avec un autre perroquet, un ami, votre enfant ou votre conjoint, vous en arriverez à le motiver par l'application du concept du modèle rival *(ou l'outrecuidant-qui-prétend-s'approprier-l'attention-qui-m'est-due)*, seulement en accomplissant le jeu avec un autre individu que lui *(le rival)* qui récoltera la gâterie préférée *(de Coco)* en échange de ses efforts.

Ainsi, Sa Majesté recevra un renforcement indirect en regardant le concurrent se faire récompenser et sera stimulée *(ou piquée à vif)* à imiter le « bon comportement » dans le but de ramener votre attention sur sa petite personne et, en bonus, soustraire le rival de la lumière. Certains de mes *(trop gâtés)* perroquets ne carburent qu'à cette mixture.

Comme le disait si justement Jean-Jacques Rousseau, « *Donnez le désir d'apprendre et... toute méthode sera bonne.* » Hé... hé... !

Ayez beau jeu

Les effets de la motivation sur les performances de l'oiseau seront multiples. La motivation l'incitera à l'action puisqu'elle générera des anticipations heureuses face au jeu.

- *Vigilance* : il sera plus attentif à vos demandes ou vos démonstrations.
- *Persévérance* : sa motivation le poussera à continuer l'action. Même s'il se heurte à des difficultés, il déploiera plus d'énergie et d'efforts pour parvenir au but.
- *Développement des conduites motrices* : il s'encouragera en acquérant une plus grande précision et une plus grande rapidité d'exécution.
- *Acquisition d'informations* : en prenant de l'expérience, il puisera dans son bagage d'informations acquises antérieurement et saura généraliser *(avec assurance)* ces données à divers autres apprentissages.

La motivation de chaque individu demeurera toujours subjective et découlera des interactions du perroquet avec son milieu. Dans le contexte de cet ouvrage, ce milieu... c'est vous !

La règle du jeu : Soyez motivant !

- ✓ *Assurez-vous que le jeu proposé soit en concordance avec le développement de l'oiseau en lui évitant les jeux trop difficiles ou trop longs.*
- ✓ *Offrez-lui des activités stimulantes qui représentent un défi.*
- ✓ *Assurez-vous de l'intérêt du perroquet pour le jeu proposé.*
- ✓ *Donnez-lui tous les moyens de parvenir à réussir le jeu.*
- ✓ *Différez l'aide aussi longtemps que possible. Laissez l'oiseau agir, en fournissant assez d'indications pour le guider vers ce qu'il doit accomplir.*
- ✓ *Permettez à Coco de se rattraper (s'autocorriger) avant d'intervenir.*
- ✓ *Révisez votre approche s'il stagne devant la complexité d'un jeu et adaptez la stratégie en conséquence.*
- ✓ *Reliez (le plus souvent possible) un nouveau jeu à un jeu qu'il connaît et maîtrise déjà.*
- ✓ *Indiquez-lui clairement qu'il progresse.*
- ✓ *Évaluez les performances de Coco en fonction de ses propres progrès et non pas selon ceux d'un autre perroquet.*
- ✓ *Gardez en tête que votre but n'est pas seulement d'enseigner, mais de faire en sorte que, par votre entremise, l'oiseau apprenne tout en passant un moment agréable en votre compagnie.*
- ✓ *Amusez-vous !*

Il ne faut point refuser pour refuser, mais pour faire valoir ce qu'on accorde.
- Jean-Jacques Rousseau

Faites vos jeux... les jeux sont faits... rien ne va plus

Quand Coco ne veut pas jouer

Coco ne joue pas, aucun de ses *(fantastiques)* jouets ne l'intéresse. Pire, il s'ennuie à mourir *(et regarde inévitablement ailleurs)* alors que vous mettez tout en œuvre pour le divertir : vous dansez, chantez, faites le pitre, etc. Tout ce qu'il semble accepter, c'est de se balader sur votre épaule ou se pelotonner confortablement dans vos bras. Qu'est-ce qui ne va pas ?

Jouer est un « art » qui s'acquiert, c'est un acte qui fait partie de la socialisation de l'oiseau. Votre perroquet doit apprendre à jouer avant d'avoir le désir et la motivation de jouer et c'est bien normal. Peut-être qu'il n'a tout simplement pas eu la chance de vivre une socialisation riche en expériences sensorielles et en explorations diverses. En fait, c'est plus que probable. Coco ne sait tout bêtement pas jouer et n'a aucune idée que vos pitreries aspirent à établir un contact avec lui, à socialiser ou pis de quelle utilité relèvent ces objets aux couleurs de l'arc-en-ciel qui pendillent aux quatre coins de sa cage.

Rassurez-vous, tout ne se joue pas dans les premiers mois, Coco peut encore apprendre à jouer, et ce, peu importe son âge actuel. Son cerveau se réorganisera toute sa vie, alors ne baissez pas les bras, tout est encore possible. Ce n'est pas parce qu'il ne joue pas qu'il n'aime pas jouer ou qu'il ne veut pas jouer... Il ne sait pas, c'est très différent ! La curiosité et le goût de l'aventure devraient se développer naturellement

- ... pas envie de jouer...

... ai comme une lourdeur dans les ailes...

à partir du moment où le jeune perroquet prend conscience de son environnement et qu'on a la bonne idée de le laisser passer celui-ci au peigne fin. Il lui sera alors naturel d'explorer et de tenter d'agir sur cet environnement : grignoter, ronger, goûter, tirer, pousser et manipuler les objets qui seront à portée de bec, puis ceux qui seront plus éloignés, et ce, au fur et à mesure que s'affineront ses capacités motrices. Il sera aussi normal, lors de ses tournées de reconnaissance, qu'il se transforme en « engin de destruction massive ». D'ailleurs, en nature, les parents d'un oisillon l'inciteront et l'encourageront à entreprendre ces « putsch » dès qu'il prendra son essor.

Mais voilà, dans le monde du perroquet de compagnie, les parents naturels font cruellement défaut à bébé. Ils sont cavalièrement remplacés par l'humain-éleveur qui bien souvent *(pas dans tous les cas et fort heureusement)* n'a pas le temps de s'occuper de ces « broutilles de comportementalistes », tels la socialisation ou encore le développement psychologique et psychomoteur de l'oisillon ou l'hyper-importance du comportement exploratoire du petit ; si la courbe de croissance est bonne, tout va !

Justement non, tout ne va pas. En fait, rien ne va. Le jeune doit absolument être présenté au monde auquel il appartiendra *(ce serait un minimum lorsqu'on tente de se substituer aux parents naturels)*. C'est en bas âge qu'il acquiert ses compétences, développe sa coordination et la musculature dont il aura besoin pour faire ses explorations. Sa motivation à découvrir son environnement, explorer, fourrager, voler, grimper est intrinsèque, toutefois, si elle n'est pas stimulée, cette inclination innée tendra à décroître *(tout comme chez l'humain)* allant même jusqu'à disparaître.

Ainsi, le petit qui n'a jamais manipulé de jouets *(ou n'importe quel objet)*, qui n'a jamais eu d'interactions dynamiques avec l'humain autres que de se faire nourrir ou cajoler et / ou qui n'a jamais ratissé son territoire plus loin que la vitre de l'incubateur ou le grillage de sa cage se trouve fort démuni lorsqu'adopté par une famille aimante qui ne rêve que de partager jeux et complicités diverses avec lui, alors qu'il est confronté à un univers totalement inconnu.

Idem pour le perroquet plus âgé, celui qu'on dit de « seconde main » qui, peu importe son âge, n'a observé du monde que son minuscule « appart » de 60 x 60 cm, aménagé d'un seul et unique jouet acheté lors de l'adoption il y a cinq ans *(étonnamment encore intact)*. L'oiseau qui n'a eu comme toute interaction avec l'humain que le sempiternel « Allo Coco ! » à travers le treillis de sa cage et qui n'a jamais mis le bout du bec hors de cette dernière aura très certainement cultivé une « impuissance acquise » qui le rend particulièrement détaché quant à votre désir d'entrer en contact et jouer avec lui. Soyez réaliste, vous n'aurez certes pas affaire à la version emplumée sportive de Zinedine Zidane ou intellectuelle d'Hubert Reeves. Faut pas rêver… il faut remédier ! ☺ Un perroquet qui ne joue pas développe une dépendance envers l'humain et se montre excessivement demandant et énergivore, il a absolument besoin de l'humain pour se distraire. Avec cet oiseau on risque de voir apparaître des manies, voire stéréotypies, par anxiété ou frustrations lorsque l'humain n'est pas disponible pour interagir avec lui *(ce qui malheureusement arrive souvent)*. Coco ne sait pas s'occuper seul et n'ose pas s'aventurer à la découverte de son milieu et de ses possibilités. Vous devrez l'inciter à se hasarder, à explorer... et à jouer.

Comme si l'affaire n'était pas déjà assez mal engagée, l'état de proie des perroquets ne vient pas nous faciliter les choses. De cette condition découle une défiance naturelle envers tout ce qui est nouveau, bizarre et inconnu, d'autant plus que l'absence de socialisation dans les stades critiques des périodes d'attraction et d'aversion du jeune risque de rendre cette sur-méfiance permanente ou du moins, passablement difficile à atténuer.

Misonéistes dans l'âme, peu de perroquets échappent à cette règle. Il sera donc normal que votre oiseau soit inquiet à la vue d'un élément inexploré *(jouet ou accessoire)* dans son environnement ou

- Quessésa ??? Mamaaannnnn...

appréhensif à l'égard d'une nouvelle forme de routine venant bouleverser son petit train-train quotidien.

Vous devrez réveiller cette motivation bien endormie chez votre loupiot. Pour y arriver, il faudra que vos premières tentatives de jeux soient efficaces et les plus super-miroboliquement agréables à ses yeux. L'initiation au jeu se doit d'être très rémunératrice, autant en gâteries qu'en glorifications, et ne laisser aucun arrière-goût amer dans son esprit. Si la première expérience se déroule bien *(même très bien)*, ses filtres se modifieront et il aura très certainement envie de récidiver la fois suivante. Il vivra une anticipation heureuse de ces moments en votre compagnie à explorer quelque chose qu'il ne connaît pas, c'est-à-dire, la nouveauté sans affres. A contrario, une première expérimentation du jeu qui se passe mal ou sans dividendes clairs et immédiats pourrait faire en sorte, lors d'une prochaine tentative, que vous ayez à sortir « le grand jeu » de l'intérêt et de la motivation pour essayer de vendre votre salade à Coco-qui-n'a-pas-du-tout-aimé-l'essai.

Si l'on veut en arriver à jouer avec son perroquet, il est primordial de prendre tout le temps qu'il faut pour qu'il accepte de se mouiller un peu et, surtout, qu'il prenne conscience qu'il n'a rien à craindre de tous ces *(fantastiques)* jeux auxquels, il ne le sait pas encore, il s'adonnera avec impétuosité dans un avenir très rapproché.

Jouer à qui perd gagne

Ne persistez pas encore et encore à présenter un nouveau jouet à votre perroquet. Cet animal est de nature contrariante, plus vous insisterez et plus il redoublera de méfiance envers cet objet qu'il ne connaît pas et qu'on cherche à lui imposer. De plus, votre acharnement risque de lui donner l'impression que tant qu'il ne s'approchera pas dudit objet ou qu'il n'y posera pas le bec, il continuera à recevoir une attention *(très satisfaisante)* de votre part. Laissez-le agir, permettez-lui d'explorer par lui-même et à son rythme ce jouet mystérieux. N'imposez rien, mais incitez-le et encouragez-le à inspecter ce nouvel élément.

- Tiens, un quelque chose qui traîne, d'un matériau facilement destructible... et je sens que je commence à m'habituer à sa présence...

1. Laissez négligemment traîner le nouveau jouet (petit et d'un matériau facilement destructible : papier, carton, bois tendre coloré) dans la pièce de façon à ce que Coco s'habitue tranquillement à sa présence.

2. Dès qu'il semble ne plus trop s'en soucier, rapprochez subrepticement le jouet du perchoir ou de la cage, sans pour autant donner d'attention à l'oiseau ou l'exhorter à s'en approcher.

3. Attisez sa curiosité en vous amusant vous-même avec ledit jouet ou avec un autre perroquet ou votre conjoint en démontrant beaucoup d'entrain. Puis éloignez-vous et laissez l'indiscrétion naturelle de Coco faire son œuvre. Comme ça peut durer un peu, retournez quelques fois jouer avec le jouet et retirez-vous, ça finira bien par intriguer le volatile.

4. S'il se décide, observez-le DE LOIN et laissez-le s'avancer et explorer le jouet. Au bout d'un moment, revenez vers lui, félicitez-le et faites-lui le coup du « lien / récompense » *(voir p. 263-268)*. Le but ici est de jumeler un stimulus dont il se méfie, le nouveau jouet, avec des renforçateurs *(voir p. 223)* qui apportent beaucoup de plaisir : disons, votre regard admiratif et une gâterie qu'il aime par-dessus tout. ☺

5. S'il touche l'objet, vous explosez de joie et vous l'incitez encore plus

à inspecter le jouet, simplement en prenant part vous-même à l'investigation, en commençant à jouer avec lui.

6. Vous laissez le jouet en place et, plus tard, lorsque Coco s'en approche ou y touche de nouveau, vous revenez jouer avec lui en l'encourageant à « malmener » le jouet, à le grignoter si c'est là son dessein, à l'ausculter. Bref, octroyez à Coco la licence de décider de ce qu'il sied faire avec ce jouet *(pour l'instant)*.

7. Vous pouvez manipuler le jouet et convier Coco à vous imiter en l'encourageant *(de plus belle)* chaque fois qu'il le fait. Puis, vous vous retirez *(pas loin)* et continuez à le stimuler en le regardant jouer ; il a encore besoin de votre incitation, de votre attention ou approbation pour s'adonner au jeu sereinement.

8. En peu de temps *(si, si, vous verrez)*, le perroquet ira de façon intentionnelle vers ce nouveau jouet, comme s'il s'agissait d'une invitation personnelle. Continuez de le motiver de votre regard béni-oui-oui et de votre voix enthousiaste, mais n'allez plus jouer avec lui. Laissez-le éprouver l'objet tout seul, comme un grand.

9. Vous pourrez alors commencer à introduire d'autres jouets, toujours en utilisant une approche qui lui semblera engageante et sécuritaire, en lui permettant de découvrir par lui-même les attraits de ce surprenant bidule qui vient d'apparaître sur la table ou son perchoir. Coco acquerra la certitude que c'est LUI qui vous convie à le regarder jouer avec SON nouveau jouet. L'intérêt que vous porterez à SA trouvaille le rendra tout content… d'autant plus qu'elle suscitera votre attention et que vous prendrez part au jeu avec lui. Ne le contrariez surtout pas !

10. Avec le temps, votre perroquet n'aura plus besoin de votre assentiment (*le regarder*) pour jouer. Il ira de lui-même *(quoiqu'un peu à votre incitation)* à la découverte de son territoire, à la recherche de divertissements. Il se montrera moins farouche à l'endroit d'objets inconnus ; il aura perdu en appréhension et gagné en assurance.

À partir de ce moment, tout rentre dans l'ordre. Ce sera alors à votre tour de trembler à la vue de toutes ces « nouveautés » qui s'offrent à lui dans votre maison et qu'il ne craindra dorénavant plus de porter à son bec. Soyez beau joueur et dites-vous que dans

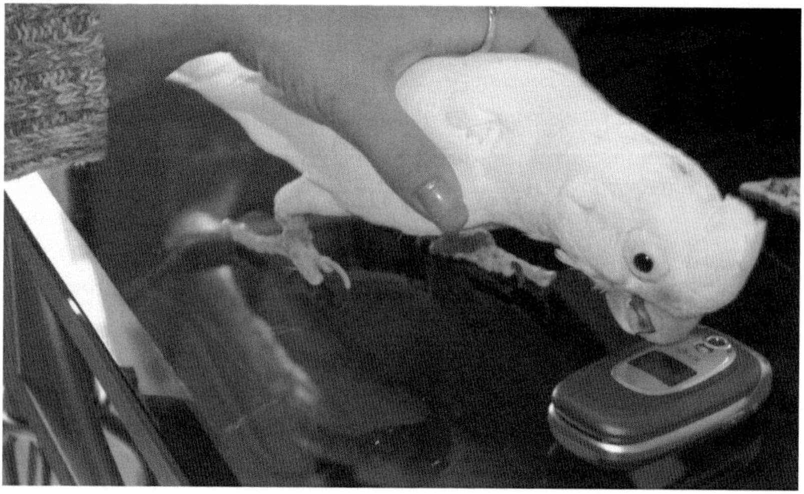

- Empêcheur d'explorer en rond !

l'aventure vous aurez gagné un copain de jeu *(maintenant qu'il sait jouer, plus rien ne pourra l'arrêter dans ses explorations)* ; mais, il est vrai que vous y aurez perdu un peu de tranquillité d'esprit... On ne peut pas gagner sur tous les tableaux !

Astuces pour stimuler l'intérêt de Coco à jouer

- Portez le jouet sur vous ou autour de votre cou ou laissez-le pendouiller de votre poche de chemisier, de tablier ou de pantalon *(tout ce qui traîne ou déborde sur l'humain chouchou est diablement attirant)*.

- Dans le même ordre d'idées, insérez des petites languettes (bois, cuir, papier, carton) dans le gousset de votre corsage ou polo et laissez-les dépasser. Succès *(presque)* garanti.

- Enfilez ces mêmes lanières entre les barreaux de sa cage en laissant dépasser des petits bouts sur lesquels il pourra facilement tirer.

- Portez un collier ou un bracelet d'activité à faire vous-même *(pièces de bois et de carton enfilées sur une lanière de cuir)* ou tressage semblable vendu en animalerie.

- Chiffonnez des boulettes de papier, insérez une gâterie à l'intérieur et déposez-en quelques-unes dans l'auget de Coco à l'intérieur de la cage et sur son parc d'amusement.

- Attirez Coco en déchirant des morceaux de papier ou carton mince devant lui (papier froissé en boules, tordu, coupé en languettes, petites boîtes de carton). Laissez à sa portée une boîte de papiers mouchoirs pleine *(vous aurez pris la peine de tirer quelques feuilles sous son regard étonné)*. Ou déroulez, toujours devant lui, un rouleau de papier hygiénique *(neuf cela va de soi)*. Puis, laissez-le à sa disposition.

- Remplissez un sac de papier de bouts de bois ou de papiers bouchonnés et commencez à le dégarnir devant lui, une pièce à la fois.

- Fabriquez des jouets et enfilez des petites pièces de bois tendre devant lui *(l'oiseau est près de vous sur la table)* et laissez-le vous en chiper quelques-unes.

- Jouez à « Ça prend un voleur ». Coco installé près de la table, vous videz vos poches de ces petits jouets de formes, textures et couleurs diverses sur la table ou sa cage, assez près de lui. Puis, vous sortez de la pièce *(prétextant un oubli quelconque)*. Il ne devrait pas résister trop longtemps. Refaites l'exercice avec des objets chaque fois différents ou un peu plus gros *(n'exagérez pas tout de même)*.

- Jouez avec les jouets de Coco en compagnie des membres de la famille (enfants, conjoint) en y mettant beaucoup d'animation. L'oiseau aura probablement envie de venir se joindre à ce joyeux groupe.

La maturité de l'homme, c'est d'avoir retrouvé le sérieux qu'on avait au jeu quand on était enfant. - Friedrich Nietzche

Jeu de rôle

Un coach et… un copain de jeu

Même si le but premier du jeu est de s'amuser, nous voulons aussi que, grâce au jeu, notre perroquet fasse des apprentissages qui seront profitables à son développement, à sa socialisation et à ses interactions au sein de notre famille. Pour y arriver, le principal intéressé doit y trouver son compte en monnaie-plaisir. Nous devrons absolument éviter les approches trop directives lors du jeu ou de l'entraînement et guider l'oiseau dans l'acquisition de nouveaux savoir-faire, sans que cette guidance ne lui soit contraignante. Il aura l'impression que vous jouez simplement pour jouer et ce sera parfait ainsi !

- Bisous les ti-pieds ?

- Ça, c'est mon pote à moi !

Le coach

Le rôle du coach consiste à entraîner son « poulain » à découvrir et à développer ses talents, ses compétences et sa créativité pour ainsi élaborer ses propres stratégies en vue d'atteindre ses objectifs, résoudre un problème ou surmonter un obstacle. Le coach est celui qui accompagne, incite et guide le perroquet dans ses apprentissages : il est patient, attentif et très observateur. Il connaît son « élève », peut rapidement analyser une situation et en tirer le plein potentiel. Le coach sait mettre en valeur les talents et les centres d'intérêt de sa recrue, mais il n'impose pas. Sa fonction n'est pas que de transmettre une information : il encourage l'oiseau à découvrir par lui-même les possibilités et les moyens d'atteindre le but du jeu, il place son protégé dans un rôle actif et participatif et a la patience de le laisser faire ses propres expériences avant d'intervenir. Mais avant tout, le coach est disponible, il a une grande ouverture d'esprit et sait se montrer flexible en s'adaptant aux situations inusitées que la débordante créativité de son favori est susceptible d'improviser lors d'un jeu.

Le coach a une attitude claire et franche avec son perroquet et il ne modifie pas sa conduite selon la complexité du jeu ou le manque de célérité dans l'apprentissage. Je vois trop souvent des clients changer complètement d'attitude envers leur perroquet lorsqu'ils coiffent la casquette d'entraîneur. Ils deviennent hyperdirectifs, ne laissant pratiquement jamais le temps à l'oiseau de se concentrer ou de réfléchir à un problème, la réponse devant être instantanée. L'erreur est considérée tel un échec.

Le langage corporel de ces personnes en dit long sur leur impatience ou leur anxiété quant à la performance de Coco et, parfois même, cette agitation exprimera l'inverse de ce qu'ils tentent de communiquer. N'oubliez pas que plus vos objectifs sont ambitieux, plus vous risquez d'être déçu ! Il ne sert à rien d'avoir des prétentions supérieures aux capacités de l'oiseau. Le perroquet doit avoir envie d'essayer le défi-jeu et doit disposer de tout le temps dont il aura besoin pour expérimenter différentes avenues pour en arriver à finalement réussir *(s'il a du temps devant lui, il y parviendra ☺)*. Il doit avoir la possibilité de s'entraîner à jouer et c'est seulement si ces conditions sont remplies qu'il pourra maîtriser le jeu et répondre à votre demande. Vous ne devrez jamais sauter d'étapes, même si votre chéri est génial.

L'envie de faire	→	**Le savoir**	→	**Le savoir-faire**
Motivation		Connaissances		Expérience

L'objectif du coach est de parvenir à apprendre à apprendre à son perroquet

- En n'agissant pas à sa place.
- En ne prenant pas les décisions pour lui.
- En l'incitant à l'action.
- En le guidant par étapes vers le but désiré.
- En le stimulant par un choix judicieux de jeux adaptés pour lui *(combinaison développement / personnalité)*.
- En l'encourageant et en l'aidant à ordonner ses idées lors de la résolution d'un problème.
- En lui offrant tous les outils nécessaires à sa réussite.
- En reformulant sa demande ou en changeant d'outils si la tâche paraît trop pénible.
- En l'encourageant à continuer même si sa tactique ne semble pas au point.
- En lui donnant confiance en remarquant ses efforts et en soulignant ses succès *(même approximatifs)*.

Le copain de jeu

Le rôle du copain de jeu se définit par le plaisir, la complicité, l'insouciance au jeu ; jouer sans but, sans objectif autre que de passer du bon temps et s'amuser. C'est de cette façon que votre perroquet vous perçoit. Pour lui, le jeu ne sert qu'au divertissement. Il ne sait pas que vous profitez de l'occasion pour lui transmettre de l'information et l'aider à organiser ses idées et apprendre à faire des choix. Il vous observe, il joue et ses attentes ne se situent pas ailleurs. Vous êtes son copain de jeu et il veut passer un moment agréable avec vous. Alors, devenez à ses yeux ce si extraordinaire acolyte avec lequel il aura vraiment envie de faire les quatre cents coups, tout en gardant pour vous seul le côté « coaching » de l'aventure.

L'objectif du copain de jeu est de s'amuser avec son perroquet...

- En étant son fan numéro un.

- En partageant son enthousiasme pour le jeu.

- En riant *(haut, fort et beaucoup)* tout au long du jeu.

- En ne tournant jamais en dérision ses efforts ou ses « excentricités ».

- En effectuant le jeu devant lui, puis en l'incitant à faire de même.

- En laissant beaucoup de place à la créativité de l'oiseau, en le suivant souvent et sans retenue dans la nouvelle direction qu'il veut donner au jeu.

- En devenant lui-même joueur en s'exécutant en même temps que le perroquet.

- En partageant les *(nombreuses)* pauses avec Coco (petit goûter, pause câline, etc.) au cours des périodes de jeux.

Le coach / copain de jeu

Le coach / copain de jeu est un heureux amalgame entre le « sérieux » et « l'éclaté ». C'est le meilleur des mondes. Il sait comment développer une complicité avec son perroquet tout au long de ses apprentissages. Il connaît les jeux qui plaisent à son copain-de-jeu-perroquet et il s'y implique de manière dynamique et enthousiaste. Parce qu'il veut que son oiseau prenne plaisir à jouer, il respecte son choix de participer ou non.

- Le coach / copain de jeu sait observer et interpréter l'intérêt démontré dans l'action à la façon dont l'oiseau réagit au jeu proposé. S'il constate un désintéressement, il adapte ou remplace le jeu immédiatement afin que Coco continue à éprouver de l'ardeur à jouer.

- Le coach / copain de jeu sait gagner l'entière confiance de son perroquet : il est attentif et concentré sur ce qu'il fait ou demande. Il demeure patient, constant et respectueux des besoins et instincts de son oiseau. Il ne force jamais la performance et cette dernière n'est jamais conditionnelle à son attention ou sa tendresse.

- Le coach / copain de jeu comprend que la communication est la clé du succès : il envoie des messages clairs sur un ton enjoué et se tient à l'affût du langage corporel de son « poulain » *(et veille au sien propre)* tout au long du jeu ou de l'apprentissage.

- Le coach / copain de jeu connaît et utilise tous les outils dont il dispose pour encourager et guider son perroquet dans les facultés qu'il est sur le point d'acquérir. Il sait devenir lui-même joueur en invitant Coco à l'imiter ou en le prédisposant au jeu en jouant lui-même à des jeux que son oiseau maîtrise déjà.

- Mais avant toute chose, le coach / copain de jeu aime passer du temps avec son perroquet et sait le respecter dans ses envies, ses besoins et ses attitudes innées !

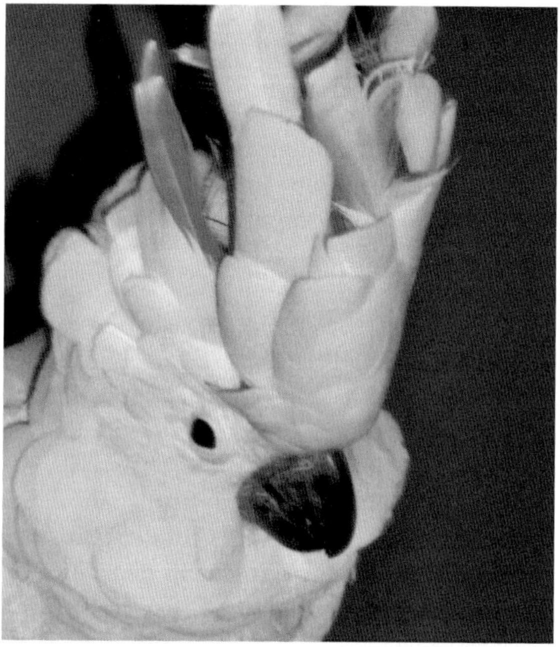

Tiens, c'est amusant,
je n'avais jamais fait attention.
- Proust

Voir clair dans son jeu

Écoute ce que je te dis... regarde-moi

Le secret d'une bonne complicité réside en une bonne communication. Et pour que cette communication soit profitable, elle doit impérativement circuler dans les deux sens. Pour bien communiquer avec Coco, on doit tenter d'en arriver à pouvoir se mettre un tant soit peu à sa place, essayer de comprendre son point de vue à LUI, chercher à décoder ses émotions, ses pensées, ce qu'il a en tête et comment il perçoit l'action. De plus, il faudra aussi beaucoup s'auto-observer afin de nous assurer d'être clairs dans nos messages, qu'il n'y ait aucune dichotomie entre ce qu'on désire exprimer et ce qu'on projette par

- Cesse de remuer comme ça, je n'arrive pas à voir ce que tu dis...

notre langage corporel ou dans la formulation d'une demande *(par exemple* : « Non, non… viens ici »). Ce genre de double message crée beaucoup de confusion pour l'oiseau qui ne sait plus quelle attitude il doit adopter devant votre incohérence. Généralement, il refusera tout simplement de s'investir plus à fond dans le jeu. Comme nous le verrons plus loin, dans le chapitre « La théorie des jeux » *(voir p. 256)*, notre demande auditive (verbale) deviendra doublement efficace si elle s'accompagne d'une consigne visuelle (gestuelle). Il est de première importance que la parole et le geste convergent dans la même direction. Lors du jeu ou de l'entraînement, le perroquet ne fera pas qu'écouter le mot définissant la demande et n'observera pas uniquement la gestique de votre main : il entendra, d'abord et avant tout, votre paraverbal - le contour mélodique de votre voix qui sera enjouée, excitée, exaspérée, etc. - et il s'attardera principalement à votre langage non verbal (corporel), votre corps dans son ensemble - vos yeux, votre visage, vos mouvements, votre posture. Il vous considérera tout entier dans vos émotions et reconnaîtra même celles que vous tenterez de lui dissimuler.

Pour votre perroquet, le langage du corps est aussi, sinon plus, important que le langage auditif, que ce soit dans le but de décoder votre humeur du moment ou pour essayer de vous transmettre son propre état émotionnel. C'est en effet par des mouvements précis et stéréotypés que Coco vous laissera entendre qu'il est satisfait, excité, réjoui, concerné, craintif, anxieux, contrarié, etc. L'expression de l'émotion chez le perroquet est toujours très évidente, même pour le néophyte, puisqu'invariablement accompagnée de réactions somatiques. Il importe de bien observer et d'apprendre à interpréter ces signaux corporels que votre petit bonhomme ne cesse de vous envoyer. Ce sera à peu près la seule indication qu'il vous donnera à savoir s'il apprécie *(réellement)* ou non l'interaction ou le jeu.

Je ne ferai pas ici la description des mimiques des humeurs de Coco, ces dernières faisant déjà l'objet d'un autre ouvrage. Néanmoins, je relèverai quelques manifestations émotionnelles très apparentes qui trouvent tout à fait leur place dans un bouquin consacré au jeu.

- Là tout de suite, je ne cause pas... ça me gratte !

Jeux de prunelles

Tout au long du jeu, votre perroquet recherchera constamment le contact avec vos yeux puisque pour lui, c'est le premier endroit où passe le message émotionnel de son vis-à-vis. Il généralisera à vous, son humain bien-aimé, ce qu'il recherche en premier lieu chez un congénère. En effet, le perroquet a cette faculté de dilater ou de contracter ses pupilles momentanément lors d'une modification de son humeur *(perceptible pour nous chez la majorité des espèces)*, qu'elle soit positive ou négative.

Vous ne devez JAMAIS esquiver son regard, bien au contraire, votre perroquet scrute attentivement vos pupilles. En tel cas, l'oiseau interprétera votre geste comme la manifestation d'un comportement

- T'as vu mes grands yeux ? Alors, mire juste dedans et tout sera impec !

d'évitement et... il cherchera à vous éviter à son tour afin de couper court à toute forme de confrontation *(il veut s'amuser et non pas vous chercher des poux)*. Naturellement, lorsqu'on joue, la dernière chose que nous désirons est bien que notre chouchou essaie de se dérober.

Ainsi, pour éviter l'évitement *(ouf)*, ayez un regard franc avec votre perroquet en le mirant droit dans les yeux *(au moins dans un œil)* quand vous vous adressez à lui. Lorsqu'il y a dilatation des pupilles, l'oiseau démontre soit de l'intérêt, soit du plaisir, de l'excitation ou même de l'irritation.

Vous devez être très attentif au contexte, aux mouvements du plumage et aux attitudes (postures) qui vont suivre. Il vous faudra interpréter correctement, et surtout rapidement, la raison de cette manifestation pour être prêt à y réagir de façon adéquate. Gardez en tête que, peu importe l'action ou la situation, la dilatation des pupilles chez le perroquet dénote toujours une stimulation intense. C'est idem chez l'humain d'ailleurs, c'est pourquoi il nous est si difficile de tenter de dissimuler nos états émotionnels à notre inquisiteur à plumes.

Jeux de plumes

Du commencement à la fin du jeu, le plumage de votre perroquet ondulera de mille façons. Il sera lisse et près du corps lorsqu'il se concentre sur une tâche, il se hérissera s'il réussit une manœuvre, s'il est surpris, ou encore, si le jeu commence à le gonfler *(au sens propre)* en raison de sa complexité. Les messages du plumage, composés de multiples subtilités, définissent une vaste gamme d'humeurs. Le perroquet utilise les mouvements de ses plumes de manières tellement nuancées qu'ils peuvent nous sembler presque semblables. Coco peut être ravi ou contrarié, la mouvance du plumage vous paraîtra similaire. En plus de la dilatation des pupilles, les ondoiements du plumage viennent accentuer le message émotionnel qui se précisera encore davantage par la posture que l'oiseau adoptera ; il vous faudra interpréter tout cela dans l'action ou selon la situation.

Frémissement et trémoussement : L'oiseau remue la queue d'un vif frémissement ? C'est un signe de joie et de plaisir. Coco est content, content, content ! Pendant le jeu, votre perroquet devrait, de temps en temps, « froutter » de la queue ou friseliser le plumage de son corps de satisfaction.

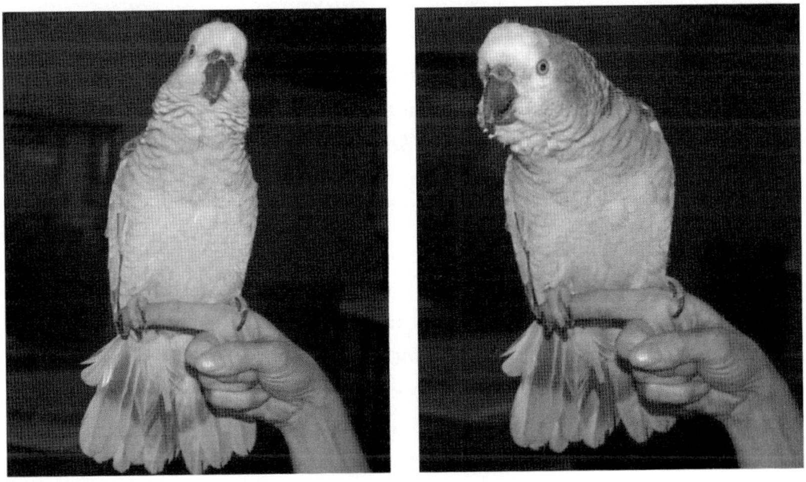

- Je froutte pour vous.

S'il ne le fait pas, c'est soit qu'il est très concentré sur le jeu ou bien qu'il n'apprécie pas l'exercice en cours. Si la queue frémit, poursuivez le jeu, il s'y amuse vraiment. Et surtout, n'oubliez pas de terminer la séance avec un jeu facile qu'il réussira à coup sûr. En revanche, si la queue ne frissonne pas *(ou jamais)*, il y a peut-être quelque chose qui ne va pas avec ce jeu et qui empêche Coco d'y prendre plaisir. Dans ce cas, revoyez vos stratégies et vos modes de communication. Puis, si ça ne va toujours pas, prenez un temps d'arrêt ou changez de jeu, vous y reviendrez plus tard quand vous aurez réfléchi à la faille ou lorsque le perroquet présentera de meilleures dispositions.

Franc jeu
Pour préserver l'attention particulière que vous lui prodiguez pendant le jeu, votre perroquet peut simuler prendre du plaisir à jouer (hé oui… ça aussi ça se peut). Si lors du jeu, vous le secouez ou le bousculez un peu et qu'il agite la queue ou se trémousse, tout est parfait : il est enchanté et satisfait et, soyez rassuré, il apprécie l'exercice et il est prêt à réitérer l'expérience. Par contre, s'il ne bruisse pas de la queue pendant ou immédiatement après le jeu, mais qu'il feint tout de même le zoizeau-réjoui-par-des-mimiques-ou-des-vocalisations-guillerettes… il se pourrait qu'il joue la comédie ! Il ne raffole pas de ce jeu, mais malgré tout continue à jouer pour ne pas mettre fin à l'attention que vous lui prodiguez. Il se révèle alors que le jeu ou l'entraînement est plus éprouvant que le perroquet ne le laisse paraître et son attitude (langage corporel) vous invite à y aller plus modérément.

Plumage hérissé : Le perroquet hérisse ses plumes lorsqu'il est excité, frétille de joie ou… quand il est diablement contrarié. Ce comportement est donc parfois difficile à interpréter. Dans la plupart des situations ou excitations heureuses, si Coco est exalté ou démontre un très grand intérêt pour un jeu, un objet, une action ou un son, les plumes de la calotte, du front et des joues peuvent être à plat ou dressées. En revanche, quand il est irrité, le perroquet hérisse particulièrement les

- Ça y est... voilà que je « courrouce » de nouveau...

plumes de la nuque et du haut de son dos. Ce mouvement ressemble à celui du chien qui hérisse ses poils lorsqu'il est courroucé. Les plumes de la calotte, du front et des joues peuvent demeurer très à plat (*à l'exception bien sûr des cacatoès qui jouent de la huppe pour n'importe quoi*), mais ne vous leurrez pas : si les plumes de la nuque et du haut du dos sont dressées, l'oiseau ne veut pas du tout jouer. C'est un avertissement à ne pas prendre à la légère. Le perroquet est alors sérieusement irrité. Ce n'est pas du bluff !

Jeux de bec

Au cours des jeux, le bec du perroquet sert au maniement des accessoires, à toucher, à grimper et à s'agripper si nécessaire. C'est un outil de préhension au même titre que ses pattes et il y aura recours pour investiguer et aussi pour communiquer.

Vous ne devez, au grand jamais, manifester ouvertement une quelconque crainte du bec de votre oiseau. Considérez-le pour ce qu'il

- *Moi, je n'ai jamais pincé quelqu'un !*
- *Moi, je n'ai même seulement jamais essayé de pincer...*
- *C'est quoi pincer ?*

est : un outil multidisciplinaire et non pas une arme *(du moins, pas dans un contexte de jeu)*. Comme la plupart des perroquets proviennent d'élevage, très peu d'entre eux ont pu bénéficier d'une socialisation incluant l'apprentissage de la morsure inhibée. Hé oui, un perroquet qui joue et qui se laisse prendre au jeu peut, dans un élan d'enthousiasme, vous croquer vivement, et ce, sans malice aucune *(mais ça fait mal quand même)*.

Vous aurez probablement à inculquer à votre impétueux partenaire le concept du « ne-pince-pas-trop-fort-sinon-je-ne-joue-plus ».

La morsure inhibée : Coco s'excite et pince de plus en plus fort… À ce moment, vous annoncez : « Doucement ». Vous cessez de jouer et retirez votre main. Dans cette situation, il est très important d'être prévisible, l'oiseau doit pouvoir en arriver à anticiper *(avec l'annonce « Doucement »)* l'interruption du jeu et en reconnaître la raison. Vous comptez jusqu'à 10 et reprenez la manipulation ou bagarre avec Coco jusqu'à ce que sa pression se resserre. Vous recommencez la manœuvre, vous répétez encore : « Doucement », puis retrait de la main, attente de 10 secondes et l'on reprend l'action. Après plusieurs répétitions, votre brute à plumes sera en mesure de faire la relation entre sa maladresse *(la pincette)* et votre réaction *(retrait de votre main du jeu)*. Ainsi, il découvrira *(après quelques récidives)* le degré de pression de son bec que vous êtes prêt à tolérer sur votre main, et ce, sans hauts cris ni « punition ». Par la suite, si un accident arrive, vous n'aurez qu'à reprendre la formule de prévisibilité « Doucement », pour qu'immédiatement il relâche sa pression dans le but très avoué de continuer à jouer. Pour s'amuser avec vous, Coco ferait n'importe quoi, dont apprendre à contenir ses mordillements.

Dorénavant, pour savourer pleinement la période de jeu, vous devrez absolument éliminer de votre tête toute image mentale de pincée ou de morsure. Ce conseil vous est offert gracieusement, faites-en bon usage !

En prenant le temps d'observer longuement votre perroquet, vous apprendrez de façon naturelle à interpréter son langage corporel dans l'action. Aime-t-il le jeu ? Puis-je aller de l'avant ? Dois-je m'attarder ou reprendre le tout à partir du début ? Dois-je passer à un autre jeu ? Est-ce le bon moment pour jouer ? Coco ne semble pas dans son assiette ? Par ses mimiques, il saura répondre à toutes ces questions. Votre perroquet communique constamment avec vous : sachez l'écouter, sachez le regarder. Le jeu doit en tout temps être une période d'intercommunication réjouissante entre lui et l'humain de ses rêves *(vous, peut-être ?)*. ☺

Tout divertissement est une éducation plus efficace que l'école parce qu'il fait appel à l'émotion et non à l'intelligence.
- Hortense Powdermaker

Maison de jeux

Jouer… en tout temps, en toutes occasions

Pratiquement toutes vos activités peuvent devenir source de jeu et d'euphorie pour votre ami de cœur à plumes. Pour que cela se fasse, il suffit de l'inviter à participer avec vous. Sachez sortir du cadre souvent *(trop)* rigide de « la période de jeux ». Jouer avec un perroquet peut se faire en tout temps, en toutes occasions et en tous lieux. Une corvée vous rebute, vous ennuie, vous assomme ? Laissez votre hilare petit bouffon y faire briller son éclatant rayon de soleil. Même les asservissantes tâches ménagères trouvent grâce à mes yeux et me semblent soudainement souriantes lorsque mes boute-en-train emplumés décident d'y ajouter leur grain de sel. Nous avons le bonheur de partager nos vies et nos appartements avec un animal qui possède le don prodigieux de métamorphoser à peu près n'importe quelle morne besogne en une aventure réjouissante, voire… désopilante. Il faudrait être durement atteint par le « spleen » pour ne pas profiter de l'occasion de faire de chaque jour *(incluant ceux consacrés aux travaux domestiques ou aux fiscalités)* le plus impayable jour de la semaine, du mois, de l'année, de la décennie *(hé, ça vit vieux un perroquet)*.

Chez moi, mes apaches ailés ont acquis la certitude *(et moi aussi depuis)* que mon aspirateur à traîneau ne sert qu'à leur procurer de formidables balades récréatives. C'est le « nec plus ultra » des moyens de locomotion dans la maison : ça roule, c'est bruyant et, comble du ravissement, ça fait du vent. Mes cacatoès s'y amusent comme des petits fous, déployant grandes leurs ailes, tel un voilier bravant la tempête tropicale ! L'aspirateur déclenche en plus un autre de ces phénomènes inénarrables, quand les rigolos de la joyeuse bande se lancent à corps perdu dans le toilettage de leurs plumes en plongeant allègrement dans leurs rivières imaginaires *(les écuelles d'eau)*. Bien entendu, ça double la durée de mon nettoyage, mais en contrepartie ça multiplie le plaisir.

En matinée, vous êtes occupé, vous n'avez pas le temps de jouer avec Coco ? Qu'à cela ne tienne, l'heure du bain est aussi prétexte à jouer : quelques centimètres d'eau dans la baignoire de Chéri, des bateaux, des canards et c'est reparti ! Plus on joue, plus on se mouille et plus on se lave ! L'utile rejoint l'agréable *(de toute façon, je devais passer la serpillière)*.

- Mon canard s'est tiré !

Cuisiner avec un perroquet, pourquoi pas ? Ça tient son fouineur *(et son humain)* occupé. Ça goûte, ça chipote, ça éparpille, ça dérobe un morceau, etc. Chose certaine, ce n'est jamais triste ! Le coffre à jouets

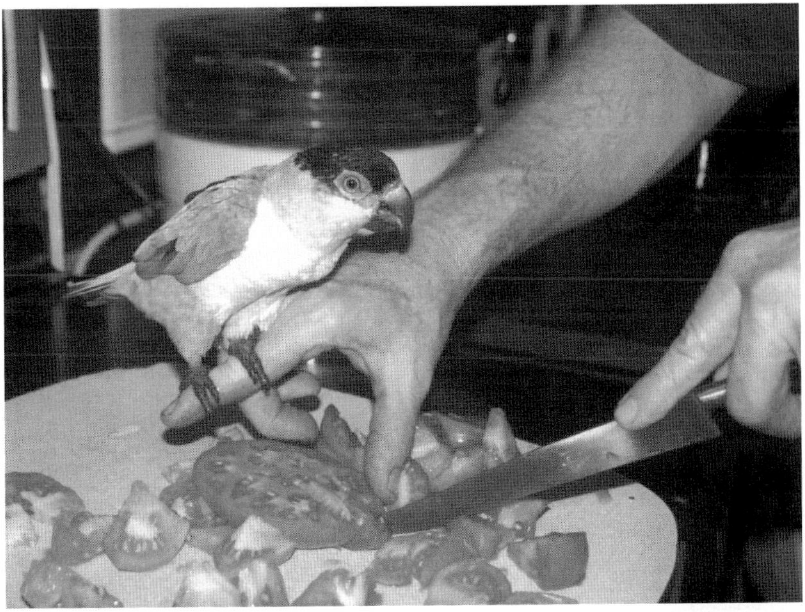

- Goûteur officiel du royaume... J'adore ce boulot !

de ma troupe inclut une panoplie d'instruments de cuisine, miniatures *(inox et bois)* et semblables aux miens, qui servent à intéresser mes oiseaux dans la préparation des repas et, accessoirement, à préserver mes propres ustensiles. Par la suite, invitez Coco à partager ce festin que vous avez fricoté ensemble. Dîner avec son perroquet... ce n'est pas inintéressant non plus !

Après le lunch, laver la vaisselle est toute une aventure pour un perroquet. Il supervise la mousse, fait l'inventaire des couverts, en rejette quelques-uns pour la forme, décide d'une échauffourée avec ce fichu torchon qui ne fait rien que de l'embêter. Bref, il se met vraiment en quatre pour nous donner un réel coup de patte !

Mes perroquets possèdent leur propre téléphone, leur propre ordinateur, clavier inclus, leur propre bibliothèque *(vieux romans et bottins téléphoniques)*, leurs propres ustensiles de cuisine, leurs propres instruments de musique ou boîtes à musique, leurs propres coffres à outils et outils de poterie *(pour quand je m'affaire dans mon atelier)* et leurs propres articles de toilette *(brosses à cheveux, peignes, petits miroirs, etc.)* ; tous des jouets pour enfants *(de firmes respectables)* qu'on retrouve aisément dans les magasins à grande surface. Ils ont donc le loisir de participer à presque toutes mes occupations quotidiennes, mais avec leurs propres accessoires. Ce qui a pour intérêt de me permettre de ne jamais me prendre la tête à savoir si mes oiseaux peuvent ou non être présents lors de mes activités. Ils sont toujours là : même en ce moment, alors que je travaille à la rédaction de cet ouvrage... Mes impayables chéris s'affairent à leur propre ordinateur et à leur fouillis de paperasse à mes côtés *(qui a besoin d'une déchiqueteuse quand on vit avec des perroquets ?)*. Je recycle tous mes papiers dans une grosse boîte qui sert de « défouloir » quotidien à mes loulous. Quand le barda est fini... Zou... on envoie le tout à la récupération.

Ce que je cherche à vous dire, c'est que nos perroquets adorent passer du temps *(le plus possible)* en notre compagnie. Lorsque je prends un moment *(à moi)* pour lire, j'offre de vieux bouquins à mon

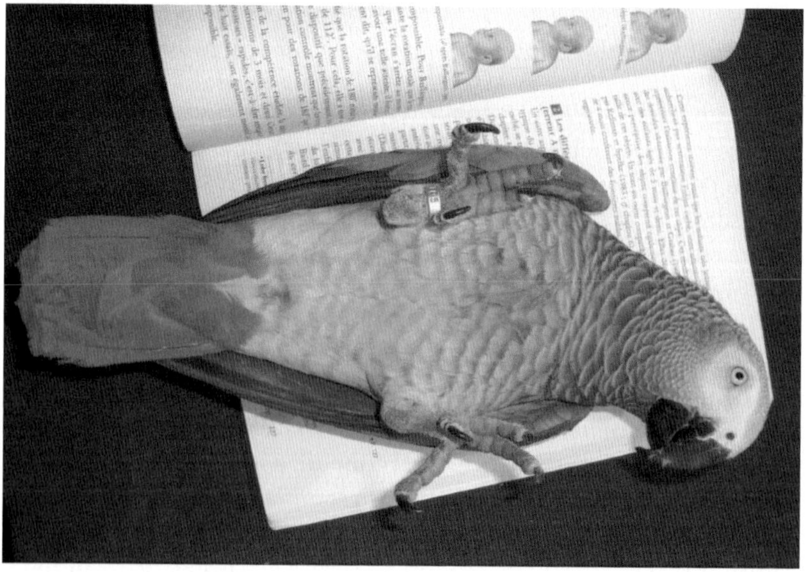

- Qu'est-ce qui te porte à penser que je cherche à attirer ton attention ?

intelligentsia emplumée. Mes oiseaux ont ainsi l'impression de pratiquer la même activité que moi. Et effectivement, ce n'est qu'une impression !!! Ils ont sous le bec un objet identique au mien *(livre)*, mais pendant qu'ils s'affairent à dévorer *(littéralement)* leur propre roman, je peux tranquillement me perdre dans ma lecture sans qu'ils ne tentent de me taxer mon livre et mon petit délassement à moi.

N'hésitez pas à inviter votre perroquet à participer à votre vie quotidienne. Comme il vit et passera le reste de sa vie dans un monde d'humain, il devient donc normal *(et souhaitable)* de lui offrir des occupations qui se rapprochent le plus près possible de nos propres activités.

- Je termine la pâte à crêpe et toi tu dresses le couvert...

Redonnez une deuxième vie à un vieux catalogue ou à n'importe quel objet qui pourrait être source de divertissement sécuritaire pour votre oiseau. Comme déjà mentionné, les boutiques de jouets *(ou Internet)* regorgent de mille et une marchandises pour enfants qui sont autant d'articles parfaitement adaptables pour Coco. Usez-en abondamment. La seule limite est votre imagination, mais je ne pense pas que ça pose problème. Le cerveau humain recèle tellement de potentiel fantaisiste et de créativité. Je vous fais confiance, à partir des pistes que je vous propose, vous trouverez bien !

Le jeu, c'est tout ce qu'on fait sans y être obligé.

- Mark Twain

Se laisser prendre au jeu

Jeux loufoques... juste pour rire...

Jouer avec son perroquet ne demande pas nécessairement d'entraînement spécifique. Jouer signifie s'amuser, se divertir, rigoler et délirer. Pour ce faire, pas besoin d'y mettre les formes, ce peut être n'importe quelle frasque qui vous passe par la tête, en autant bien sûr de ne pas compromettre la sécurité de Coco...

Le perroquet est un compagnon des plus stimulant. Pour lui, les interactions cocasses se présentent à tout moment. Il ne suffit que d'avoir le cœur à la fête pour s'y laisser joyeusement entraîner. N'ayez pas peur de le suivre dans ses singuliers déraillements. Le ridicule n'a encore jamais tué personne *(peu importe ce qu'en disent vos amis ou votre famille).*

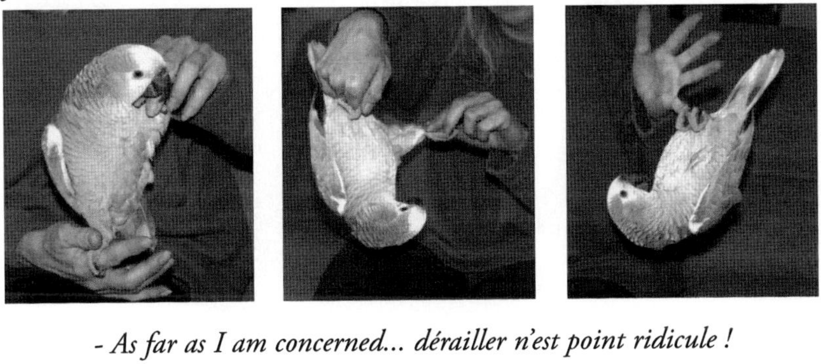

- As far as I am concerned... dérailler n'est point ridicule !

- Allez-y d'anticipations actives lorsque vous jouez *(à n'importe quoi)* : 1, 2, 3, ready, ready... GO !

- Jouez dans votre lit et sous les couvertures avec Coco. Que ce soit à cache-cache ou à « je vais t'attraper », les jeux sous la couette sont complètement délirants... et pas seulement pour les humains !

- Asseyez-vous par terre pour jouer avec lui.

- Pianotez de vos doigts sur la table ou le plancher à la poursuite de Coco ou pour que ce dernier les poursuive et essaie d'attraper votre main. Lorsque vous rattrapez l'oiseau, soyez démonstratif : « GOTCHA !!!! »

- Tapez dans vos mains en chantant fort et en dansant : Coco vous emballera par son sens inné du rythme. Les perroquets adorent la musique et en apprennent rapidement les rudiments *(surtout si c'est vous qui vous égosillez)* - et pourquoi pas sous la douche ?

♪ - *I'm singin' in the rain !* - *A. Freed*

Aparté :
Lorsque j'écoute mes CD (et que j'essaie de chanter), Lili ma petite amazone vocalise à tue-tête et excelle particulièrement dans les airs classiques de Maria Callas ou Jessie Norman. Il faut que je vous dise que Lili possède un registre de trois (3) octaves, ce qui n'est tout de même pas à dédaigner, et elle aime bien le laisser entendre… Mes gris du Gabon sont pour leur part d'un genre un peu plus rock'n roll : Pablo est célèbre pour sa parfaite interprétation de « Wild Thing » ; Gazou y va de ses propres compositions à la manière de Guns and Roses ou de KISS (masked, bien entendu) ; Clémentine et Bib, comme l'auteure de ces lignes, pencheraient plutôt du côté de Billy Idol, le tout « Billy Idol » (faut dire qu'ils l'écoutent souvent) ; le trio de cacatoès pour sa part est plus traditionnel et donne dans les comptines et les « lalalala, tchoup, tchoup » ; Peanut, encore un gris, reproduit fidèlement les sifflements de Roger Whittaker ou de Marjo ; finalement, Bébé le conure et Bilbo le caïque composent leurs propres œuvres musicales, extraites en tout ou en partie du répertoire des oiseaux sauvages qui s'ébattent autour de la maison.

Quant aux belles « fifilles » aras… je m'abstiens généralement de les mentionner (mais je ferai une exception pour vous). Ces grandes demoiselles, lorsqu'elles poussent la chansonnette, laissent échapper de ces abrasions vocales… un discordant alliage entre Joe Cocker et une bande de pochards de tripot… Des fois, je me demande ce que mes voisins pensent de notre famille… Allez-y de vos propres compositions en intégrant le nom de l'oiseau (*répété plusieurs fois*). Il adorera.

- Dansez le mambo… ou autres pas endiablés avec votre oiseau. Tous les perroquets adorent la musique et bougent aisément au son de cette dernière. Faites jouer un air entraînant *(disco, salsa latino ou swing du genre)* et commencez à danser devant Coco. Vous serez à même de constater de quel bois il se chauffe au moment où il vous ralliera avec gaillardise. Morgane, ma cacatoès, se révèle une véritable étoile de la danse. Elle suit le tempo d'une façon incroyable : lent, lent, vite / lent, lent, vite. La fièvre de la danse… elle a ça dans le sang !

- Faites de la musique avec Coco… il sera fou de joie : piano, boîte à musique, guitare, cuillères, tam-tam, clochettes, tambourin, xylophone, n'importe quoi de bruyant et de rythmé.

- Déplacez-vous dans la pièce en marchant avec Chouchou bien installé sur vos pieds. *(Mes perroquets préfèrent les pieds de mon amoureux aux miens… il paraît qu'ils offrent plus d'espace et de confort.)*

- Ça peut toujours aller si les pieds sont propres...

- Jouez à coucou : servez-vous des pulsions naturelles de votre perroquet pour initier des jeux amusants comme jouer à cache-cache. Ce jeu est l'un des préférés des psitta-rigolos. Au départ, c'est l'instinct sexuel de l'oiseau qui amorce la recherche du pion *(vous)*. Surprenant n'est-ce pas ? Il est inné et normal pour un perroquet de toujours garder un œil sur son partenaire. Donc, si Coco ne vous voit plus ou si vous disparaissez derrière un mur, il partira à votre recherche tout naturellement. Ce sera à vous de parachever le jeu en clamant « Coucou ! » lorsqu'il vous débusquera. Puis, graduellement, ce comportement instinctif prendra la forme d'un jeu pour lui. Le jeu de coucou comporte plusieurs versions *(officielles et non officielles)*. Il y a le jeu de coucou sous la couette, sous la serviette, le coucou face au miroir et le fameux coucou « je cache mes yeux ou mon visage » *(qu'on verra plus loin)*. Mes oiseaux s'émerveillent toujours de voir réapparaître mon visage lorsque je joue à coucou en posant mes mains sur ma figure.

- Jouez à « chat » (tag) ou « Cours après moi que je t'attrape ». Les perroquets raffolent de jouer à chat. Lorsqu'on les attrape *(touche)*, on crie « Chat » *(ou « Tag » si on vit au Québec)*. Après quelques répétitions, ce sera l'oiseau qui s'exclamera quand vous le toucherez ou qu'il vous touchera. Bébé, mon petit conure, est friand de ce jeu. D'ordinaire, s'il lui prend l'envie de jouer avec moi, il s'approche furtivement, m'assène un bon coup de bec en s'écriant « Tag », puis s'envole en riant. En clair, ça veut dire : attrape-moi si tu peux ! Et c'est parti mon kiki !

- « Je vais attraper ta queue ». Je joue souvent à ce jeu avec mes oiseaux. Ils aiment se faire poursuivre et se retourner, feignant de protéger leur petite queue. Toutefois, avec les gris, il y avait une variante. Je disais *(oui « disais », car je ne le dis plus maintenant)* : « *C'est à qui la petite queue rouge ?* » Et nous partions dans des courses-poursuites endiablées de « petites queues rouges ». J'ai modifié la formulation de ma phrase le jour où Pablo *(gris d'Afrique notoire dans la création de situations embarrassantes)*, alors qu'on recevait un client *(important)* à la maison, s'est planté devant Monsieur-client-important et lui a soudainement demandé : « *C'est à qui la petite queue rouge ?* »... Pfft... la honte !

- Prononcez les mots qu'il connaît. Il dit et vous répétez. Il répète et vous répétez... Ça dure, ça dure et ça dure.

- « Slurpez » bruyamment en mangeant avec lui. Essayez ensuite de convaincre vos invités que vous n'avez pas la moindre idée de qui il a bien pu apprendre ça.

- Faites des bisous très sonores ou des sons bizarres avec votre bouche et observez bien les pupilles de votre perroquet.

- Jouez devant le miroir jusqu'à ce qu'il comprenne que c'est sa propre image qu'il tente de séduire. Par la suite, costumez-le et replacez-le devant le miroir... Fous rires garantis !

- Imitez Coco *(lorsqu'il bâille, s'étire ou s'ébroue).*

- Faites du rififi avec lui : bagarrez-vous, faites-lui des « Pfrrrrouu » sur la bedaine, mordillez-lui les pattes. En vous servant de vos doigts, faites de l'escrime avec son bec... tous les perroquets sont duellistes dans l'âme !

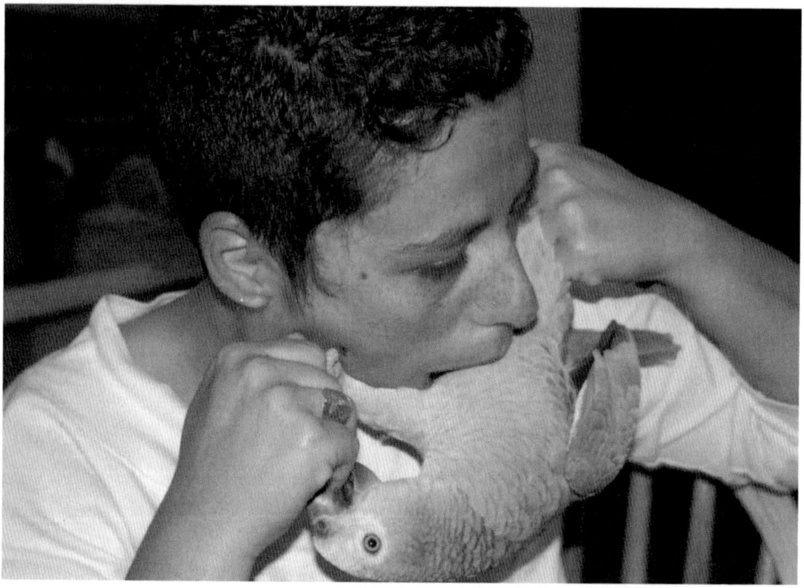

« Pfrrrrouu ! »

- Jouez à toucher et papouiller les diverses parties de son corps en les nommant : le ti-ventre, la tite-tête, le ti-bec, les tites-papattes, etc. Lili, ma mignonette amazone, adore ce jeu et elle mentionne avec délice les parties de son anatomie qu'elle aimerait bien que je caresse : « Gratter la tite-tête *(en penchant sa tête)* », « Bisous les ti-pieds *(en levant une patte)* ».

- Semez la pagaille avec Coco. Le perroquet adore déchiqueter du papier. Alors, pourquoi ne pas l'accompagner dans son œuvre de destruction *(massive)* en déchirant aussi des feuilles de papier avec lui jusqu'à créer un amoncellement épouvantable sur la table ou sur le sol. Puis passez votre main dans le tas et lancez-en de grosses poignées en l'air et laissez Coco courir dans la montagne de « déchiquetures ». Plus le fatras est gros, plus c'est drôle.

- Faites du « pop corn » avec le piou. J'ai le bonheur de posséder une de ces vieilles machines à maïs soufflé : l'une de celles qui propulsent, tel un « canon ball machine », les grains soufflés dans une pétarade des plus explosives. Maintenant, à vous d'imaginer la scène : les éclats de « pop corn » qui volent en tous sens dans la cuisine et les chéris qui courent frénétiquement pour les attraper. Ça finit toujours en un amoncellement de maïs éclaté dans lequel les oiseaux prennent plaisir à s'ébrouer et à se régaler. Des fois… honnêtement, je suis pire qu'eux !

- En soirée, pour calmer le jeu, racontez-lui des histoires tirées d'un livre pour enfant. Vous savez, ces bouquins avec des petits sons, bruits ou musiques incorporés : « le chaton fait Miaaouuu ; le chien fait Wouf Wouf ; l'âne fait Hi-Han ! » Lala…la… la… lèèèreuuu!!!! Remplacez le nom du héros de l'histoire par celui de votre petit héros à vous. Il ne saisira certes pas le sens du conte, mais goûtera le ton *(animé)* de votre voix lorsque vous racontez. Il sera heureux d'entendre son nom prononcé et se délectera des dizaines de sonorités provenant du livre.

- Usez de toutes les fantaisies qui vous passent par la tête et qui sont propres à votre mode de vie ou à vos rituels familiaux.

Jouer, c'est facile. Il ne s'agit que de créer des occasions pour rigoler. Tout peut devenir source de divertissements pour un perroquet. Même ce qui vous semble insignifiant peut être drôlement stimulant pour lui. Ne minimisez jamais ses champs d'intérêt. Ce qu'il veut, c'est pratiquer des activités avec vous. Et, tant qu'à prendre du bon temps, pourquoi ne pas tenter d'aller un peu plus loin avec Coco ? Mais avant toute chose…

Les journalistes ne croient pas les
mensonges des hommes politiques,
mais ils les répètent !
C'est pire !
- Coluche

Se jouer du persiflage…

Il n'est pas « naturel » de faire des tours et des jeux pour un perroquet…
- Vraiment ?

Quel postulat ! Tellement répété, tellement entendu. Bien, puisqu'il le faut, allons-y. On commence par démystifier tout le bazar parce que : jouer, c'est *naturel…*

Primo, la plupart des animaux jouent : en jouant, les jeunes apprennent à communiquer, développent leur coordination ainsi que leurs compétences, autant sociales que celles reliées à leur survie.

Secundo, le but des jeux, tours, trucs et autres zibouibouis est justement de donner la chance à Coco de mettre à profit ses dispositions *naturelles* pour interagir avec sa colonie *(nous)* par l'entremise de jeux ou d'apprentissages distrayants et récréatifs, tant pour lui que pour nous. Il est tout à fait *naturel* pour le perroquet de se servir de son bec, de sa langue ou de ses pattes pour explorer et manipuler des objets avec dextérité, de prospecter et de continuellement s'enrichir de nouvelles expériences dans le but de s'adapter à son environnement.

Réfléchir, décider, agir et évaluer les conséquences de ses actions sont là tous les éléments qui façonnent ses comportements. Alors, dans un contexte de captivité, il ne faut pas s'imaginer que ce sera nous qui créerons ces comportements *(nous ne sommes pas si forts)*, ils existent déjà chez l'oiseau *(ils sont naturels)*. Notre rôle se limitera à diriger ces aptitudes brutes vers un objectif ouvré, à savoir le but du jeu.

Les perroquets adorent fouiner, découvrir et fureter *(et ça aussi, c'est naturel)*. Dans nos maisons, ces animaux n'ont pas souvent l'opportunité de s'exécuter autrement que par l'entremise des jeux. Même sans entraînement aucun, le perroquet cabotinera *(naturellement)* avec ses propres trouvailles afin de se distraire et, si l'occasion se présente, il en profitera pour attirer notre attention sur sa charmante petite personne - pour nous faire rire ou rager, selon l'humeur du moment.

- Je gagne à tous les coups... c'est principalement ce qui fait rager les caustiques...

Parce que ces oiseaux de compagnie auront à vivre dans un milieu qui n'est pas adapté pour eux et parce que la plupart proviennent d'élevages et, conséquemment, ont subi une imprégnation hétérospécifique à l'humain, il leur sera tout à fait *naturel* de rechercher des interactions avec ceux-ci. Dans cette relation perroquet - humain, ce dernier demeure encore ce qui se rapproche le plus d'un professeur ou d'un modèle pour enseigner à Coco les compétences qu'il aura à développer et utiliser tout au cours de sa vie. Par le biais des jeux, l'oiseau reçoit beaucoup d'attention de la part de son groupe social ou de son humain chouchou *(vous)*, ce qui vient *naturellement* combler une partie de ses besoins sociaux, et il acquiert par la même occasion les compétences sociales en accord avec sa colonie humaine.

C'est encore par le jeu qu'il nous est le plus facile de lui faire accepter de nouveaux objets, jouets ou situations encore inconnues, ce qui viendra réduire l'anxiété générée par un environnement pas toujours hospitalier, ni *naturel,* en regard de ses automatismes *naturels.*

À ce point, pourquoi ne pas inclure la notion d'enrichissement du milieu ? Enrichissement qui utilise ce fantastique outil qu'est le jeu pour permettre à l'oiseau de faire des choix, prendre des décisions pour ensuite les évaluer, agir selon sa propre conception et réorganiser les informations acquises en fonction des conséquences. Il n'y a rien de pas *naturel* dans tout ça !

En passant du temps avec Coco, en l'aidant à épanouir ses talents *naturels*, en le félicitant pour ses efforts ou ses succès, vous travaillez activement à son développement et son bien-être psychologique. En bonus, vous apprenez à mieux connaître et apprécier ce formidable compagnon qui sommeillait en lui.

Les perroquets vivant en captivité sont soumis aux horaires de l'humain *(qui, eux, n'ont rien de naturel pour ces oiseaux)* ; ils ont donc peu d'occasions de laisser libre cours à leur imagination ou de faire des expériences enrichissantes *(ça non plus ce n'est pas trop naturel)*. Par le jeu, vous ouvrez à Coco des avenues de plaisir où il deviendra, *tout naturellement,* le maître de piste. Voilà !

Alors, soyez *naturel* vous aussi, et jouez-vous de ceux qui persiflent… Na ! ☺

Nous n'arrivons dans ce bas monde qu'avec notre capacité d'apprendre.
- John B. Watson

La théorie des jeux

L'apprentissage

Les perroquets possèdent cette stupéfiante faculté d'apprendre, de comprendre et surtout de retenir de leurs expériences. Le meilleur de tout, ces formidables animaux savent, de façon naturelle, généraliser ces apprentissages à diverses situations de la vie quotidienne ou à d'autres jeux ; plus encore, les jumeler à des savoirs déjà acquis pour ainsi élaborer leurs propres créations (jeux, mots, chansons, expressions, etc.).

Selon (*) Dre Irene M. Pepperberg , « *Il est fascinant qu'une créature ayant le cerveau de la taille d'une noix puisse avoir la capacité de gérer des informations comme nous le faisons nous-mêmes.* » Toujours d'après la scientifique, le perroquet semblerait partager plusieurs habiletés (**) cognitives avec l'enfant humain d'environ trois ans, tels les concepts de couleurs, de textures et de formes, plus grand / plus petit, identique / différent, les nombres incluant les plus (+) et les moins (-), dessus / dessous / dedans, etc.

À partir de ces percepts, il me paraît inutile de mentionner *(mais je vais quand même le faire)* qu'enseigner des jeux à votre perroquet

(*) Irene Pepperberg (1949 -), scientifique reconnue pour ses études sur la cognition et la communication animale, en particulier sur les perroquets gris d'Afrique. - The Alex Studies. Cognitive and Communicative Abilities of Grey Parrots.
(**) N'inclut pas les habiletés sociales.

pourrait se révéler l'expérience ultime en matière de communication animale. Si vous prenez le temps d'un tête à tête avec Coco, que ce soit pour lui montrer des jeux d'adresse, de stratégie ou d'esprit, je peux vous assurer que vous voguerez de surprises en étonnements et en émerveillements.

- Ça me disait aussi que c'était boiteux leur histoire de « cervelle d'oiseau ».

Bien entendu, aussi prodigieux soit votre perroquet, si l'aptitude à apprendre d'une espèce est innée, ses apprentissages découleront tout de même de ses expériences. Plus il expérimentera, plus il apprendra ; et plus il apprendra, plus il lui deviendra facile d'apprendre. C'est simple de même !

Comme l'a dit Chevènement « *Le meilleur moyen d'apprendre à apprendre, c'est encore d'apprendre.* » Votre perroquet, tout comme vous, passe sa vie à apprendre ; il le fait chaque jour, à tout moment et à chaque instant. Chacune de ses expériences, bonne ou mauvaise, constitue un apprentissage de plus. Apprendre signifie acquérir une connaissance ou une pratique de quelque chose : c'est assimiler, enregistrer, évaluer, retenir et classer le flot constant d'informations qui se présentent. C'est aussi déduire et agir selon l'appréciation d'une information ; ce qui implique se tromper, recommencer, réussir ou non, et réévaluer l'information en fonction du résultat obtenu.

La réussite proviendra d'explorations, de la répétition d'essais et d'erreurs, de combinaisons d'informations et d'habiletés qui rendront Coco de plus en plus efficace dans ses apprentissages. Il acquerra de l'expérience et les conséquences des expériences antérieures orienteront ses choix d'actions ultérieures lors de situations similaires à celles déjà éprouvées. Avec l'expérience, le perroquet évaluera les éléments d'une situation avec plus de discernement et ainsi les classera en ce qu'il faut garder, ce qu'il faut rejeter et ceux de valeur insignifiante *(pour lui)* qu'il ignorera dorénavant. Bien évidemment, pour certains apprentissages, Coco aura *(inévitablement)* besoin de votre accompagnement et vous devrez vous montrer assez motivant pour lui donner envie de vous observer et être attentif aux informations que vous tenterez de lui transmettre. Son premier apprentissage provenant de vous sera *(je l'espère)* : qu'il est plaisant de jouer avec mon compagnon humain. ☺

« *Les succès produisent les succès* » - Chamfort. Il serait alors judicieux de débuter par des jeux très simples et faciles à assimiler, des jeux qui lui procureront de façon assurée plusieurs belles réussites. Selon la « *Théorie de l'expectation d'efficacité personnelle* » de (*) Bandura, « *la motivation serait fonction de la représentation que l'individu se fait lui-même*

(*) Albert Bandura (1925 -), psychologue canadien inventeur du concept d'apprentissage vicariant, connu pour sa théorie de la sociologie cognitive, ses travaux sur l'auto-efficacité et le sentiment d'efficacité.

de ses habiletés et de l'aide sur laquelle il peut compter pour parvenir à mener à bien une activité. » Ce serait donc la conscience de son efficacité qui motiverait notre perroquet à se risquer à essayer des jeux qui lui sont inconnus ou qui semblent plus complexes, s'il suppose *(par vos bons soins)* qu'il parviendra à les réussir. Plus que le désir de succès, ce sera l'interprétation qu'il se fera de ses propres capacités et de l'attention bienveillante que vous lui porterez qui animeront Coco lors de la présentation d'un nouveau jeu.

- *Vrai ?*

Tu crois sincèrement que je peux y arriver ?

Pour que votre oiseau en arrive à réellement croire qu'il « peut le faire », votre participation devient capitale. Il vous faudra demeurer positif et l'encourager dans ses tentatives, même si l'action ne se déroule pas exactement comme vous l'aviez escompté. Ne pratiquez pas un jeu si tant que Coco s'en dégoûte. Reprenez-le jusqu'à ce que le perroquet commence à s'en faire une bonne idée, puis, tout de suite après une étape bien exécutée, passez à un autre jeu plus élémentaire *(facile)*... à moins bien sûr qu'il ne s'ambitionne et ne manifeste *(clairement)* son désir de continuer sur la lancée de sa réussite.

Laissez-lui le temps dont il a besoin pour s'ajuster au jeu ou à la situation. Avancez doucement, à son rythme, étape par étape. Rien ne presse, vous avez la vie devant vous ! Il ne sert à rien d'essayer d'y aller trop précipitamment dans votre effervescence d'apprendre de nouveaux jeux à votre chéri. Si un jeu est trop difficile pour lui, il perdra rapidement son intérêt *(vous l'ai-je déjà dit ?? Mais c'est si important... je continue à répéter...)*. Le perroquet a une sainte horreur de l'échec *(tout comme vous)*. Il préférera ne plus jouer plutôt que d'échouer encore et encore. Gardez en tête que l'oiseau doit toujours progresser de victoire en victoire.

Jouer à la hausse

Jouer à la hausse, c'est travailler en addition avec son perroquet. Cela veut dire qu'on joint le concept du « plus » (+) et celui du « plaisir » : *(+) agréable, (+) gratifiant, (+) de succès, (+) stimulant, etc.* afin de rendre l'apprentissage encore : *(+) plaisant et (+) divertissant !*

L'oiseau peut choisir de participer ou non à une activité : c'est lui qui décide puisque, ne l'oubliez pas, il est le maître du jeu. Il opte pour accomplir ce qu'on lui demande dans le but *(très mercantile)* d'obtenir redevance contre effort... Hé oui !

Comme tout animal intelligent, il apprend beaucoup et plus rapidement par ce qui lui apporte un dividende plaisant. (*) Watson nous a amplement démontré que les gratifications, peu importe la forme sous laquelle elles se présentent, viennent renforcer un comportement émis par l'animal *(incluant l'humain - ben oui)* et garantissent une performance supérieure, alors que la contrainte ne produira qu'une performance minimale. L'oiseau agira tout de même, mais il « n'agira que parce qu'il doit le faire » dans le but d'éviter un désagrément... le contraire de l'essence même du jeu.

Si vous êtes trop sérieux, rigide ou ambitieux dans vos attentes, vous deviendrez, par votre seule présence, un stimulus aversif *(on y vient)* pour votre perroquet. À votre contact, il ne pourra qu'apprendre à éviter les situations qui lui sont déplaisantes. Et là s'arrêtera son apprentissage.

(*) John Broadus Watson (1878-1958), psychologue américain, initiateur et principal représentant du mouvement behavioriste, célèbre pour ses études sur l'adaptation dans lesquelles on ne tient compte que du comportement mesurable et observable (stimulus-réponse).

Qu'on se le dise, jamais Coco ne trouvera aucune motivation à jouer si le jeu lui occasionne le moindre déplaisir. Pour travailler en addition avec son perroquet, on doit « fouetter ses sens », le stimuler dans son désir d'agir et affermir sa motivation. Bref, il faut savoir garder son intérêt au jeu.

Stimulant stimulus - C'est joué d'avance !

Un stimulus est un élément de l'environnement qui, lorsqu'assez puissant, est susceptible de produire une réaction sur le comportement de Coco. Le stimulus peut être visuel *(un modèle, un geste, un objet, une couleur, etc.)* ou auditif *(un mot, un son, un bruit, le timbre de votre voix, etc.)* ; ce peut être un rituel dans vos conduites qui lui permet d'anticiper une action ou encore une certaine disposition d'objets *(jouets ou accessoires)* dans la pièce. Le stimulus peut être désirable ou, bien entendu, indésirable.

Un stimulus appétitif (prononcez « *quelque chose d'agréable* »), c'est une stimulation plaisante que l'oiseau aime et vers laquelle il tend.

Un stimulus aversif (prononcez « *quelque chose de désagréable* »), c'est le contraire du stimulus appétitif. C'est une stimulation désagréable que le perroquet n'aime pas et de laquelle il cherche à se soustraire.

Le stimulus peut ou non apporter un avantage direct et s'imprégner avec ou sans renforcement. Certains stimuli agiront puissamment sur l'oiseau sans pour autant entraîner de réponses immédiates. Ils seront mémorisés et parfois ne se manifesteront que beaucoup plus tard, lorsque la circonstance s'y prêtera. Ainsi, il n'est pas rare qu'un perroquet reproduise parfaitement et dans la bonne situation une phrase ou un mot entendu maintes fois sans jamais avoir eu l'occasion d'en faire usage. Il aura appris cette phrase et son contexte d'utilisation, et ce, sans aucun renforcement. Ce genre d'apprentissage en latence *(qu'on verra plus loin)* vous surprendra plus d'une fois puisqu'il se

- J'ai déjà vu le chien faire cha...

Mais perso, che n'en vois pas l'intérêt.

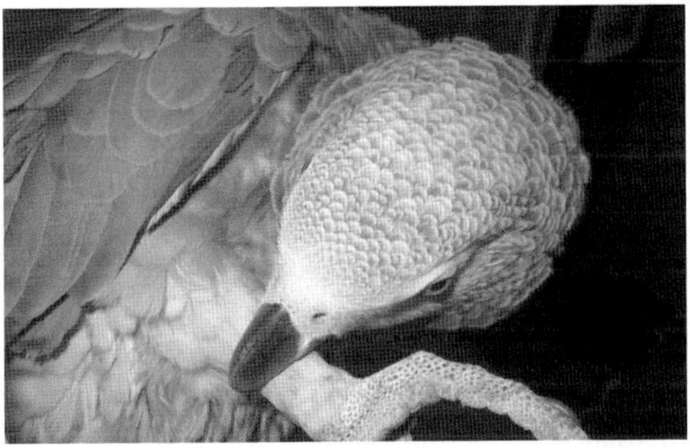

manifestera souvent lors de périodes de jeux *(et en bien d'autres moments de la vie quotidienne)*. Coco saura ainsi vous étonner des milliers de fois, car bien que certains jeux seront appris par l'association stimulus-réponse, l'apprentissage cognitif fera intervenir plusieurs opérations mentales qui ne sont pas toujours observables et qui émergeront *(comme ça, tout bonnement)* lors de circonstances précises ou pendant la résolution même d'un problème, et ce *(je le répète)*, sans qu'aucun renforcement n'ait été employé.

Le perroquet acquiert, intègre et réutilise des connaissances, souvent surprenantes, de ses expériences antérieures et de ses observations, et sait les mettre en relation avec de nouvelles informations afin d'élaborer des stratégies pour réussir une tâche ou un comportement *(et accessoirement, vous jeter sur les genoux)*. Naturellement, si vous désirez que votre prodige réitère son exploit, vous ne perdrez rien à lui offrir un petit renforcement. Une valorisante prime à l'effort ne peut certes pas nuire.

Le renforçateur - Jouez serré !

Le renforçateur a pour rôle de faire réapparaître un comportement, d'en augmenter la fréquence d'apparition, de le maintenir ou de le faire disparaître si besoin *(si vous en avez marre)*. Un renforçateur est un stimulus appétitif *(quelque chose d'agréable)* ou aversif *(quelque chose de désagréable)* qui survient à la suite d'un comportement, d'une réponse de l'oiseau. Cet agent de renforcement qui est soit satisfaisant ou à l'inverse, insatisfaisant pour le perroquet, sert à consolider le lien stimulus-réponse. Une récompense peut agir comme renforcement, cependant, tous les renforcements ne sont pas nécessairement des récompenses.

Dans le cadre ludique du jeu, le renforçateur devra *(évidemment)* sourire au poulet : quelque chose d'agréable et adapté à la personnalité et aux goûts de Coco. L'idée d'un plaisir ou d'une bonne récompense ainsi que son anticipation variera certainement d'un individu à l'autre. Plus le renforçateur sera fort et plaisant pour lui, plus il aura une incidence sur sa motivation à apprendre ou à rester dans le jeu.

- *Qu'est-ce qui t'anime le plus, toi ?*
- *C'est un peu gênant... je te le dis à l'oreille...*

Tous, mais alors là, tous les comportements peuvent être renforcés : les bons, comme les moins souhaitables *(hé oui...)* ! Et ils continueront de réapparaître ou de se maintenir tant et aussi longtemps que l'oiseau y sera encouragé. La motivation et les réalisations de votre perroquet dépendront pour une large part des renforcements qu'il recevra. Si on travaille en addition avec lui, le renforçateur, comme le mot l'indique, servira à renforcer un comportement désiré par la présentation de quelque chose d'agréable, qui aura des effets sur ledit comportement… du moins s'il est « bien coté en bourse », c'est-à-dire, s'il a une réelle signification de plaisir pour Coco.

Vous devrez découvrir quels sont ces renforçateurs pour votre oiseau. La plupart des perroquets *(bien socialisés)* auront une très nette préférence pour les renforçateurs sociaux : que ce soit le temps passé en votre compagnie, l'attention particulière que vous lui prodiguez lors de périodes de jeux (lui parler, rire, le regarder, le toucher), les bisous, les caresses, les louanges (beurrez en épais (*) : « *C'est le plus beau, le plus grand, le plus merveilleux de tous les perroquets… !* »), chanter ou danser avec lui, vos applaudissements, vos exclamations *(Hooo !!! Haaa !!! Yé!!!! Bravooo!!!! Supeerr !!! Banzaï !!!)*, vos pupilles qui se dilatent quand vous le regardez jouer et que vous êtes totalement estomaqué par ses prouesses. Tous ces tralalas qui viennent d'office avec le mot affection agiront comme de très puissants agents renforçateurs sur les comportements de Coco : il saura en savourer chaque instant.

Le renforçateur peut aussi prendre la forme d'une friandise que l'oiseau aime particulièrement *(cacahuète, morceau de fromage ou de pizza, caviar iranien)* ou d'un jouet ou d'un accessoire. Mais encore ici, chaque perroquet varie dans ses goûts et ses préférences. Vous devrez découvrir quelles sont les gâteries de prédilection de Coco, tout en gardant en tête que même la plus désirable des gourmandises ne sera jamais autant appréciée qu'accompagnée d'un bon vieux renforçateur social - rajoutez-y donc un bisou. ☺

Je vous raconte une anecdote à propos de ces renforçateurs sociaux *(j'ai du temps devant moi, mes « petits » font la sieste)* : lors d'un passage à une émission de télévision avec Quita, ma belle rauna, l'animateur de foule, dans un souci légitime de prévenance, prit soin d'aviser l'assistance de ne faire aucun son, aucun bruit lorsque le perroquet se présenterait sur scène afin de ne pas le perturber. Ceci incluait évidemment les applaudissements. Mais voilà, Quita ne performe que pour les

(*) Pablo, mon gris d'Afrique, a ainsi appris à développer une très haute opinion de lui-même.

acclamations, se faire ovationner et en jeter ; les gâteries n'occupent qu'une importance très secondaire dans son désir de se produire en public.

Lorsque Quita arriva sur le plateau... pas un murmure, pas un seul petit vivat... rien... le silence total... Elle me regarde interloquée. Je ne comprends pas non plus *(on n'avait pas pris la peine de m'aviser).* Malgré ça, Quita décide tout de même de faire un panier (jeu de basket-ball), question de tâter le pouls de la salle... Le panier est réussi, pourtant chut... toujours le mutisme le plus absolu dans l'auditoire. Dans un élan de frustration, Quita catapulte le ballon en direction des spectateurs puis, dans une attitude digne de la plus fantasque des divas, balance le panier par terre, tourne le dos à son public et s'envole sur mon épaule.

Une fois prévenu de son erreur, l'animateur de foule s'évertua en vain à faire scander la salle : « *Quita... Quita... Quita...* » Malgré le tonnerre d'applaudissements de la foule en délire, Quita n'a jamais consenti à retourner sur scène. Ce fut le plus grand bide de sa carrière ! Maintenant, avant chaque prestation de Quita en public, j'avise recherchistes, réalisateurs ainsi qu'animateurs de foule que Mlle Quita ne travaille pas pour des « peanuts »... mais bien pour des hourras et des bravos... Ce sont ses renforçateurs de prédilection !

Il y a deux sortes de renforçateurs

Le renforçateur primaire (inné) : c'est un renforçateur spontané pour l'oiseau, il peut satisfaire un besoin naturel et ne demande jamais de conditionnement (nourriture, attention de l'humain chouchou, retrait d'un stimulus aversif, etc.).

Le renforçateur secondaire (acquis) : c'est un renforçateur *(souvent social)* qui n'est lié à aucun besoin spécifique (mot ou son, louanges / félicitations, approbation, objet (jouet), anticipation d'une activité agréable, etc.). Ce n'est pas un renforçateur au départ. Il le devient par la répétition d'une association avec un renforçateur primaire.

Dans ces deux types de renforçateurs, il y a naturellement des renforçateurs qui auront un effet positif *(apport)* et d'autres, de ces renforçateurs, qu'on dira négatifs *(retrait).*

Le renforçateur positif (apport) - Bien joué !
Il apporte plaisir, satisfaction. C'est avant tout votre présence et l'attention que vous offrez à votre perroquet. Cette attention, judicieusement *(mais pas obligatoirement)* jumelée à un objet, une friandise, une action ou une situation agréable, aura pour conséquence que le comportement ayant provoqué l'événement-plaisir aura beaucoup, beaucoup, beaucoup de chances de réapparaître en des circonstances similaires. Le renforcement est considéré comme positif quand la réponse de l'oiseau produit l'apparition de quelque chose de très, très, très plaisant pour lui.

Maintenant, entendons-nous, le renforçateur, tout positif qu'il soit, n'est pas une poudre de perlin-pinpin. Aussi attrayant soit-il, il ne fera jamais apparaître de talents chez votre perroquet s'il ne les possède déjà. Tenter de stimuler chez Coco un comportement qu'il lui est impossible d'exécuter ne fera qu'accroître son anxiété et fera en sorte qu'il rejettera les tentatives futures de votre part.

Franc jeu
Peu importe le renforcement, il perdra en efficacité à partir du moment où il diminuera de valeur aux yeux de l'oiseau. Ainsi, les caresses auront un effet moindre sur un perroquet qui passe toute la (sainte) journée dans les bras de son humain chouchou et la pistache sera rapidement dépréciée si offerte à tout moment sous prétexte qu'on désire que Coco nous préfère aux autres membres de la famille. Comme en toute chose, il faut savoir doser. À trop recevoir, on en arrive inévitablement par être rassasié. La plus séduisante des attentions, si dispensée trop souvent, n'importe quand ou en trop grande quantité finira par perdre de son charme. Le mieux est de miser sur les plus solides renforçateurs pour Coco : la sensibilité de votre enthousiasme à le garder motivé, jumelé à la chaleur de votre adulation et à la tendresse de votre regard, qui viendront lui confirmer que vous êtes (tellement) fier de lui, qu'il a toute votre admiration.
À dispenser sans modération !

- *Tu peux m'épeler « renforçateur » ?*

- *C-a-c-a-h-u-è-t-e ?*

Si, lors d'un apprentissage, une erreur se répète ou perdure, pensez *(aussi et entre autres)* à réévaluer vos renforçateurs. Ils sont peut-être inadéquats : Coco ne les voit pas du même œil que vous, ou encore, vous avez le bon renforçateur, mais celui-ci est mal synchronisé. À ce moment, il est possible qu'il envoie un message confus au perroquet et qu'il renforce toute autre chose que le comportement cible.

Il faudra demeurer très attentif à ce que vous faites afin d'éviter de renforcer *(par votre attitude)* une mauvaise manipulation, action ou comportement. C'est le cas le plus répandu de difficultés à l'apprentissage de jeux chez les perroquets de mes clients :

- *On renforce n'importe quand :* à n'importe quel moment, peu importe ce que l'oiseau exécute. Comment voulez-vous qu'il s'y retrouve ?

- *On renforce n'importe quoi :* Coco n'a pas envie d'entreprendre un nouveau jeu, se met à effectuer ceux qu'il réussit déjà ou à cabotiner… et on le récompense tout de même « parce qu'il est trop mimi ». Dans ce contexte, on renforce le perroquet à ne plus faire d'efforts. ☹

- *On oublie de renforcer :* le perroquet fait une tentative dans la bonne direction et on ne la souligne pas. À ce moment, votre indifférence pourrait apparaître des plus démotivante pour Coco et risque de se transformer en incitatif *(renforçateur)* à ne plus s'appliquer, à ne plus faire le moindre effort - Bad move ! ☹

Il faut tout mettre en œuvre pour aider son oiseau à tendre vers le but du jeu, pour finalement en arriver à cartonner, en gardant en tête que son succès lui procurera sa plus grande source de renforcement. Le perroquet retirera beaucoup de satisfaction par la simple réussite du jeu et, bien entendu, votre célébration de sa victoire !

Le renforçateur négatif (retrait) - Un jeu dangereux
Il ne faut pas confondre renforcement négatif avec la présentation d'une réponse négative *(feed-back négatif ou punition)*. Le renforcement négatif est la disparition ou la non-apparition d'un stimulus aversif *(chose désagréable)*, ex. retrait d'une contrainte, suite à une réponse, et qui augmente la probabilité de la réponse.

Avec le renforcement négatif, le perroquet émet le bon comportement dans le but de faire cesser un stimulus aversif (*déplaisant*). *Exemple* : Madame décide d'enseigner la demande « Hop » en poussant de façon insistante au bas ventre de son perroquet « Hop ! - pousse - Hop ! - pousse - Hop ! - pousse - etc. » Bien évidemment, l'oiseau finira par grimper sur le doigt de Madame, toutefois, ce ne sera que pour mettre fin à cette persécution à son endroit. Il n'a pas réellement envie de venir vers Madame, pourtant il obtempérera tout de même en raison de son impuissance devant cette situation. Pas vraiment mon idée d'un apprentissage amusant et divertissant.

Malgré tout, il est parfois incontournable d'utiliser un léger renforcement négatif pour certains apprentissages de notre oiseau. Tout n'est pas rose dans la vie et même en nature, le perroquet est souvent confronté à différentes formes d'expériences négatives qu'il intégrera comme autant de savoirs dans son bagage comportemental et qui lui donneront les outils nécessaires pour demeurer vivant.

Ainsi, votre désintérêt *(qui devrait se manifester par votre non-réaction)* est un réel stimulus aversif *(extrêmement désagréable)* pour votre perroquet quand il se trouve en tête à tête avec vous, puisqu'en animal sociable, il cherche avant tout une interaction. Lorsqu'il cabotine pendant l'apprentissage, détournez la tête et regardez ailleurs plutôt que de lui offrir votre attention *(tant recherchée)* en insistant pour obtenir sa collaboration. Plus vous insisterez, plus il aura le ravissement de retenir toute votre attention *(renforcement positif : quelque chose d'agréable pour lui)*, et comme il n'est pas bête, il s'opiniâtrera dans ce genre d'attitude, puisque ça lui rapporte une satisfaction et sans effort de surcroît.

Ne démontrez aucun intérêt et ne donnez aucune attention à un comportement non désiré, peu importe la situation de la vie quotidienne, ou dans l'apprentissage d'un jeu. Par contre, si l'oiseau se ravise et émet le bon comportement, vous retirez le stimulus aversif *(désagréable)*, c'est-à-dire, votre désintérêt, en lui offrant une attention de tous les diables.

Cette alternance de renforcements positifs et de renforcements négatifs vous permettra, sans le frustrer *(et sans perdre patience)*, de guider de façon prévenante votre perroquet dans ses apprentissages.

Les renforcements du jeu

Offrir un stimulus appétitif	Retirer un stimulus aversif
Donner une récompense	*Retrait de quelque chose de désagréable*
Augmentation de la réponse	*Augmentation de la réponse*
Renforcement positif	*Renforcement négatif*

Le modelage - Jeu de mime

« *Imite, assimile, et ensuite innove...* » - Clark Terry

La toute première forme d'apprentissage d'un oisillon se manifeste par l'observation assidue de ses parents. Le jeune s'intéresse attentivement à ses aînés ; il les observe, assimile et tente de reproduire leurs comportements. Lorsque le petit met le bout du bec hors du nid familial, ses parents l'incitent à venir les rejoindre, à les suivre dans leurs explorations et à imiter leurs comportements qui favoriseront la survie de Junior dans son milieu. Le rôle des parents perroquets consiste principalement à exhorter sa progéniture à prospecter son environnement et à lui servir de modèles. Les parents perroquets n'appliquent aucune discipline dans « l'éducation » des bébéquets. Pendant l'apprentissage, les parents ne sanctionnent pas leurs jeunes, ils ne les punissent pas non plus. En contrepartie, ils les encouragent à agir, à devenir autonomes le plus rapidement possible, et pour ce faire, ils s'offrent en spectacle afin que leurs rejetons puissent observer et analyser chacune des manœuvres essentielles à leur survivance qu'ils auront à reproduire. Alors, pourquoi ne pas reprendre à notre compte la technique des professionnels *(les vrais, les parents perroquets)* ? Notre cadet est programmé pour apprendre naturellement de cette façon, en observant et en imitant... Dans ces conditions, pourquoi se compliquer la vie ?

Les perroquets, peu importe l'âge, sont des observateurs rigoureux. Ils débutent leurs apprentissages et continuent d'acquérir des connaissances toute leur vie en observant et reproduisant les actes et attitudes de leurs modèles. Ne commettez jamais l'erreur de penser

♪ *Every breath you take*
Every move you make
Every bond you break
Every step you take
I'll be watching you...
-The Police

que tout apprentissage est affaire de conditionnement. Il faut se rendre à l'évidence, les parents perroquets réussissent très bien à « éduquer » leurs rejetons, et ce, sans « clicker ».

Dans le concept du modelage, l'oiseau se situe en périphérie. Il commence par être spectateur, puis progressivement, il se transforme en acteur principal en tentant de se conformer aux conduites du modèle, surtout si celles-ci rapportent une satisfaction audit modèle. L'apprentissage par imitation fait appel à l'attention ainsi qu'à la mémoire de Coco et il parviendra facilement à restituer à peu près n'importe quel comportement, pourvu bien sûr qu'on lui en laisse le temps. Ne dit-on pas « *imiter comme un perroquet* » ?

Avec son sens aigu de l'observation, Coco vous étonnera en réussissant beaucoup de ces actions d'éclat. Pour y arriver, il aura besoin :

1. D'un modèle à observer qui exécute le comportement à imiter *(bien évidemment).*
2. D'avoir de l'intérêt pour l'acte à imiter.
3. Que cet acte soit faisable physiquement *(le perroquet est capable d'adaptations surprenantes).*
4. Du temps nécessaire à s'exercer pour affiner ou adapter le comportement.
5. C'est tout... Dérisoire de simplicité !

Si vous remarquez bien, je viens d'introduire le concept d'adaptation. C'est que l'apprentissage par imitation ne relève pas entièrement du mimétisme... surtout quand le modèle à imiter est humain ! L'oiseau considère le modèle, il extrait les grandes lignes du comportement à reproduire, il intègre par la suite ces observations à son propre registre comportemental et parvient à générer de nouvelles compétences cadrant avec sa condition de perroquet, et qui dépasseront en efficacité *(pour lui)* la démarche observée chez le modèle. Donc, même s'il ne dispose pas de deux « mains » disponibles simultanément, Coco adaptera ce qu'il a retenu de la conduite de l'humain-modèle à l'action qu'il exécutera avec son bec *(sa troisième patte).* C'est ainsi que par modelage (imitation), le perroquet peut apprendre et réussir à « jouer » du piano... mais une seule note à la fois !

Le modelage est un processus d'apprentissage, vous l'avez bien compris, essentiellement social. Il est plus facile pour l'oiseau d'acquérir un comportement au sein d'un groupe de référence où il est à même d'observer les attitudes d'individus qui lui servent de modèles, que de tenter de développer ce comportement par lui-même. La facilitation sociale est donc à la base de ce mécanisme d'apprentissage, puisque pour imiter, il doit minimalement y avoir au départ de l'aventure un modèle à observer et étudier.

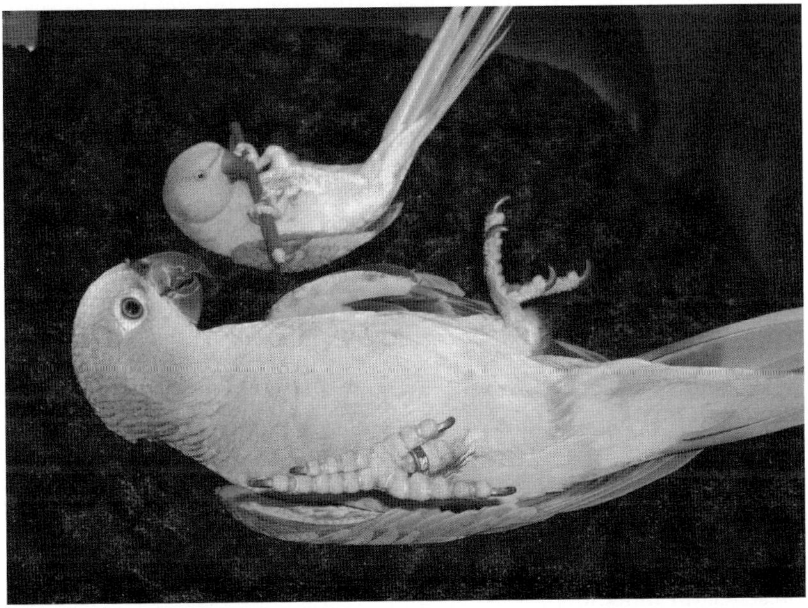

- Allez, tu me le refais, mais sans le crayon cette fois !

Le modelage peut être immédiat (imitatif) ou il peut être différé (vicariant). Dans la première proposition *(imitatif)*, l'apprentissage est la reproduction instantanée du comportement : c'est-à-dire que le comportement du modèle induit un comportement identique chez l'oiseau observateur. Ici, le perroquet regarde le modèle et restitue simplement la réponse. Il ne tient pas compte du stimulus discriminatif *(ce qui a causé le comportement)*, il ne s'intéresse qu'au comportement du modèle et à son renforcement. C'est l'apprentissage capital de la socialisation pendant laquelle le jeune apprend à calquer ses comportements sociaux et de survie sur ceux de ses parents ou autres membres du groupe.

Dans la seconde proposition *(l'apprentissage vicariant)*, l'oiseau observateur considère toute la séquence comportementale, du stimulus discriminatif à l'exécution du comportement et au renforcement de ce dernier, sans automatiquement la reproduire. Il ne fait qu'observer et enregistrer. C'est un apprentissage différent puisqu'ici, l'oiseau apprend à modifier son comportement en observant un modèle agir, sans nécessairement émettre le comportement dans l'immédiat, celui-ci pouvant être différé jusqu'au moment où une situation similaire se présentera à lui.

Les vocalisations *(appels de liaison)* ou le langage humain sont, entre autres, acquis par apprentissage vicariant. C'est pourquoi notre perroquet sait si souvent nous laisser pantois en utilisant le bon vocabulaire *(humain)* pour se faire comprendre, et ce, dans le bon contexte, et pourquoi il tend à recourir aux sonorités quotidiennes de la maisonnée pour nous faire venir vers lui : « Mamaaannnn !!! - reproduisant la voix de la petite dernière ; Dring… dring… - le téléphone qui nous fait toujours accourir ; Biiiip… Biiipppp - la sonnerie du four à micro-ondes qui requiert activement notre attention, etc. » Pour Coco, ce sont toutes des informations sociales précieuses ; c'est ce qu'on nomme vocalisations convergentes *(appels de liaison)*, et ces dernières seront acquises par simple observation et pourront être reproduites sans la présence du modèle.

Pour un animal proie, l'apprentissage social par observation présente énormément d'avantages par rapport à ce qu'il serait en mesure de découvrir par lui-même. Il est, à l'évidence, beaucoup moins risqué d'étudier un modèle plus expérimenté en diverses situations que de s'exposer soi-même en faisant de très hasardeux essais *(toujours pas bête, la guêpe)*. Cet apprentissage par observation est un outil redoutablement efficace puisqu'il ne demande aucun renforcement.

Toutefois, si le modèle qui symbolise le but de l'imitation retire une grande satisfaction suite à l'émission du comportement, cette méthode s'avère doublement opérante en offrant à l'observateur une forme de renforcement… mais indirect.

Le coach avisé sait mettre à profit ce genre d'interaction pour enseigner de nouveaux jeux à son oiseau. Le modelage est de loin la méthode d'apprentissage la plus puissante et la plus rapide. Elle présente un impact direct sur la motivation de Coco en lui laissant entrevoir des perspectives novatrices de distractions et pourquoi pas… de primes alléchantes.

Donc, avant d'entreprendre l'enseignement d'un nouveau jeu à Coco, prenez toujours le temps de l'exécuter vous-même à quelques reprises devant lui en démontrant beaucoup de plaisir et d'enthousiasme. De plus, n'hésitez jamais à recourir à l'outil « les autres » *(un autre perroquet, votre conjoint, vos enfants)* comme modèles, tout en gardant en tête que le modelage s'effectuera de façon plus efficace si l'oiseau s'identifie au modèle.

Je sais bien que ce dernier propos peut sembler étonnant puisque, me direz-vous, normalement, un perroquet devrait se reconnaître dans un autre perroquet ! Pourtant, force nous est de constater que la plupart des perroquets nés en captivité ont subi de façon systématique une imprégnation à l'humain qui les rend tout aussi sensibles à calquer les comportements de celui-ci que ceux d'un congénère, même si l'oiseau fait partie de sa propre espèce. Sans minimiser l'impact des autres Coco *(ils font tout de même de plus qu'excellents modèles)*, disons ici que si votre chéri est (*) EAM, votre conjoint fera un modèle des plus acceptable.

Ainsi, vous pratiquez un jeu avec votre conjoint en plaçant Coco bien au centre de l'action. Vous incitez votre tendre moitié à jouer en exécutant vous-même toute la séquence de jeu devant lui *(et l'oiseau bien entendu)*. Puis, vous encouragez, avec beaucoup d'enthousiasme, votre amoureux *(humain)* à reproduire vos gestes et le félicitez *(abondamment)* pour chacun de ses mouvements qui tendent vers le

(*) Élevé et nourri par l'humain (élevé à la main).

but du jeu. Le perroquet vous observe et par ricochet est renforcé indirectement par les succès et les récompenses *(votre attention ou friandise)* que reçoit votre conjoint. Il a de plus en plus envie de participer lui aussi. Refaites le jeu quelques fois avec votre légitime *(devant l'oiseau)*, puis invitez Coco à prendre part au jeu. Vous l'exécutez une fois avec lui en le félicitant pour chacun de ses efforts, puis recommencez le jeu avec votre conjoint qui le réalisera parfaitement devant le perroquet, puis vous revenez à Coco. Vous alternez ainsi entre votre douce moitié et l'oiseau. Votre perroquet apprendra plus rapidement s'il est vraiment dans le feu de l'action. Il fera des essais et réussira approximativement le jeu. Vous lui laissez une fois encore l'opportunité d'observer le modèle *(votre conjoint)* réitérer les étapes à compléter. Coco corrigera ses propres erreurs en observant plus attentivement son modèle, en fixant son attention sur une partie bien précise de la séquence qui lui semble plus difficile à reproduire et il réessayera. Vous recommencez autant de fois qu'il le faut pour qu'il réussisse à accomplir lui-même toute la séquence comportementale.

Ainsi, sans faire d'effort et tout en vous amusant *(comme des gamins)* avec votre tendre moitié et votre perroquet, ce dernier fera des apprentissages impressionnants sans qu'aucun des protagonistes du jeu n'ait jamais senti de pression à la performance ou d'attente provenant de l'un ou l'autre. Si Coco ne réussit pas à atteindre le but du jeu en une fois, dites-vous que Rome ne s'est pas non plus bâtie en une seule journée… Vous continuerez demain, c'est tout. Les parents perroquets incitent quotidiennement leurs jeunes à reproduire leurs actions et recommencent encore et encore devant les petits, en prenant le temps qu'il faut, jusqu'à ce que la leçon soit bien assimilée. Les parents perroquets sont constants et patients. À notre tour de les imiter. ☺

Si vous avez ri un bon coup en jouant, si vous avez réussi à motiver votre perroquet à aimer jouer avec vous, vous avez gagné la partie. Au prochain essai, Coco sera déjà meilleur élève, meilleur observateur, meilleur joueur ; il aura envie de remettre ça, puisque l'expérience aura été des plus agréables pour lui ; il ambitionnera à réussir le but du jeu. Plus il jouera, plus il réussira et plus il réussira, plus il aura envie de jouer et de goûter à de nouveaux jeux. Pas de contrainte éducative

Franc jeu

Dans une maison remplie de ces joyeux volatiles (un, trois, six, dix perroquets), un ou deux se démarquent certainement du lot par leurs talents particuliers, que ce soit pour les « jeux de manipulations », les « jeux de l'esprit » ou les « jeux d'adresse ». Il est beaucoup moins stressant, lors d'une première culbute, de se laisser aller si l'on a déjà pu observer un congénère s'adonner en toute confiance à ce genre d'exercice. Chez moi, les interactions ludiques se passent généralement en groupe. Lorsqu'on vit avec plusieurs perroquets… on les met à contribution.

Dans la nature, personne ne prend à part un perroquet pour parfaire ses apprentissages. Au fil du temps, je me suis rendu compte que mes oiseaux apprenaient mieux et plus rapidement en groupe. Et bien entendu, observer un congénère apprendre un jeu renforce joyeusement la motivation de mes troupes.

C'est ainsi que ce « primadonnaïsme » qui définit tellement bien ma « rauna » Quita, a pris de l'ampleur avec le temps. Lors de périodes de jeu, Quita exige dorénavant que son « booster club » soit présent pour assister à ses prouesses. Ce dernier, composé de tous les poulets de la maison, ne se fait pas prier pour exhorter Quita à la performance en y allant de liens très enthousiastes « OUIIII !!! », de « YÉÉÉ !!! » et de « BRAVO !!! » en tous genres. Une quinzaine de perroquets en délire est un agent de motivation plus que puissant pour « m'as-tu-vue-Quita » qui en remet de plus belle au fur et à mesure que les clameurs s'intensifient.

Par la même occasion et sans s'en douter, Quita agit comme modèle sur ses « fans » qui sont à leur tour emballés de reprendre à leur compte ces jeux qui enflamment les foules. Plusieurs de mes oiseaux savent reproduire parfaitement certains jeux ou tours sans que j'aie eu à lever le petit doigt pour les y initier. Si vous avez de bons modèles, servez-vous-en ! ☺

(ni pour vous, ni pour lui) : jouer simplement pour jouer !

Je sais que ça peut paraître trop simple et trop beau pour être vrai… et pourtant, mes oiseaux ont ainsi fait l'apprentissage d'une foule de comportements et de jeux. Si c'est comme ça que font les perroquets en nature, je ne vois pas pourquoi il en serait différent dans nos maisons. Je n'aime pas me prendre la tête avec mes « zoizeaux », je vais au plus simple et au plus court : je m'inspire de l'élite… les parents perroquets !

L'apprentissage par conditionnement - Le jeu des influences

S'adapter aux exigences du milieu fait partie de l'instinct de survie des animaux. Le conditionnement est un processus d'apprentissage *(très simple)* qui utilise les stimuli de l'environnement pour faire apparaître un comportement et en renforcer la fréquence d'apparition. Cette forme d'apprentissage repose sur la création d'associations entre des éléments ou des situations qui n'existaient pas ou qui n'avaient pas de signification précise auparavant pour l'oiseau. Lorsqu'un perroquet

- Houla ! Je sens que ça va être notre fête...
- Je suppose qu'on devra encore s'adapter...

a été « entraîné » à répondre d'une façon particulière à un stimulus lors de l'apprentissage d'un jeu, on parle alors de « conditionnement à… », c'est-à-dire qu'il a appris à adapter ses réponses aux impératifs de la situation.

Il existe deux sortes de procédures de conditionnement :

1. Le conditionnement classique *(ou répondant).*
   L'oiseau répond à = Il est passif.

2. Le conditionnement instrumental *(ou opérant).*
   L'oiseau opère (agit) sur son bien-être = Il est actif.

3. Ce n'est pas plus compliqué que ça… !

Par contre, la ligne est parfois fine entre les apprentissages dits « répondants » et ceux qu'on dit « opérants » et il est, à certains moments, difficile de bien les distinguer. Dans certaines littératures scientifiques, on avance l'idée que les comportements « émotifs » seraient de la classe du conditionnement répondant, mais que ces comportements une fois entraînés par certains événements-stimuli peuvent avec une médiation extérieure ou par l'environnement, rapidement être adaptés par conditionnement opérant. Ainsi, une réponse émotive *(innée et répondante)* peut être « conditionnée » à se reproduire ou peut être modifiée par la méthode du conditionnement opérant. Aie… Aie… Aie !!!! On y reviendra… Ouf !

Le conditionnement classique / répondant - Mise au jeu
C'est le conditionnement observé par (*) Ivan Petrovitch Pavlov (prononcez Павлов Иван Петрович).

Ce genre de conditionnement ne demande pas à notre oiseau de faire un choix ou d'élaborer de quelconques stratégies. Dans le

(*) Ivan Petrovitch Pavlov (1849-1936), médecin et physiologiste russe, célèbre pour ses études sur le réflexe conditionné et le conditionnement ; lauréat du prix Nobel de médecine (physiologie) en 1904.

conditionnement répondant, il ne fait qu'émettre une réponse spécifique à un certain stimulus. On parle alors de réponse émotive involontaire. Donc, techniquement, dans le conditionnement classique, le stimulus précède et provoque la réponse *(le comportement)* et ce sera le stimulus inconditionnel qui assurera le renforcement. L'oiseau répond à... il agit à cause de... *(do not panic at all... les explications arrivent...).*

L'apprentissage par conditionnement répondant est nécessaire à la survie du perroquet, c'est la base de l'apprentissage par associations : l'oiseau apprend à mettre en relation deux évènements qui se manifestent indépendamment de son comportement. C'est ainsi que mes chiens deviennent très excités et se rapprochent rapidement de moi lorsque je prends leurs laisses dans ma main. Ils ont *(depuis le temps)* fait l'association suivante : laisse = promenade = plaisir. Ils ne font que répondre au stimulus « me voir prendre les laisses en main ».

A contrario, lorsque j'attrape son harnais, Bib, mon amour de perroquette timneh, s'envole à l'autre bout de la pièce *(comme si elle avait le diable aux trousses)* vers la perche la plus haute possible... Ah là là... Cette « sacripante » volatile n'aurait-elle pas fait l'association : harnais = balade = plaisir ? Meuh non voyons ! Pourquoi faire simple quand c'est si facile de faire compliqué... il s'agit tout de même de Bib ! Elle a plutôt décidé de faire l'association suivante : harnais = contention = je vendrai chèrement ma peau ! Conséquemment, à toutes les fois qu'elle me voit prendre son harnais... Bib se transforme en courant d'air... Elle ne fait que répondre au stimulus « me voir prendre son harnais en main ».

Ainsi, l'animal associe un stimulus nouveau ou neutre (SN) à un stimulus connu ou inconditionnel (SI). Lorsque (SN) est associé à (SI), il se transforme en stimulus conditionnel (SC). C'est clair non ?... *(rires étouffés)*

Les explications du charabia

La laisse et le harnais ne représentaient rien de particulier au départ ni pour mes chiens ni pour Bib (SN), mais par association et après quelques répétitions, ils ont été conditionnés à réagir à la laisse et au harnais qui sont devenus des stimuli conditionnels (SC).

1. Pour mes chiens, la laisse est associée à un puissant stimulus inconditionnel *(très appétitif pour eux)*, soit faire une balade dehors (SI).
2. Pour Bib, le harnais est associé à un stimulus tout aussi inconditionnel *(mais très aversif pour elle)*, soit la contention (SI).

Leurs réponses sont dorénavant adaptées au stimulus : agréable pour les uns et fort désagréable pour l'autre. Ça va ?

Ainsi, Quita, ma toute belle ara ararauna, commence à s'allumer et à anticiper la période de jeux à la simple vue de la boîte remplie des friandises *(pistaches et tournesols)* dont je me sers comme renforçateurs lors des jeux. Elle sait que lorsque je prends cette boîte, il y aura du plaisir dans l'air. Après seulement quelques séances de jeu, elle a rapidement appris à se mettre en « condition de jouer » à la simple présentation de la « boîte de friandises ».

Le conditionnement répondant

Présentation	Réponse
Stimulus neutre (SN)	*Rien*
Stimulus inconditionnel (SI)	*Réponse inconditionnelle (RI)*
SN + SI	*Réponse inconditionnelle (RI)*
SN devenu stimulus conditionnel (SC)	*Réponse par conditionnement = Réponse conditionnelle (RC)*

- On utilise d'abord un stimulus neutre (SN), c'est-à-dire quelque chose qui ne représente rien de particulier pour l'oiseau au départ *(disons la boîte)*.

- On associe (SN) à ce qu'on appelle, un stimulus inconditionnel (SI), c'est-à-dire, qui représente inconditionnellement quelque chose pour notre pigeon *(les gâteries chouchou contenues dans la boîte)*. Le stimulus inconditionnel doit *(absolument)* être puissant en signification pour Coco, et facilement repérable.

- Cette association, (SN) boîte + (SI) gâteries, provoque une réponse tout aussi inconditionnelle *(la joie)* (RI) et a pour effet d'associer (SN) à (RI). Par conséquent, la boîte (SN) deviendra en cours de route un stimulus qu'on dira conditionnel (SC) parce qu'elle sera désormais capable de provoquer une réponse conditionnelle (RC) *(Quita réagit désormais à une stimulation conditionnelle)*. Ça va encore…????

- T'as compris quelque chose toi ?

- Non, pas trop. Mais eux non plus, je crois...

Alors, en clair… Quita s'est conditionnée à réagir à quelque chose à quoi elle était totalement indifférente auparavant *(la boîte = SN)*. Cette boîte est devenue à force de répétitions un stimulus significatif puisqu'elle est dorénavant associée à quelque chose de représentatif *(friandises contenues à l'intérieur = SI)*. En bonus et par extension, les pistaches *(dans la boîte)* ont été associées à la période de jeu *(dont Quita raffole autant que des pistaches)*. Donc, le stimulus et la réponse, qui étaient neutres au départ, sont devenus conditionnels par conditionnement dit répondant… L'oiseau a appris à répondre à un stimulus qui au départ était neutre *(la boîte seule)*… Ouf, j'y suis arrivée !!!

Ainsi, sans que je le recherche vraiment, et sans avoir eu à produire un quelconque effort, chaque fois que je lui présente la « boîte à gâteries », Quita se met à anticiper joyeusement le moment du jeu parce qu'elle aime jouer *(et qu'elle est très gourmande)*. Par contre, si cette oiselle détestait la période de jeu, elle répondrait tout aussi efficacement à ce stimulus devenu conditionnel *(la boîte)*, mais son anticipation serait de type anxieux et négatif.

Le conditionnement classique doit respecter certaines conditions.

1. L'ordre de présentation du stimulus conditionnel et du stimulus inconditionnel : la boîte (SC) avant les gâteries (SI).

2. L'intervalle de temps très court entre le stimulus conditionnel et le stimulus inconditionnel. Si on présente la boîte (SC) 30 minutes avant les gâteries (SI), le lien avec (SC) et sera de très affaibli à nul.

3. La répétition.

Nous pouvons, par le conditionnement répondant, créer *(de manière volontaire ou non)* une très grande gamme d'émotions chez nos oiseaux, passant de la joie la plus totale à la plus effroyable détresse, allant même jusqu'à la phobie, en les faisant agir ou réagir, de façon réflexe *(conditionnée)*, à la présentation de divers stimuli.

La plupart de mes clients ne savent pas qu'ils « conditionnent » ainsi leurs perroquets par de petites actions répétées et, malheureusement, pas toujours de la manière souhaitée *(ou souhaitable)*. Souvent, ils renforcent une action ou un comportement par de naïfs mouvements ou attitudes de leur part. Par exemple, lors de l'apprentissage d'un jeu, le simple fait de porter sa main à la poche de son pantalon (SN), où l'oiseau sait se trouver les gâteries (SI), peut renforcer une action en cours… qui n'est pas nécessairement celle qu'on voudrait renforcer. Coco sait, par plusieurs répétitions antérieures, que lorsqu'il réussit une routine, vous portez invariablement la main à votre poche pour lui offrir sa récompense. Si l'exercice n'est pas complété et que *(malencontreusement)* vous portez votre main à la poche de votre pantalon *(parce que vous avez la certitude que Coco cartonnera)*, votre oiseau, lui, risque de penser qu'il en a terminé avec la séquence du jeu et il répondra *(bêtement)* en cessant son mouvement et s'attendra à encaisser sa récompense. Ainsi, sans le savoir, à force de répétitions, vous en êtes arrivé à conditionner Coco à recevoir une gâterie... lorsque vous portez la main à votre poche ! Je vous l'ai dit, le conditionnement est une approche très simple... Parfois... un peu trop simple !

Le conditionnement instrumental / opérant - Laisser du jeu
C'est le conditionnement qu'on dit opérant, observé par (*) Burrhus Frederic Skinner *(prononcez comme vous voulez)*. Dans ce type de conditionnement, l'oiseau joue un rôle actif, c'est-à-dire que la conséquence qui va suivre dépendra de son action, de la voie qu'il décidera d'emprunter. On parle donc ici de réponse volontaire, ce qui est tout à fait différent du conditionnement répondant où le perroquet est passif et ne fait que réagir involontairement à...

- *Et si on se trompe d'action, qu'est-ce qui se passe ?*

- *Chais pas. Dans le doute on serait peut-être mieux de s'abstenir...*

Si le conditionnement classique consiste en l'association entre deux stimuli, le conditionnement instrumental pour sa part se présente

(*) Burrhus Frederic Skinner (1904-1990), psychologue américain. Influencé par les travaux de Pavlov et de Watson, il crée le behaviorisme radical : le concept du conditionnement opérant.

en l'association entre un stimulus et une réponse. La ligne est fine entre ces deux formes de conditionnement, puisque les deux mécanismes peuvent être mis en œuvre simultanément - *Exemple* : lorsque Lili mon amazone entend le bruissement d'un sac de biscuits apéritifs, elle s'excite tout d'abord par conditionnement répondant *(elle a souvent ouï le son affriolant du sac de biscuits et l'a rapidement associé à « délice »)* ; mais quand presque immédiatement après, elle vole me rejoindre à la cuisine, elle agit selon le principe du conditionnement opérant, et son comportement s'en trouve chaque fois renforcé *(validé et revalidé)* par le bout de biscuit que je lui offre invariablement.

Dans le conditionnement opérant, le perroquet émet de lui-même une réponse spontanée parmi plusieurs choix qui s'offrent à lui. Lorsqu'il effectue la bonne réponse *(comportement)*, cette dernière est renforcée. Simple aussi, non ? Dans cette forme de conditionnement, le renforcement provient de la conséquence qui suivra le comportement. C'est ce qu'on appelle la loi de l'effet : le perroquet ne peut en aucune façon anticiper le résultat de son action ou sa réponse avant d'en avoir expérimenté au moins une fois la conséquence *(effet)*.

1. Si l'association événement-réponse est suivie de quelque chose de très plaisant *(conséquence agréable)*, elle s'en trouvera renforcée et le perroquet sera motivé à la reproduire.

2. Si un état fâcheux ou insatisfaisant apparaît suite au comportement effectué, l'oiseau percevra négativement l'association ; elle sera affaiblie et il tentera dorénavant de l'éviter.

3. Si rien du tout ne succède à l'événement ou s'il s'ensuit quelque chose qui lui semble vraiment dénué d'intérêt, eh bien Coco ne perdra certes pas son temps à persister dans une attitude qui ne lui rapporte rien. Il vous laissera tout simplement en plan et passera à autre chose *(extinction, voir p. 248)*.

Avec le temps, en fait dès qu'il aura pris conscience de l'association entre le geste posé et la conséquence *(effet)* qui s'ensuit, le perroquet

- *Et maintenant, t'as compris toi ?*
- *Tout de suite là, non... C'est quoi cette histoire d'association ?*

généralisera l'action à d'autres situations ou actions similaires. Dans ce genre de conditionnement, il apprendra par la méthode dite d'essais et d'erreurs : c'est-à-dire qu'il essayera au hasard et à tâtons plusieurs options infructueuses avant que sa conduite ne s'affine, en éliminant progressivement les essais les moins concluants pour, à la fin du compte, en arriver à faire le bon choix, du moins, de son point de vue. Il apprend de ses erreurs. Laissez-le essayer !

Maintenant, imaginez ce conditionnement sous la forme d'un romanesque « *Les jeux de l'amour et du hasard* ». Au début, Coco accepte de jouer parce qu'il aime passer du temps en votre compagnie et, accessoirement, parce qu'il vous voit dans sa soupe. Ça, ce sont les jeux de l'amour. Puis, après quelques répétitions du jeu, à force de chercher et de se reprendre *(de ses erreurs)*, Coco réussit accidentellement à émettre le comportement tant désiré... Ça, ce sont les jeux du hasard. Ce comportement inopiné, à sa grande surprise, lui apporte une avalanche de compliments de votre part : il assiste à l'illumination de vos yeux et, de surcroît, vous lui offrez sa gâterie préférée ! Il y a alors de très, très, très fortes chances qu'il s'efforce de comprendre très énergiquement ce qu'il a bien pu faire pour se mériter autant de bonheur en une seule fois !

Doucement, après plusieurs répétitions de succès qui lui valent chaque fois de fantastiques bonis *(soyez généreux)*, l'oiseau émettra cette réponse de manière de plus en plus intentionnelle dans le but de recevoir sa part de liesse. Il réalise désormais que c'est ce comportement précis qui produit de si agréables conséquences *(effets)* et, parce qu'il n'est pas bête, il ne s'en tiendra dorénavant qu'au comportement qui lui apporte lesdites délicieuses conséquences : louanges, caresses, gâteries et votre éloquent langage corporel qui lui indique clairement votre euphorie.

- *T'as vu, il paraît que ça paie.*

- *Oui, mais en même temps, faut pas se gourer...*

Ainsi, dans le conditionnement opérant, le perroquet est le seul qui peut agir sur son plaisir ou son déplaisir. C'est sa réponse qui amène la conséquence. Donc, on peut introduire un comportement ou en changer la fréquence en (+) ou en (-) tout simplement en manipulant les conséquences. L'oiseau recherchera ce qui lui est réjouissant en tentant d'éviter ce qui ne lui rapporte rien du tout. On présente ici des renforçateurs positifs *(suaves)* ou l'on retire des renforçateurs négatifs (*irritants*), ce qui aura pour effet d'augmenter la fréquence d'apparition de la réponse désirée.

Le comportement est dit « opérant » lorsqu'il dépend de ses conséquences. C'est une méthode *(très)* simple qui a pour finalité l'apprentissage d'un comportement en établissant un lien entre l'événement ou la demande, la réponse de l'oiseau et le renforçateur. Comme le perroquet est un animal intelligent, il apprendra à adapter ses actions selon les besoins du jeu, en ajoutant ou en retranchant des comportements en fonction de ce qui lui profite ou non. L'oiseau reproduira les mouvements qui lui sont favorables et éliminera ceux qui ne lui semblent pas payants. Il apprendra ainsi à généraliser certains de ses essais à divers jeux *(ou à d'autres situations du quotidien)*, et au fil du temps, il élucidera les problèmes logistiques inhérents à chacun des nouveaux jeux de plus en plus rapidement.

En effet, si Coco se retrouve dans un contexte où il doit choisir une attitude à adopter, la plupart du temps, ce sera le souvenir d'une situation connue et semblable qui ressurgira. Ce souvenir tiendra compte des émotions qui y sont rattachées et souvent, de façon inconsciente, son choix s'orientera vers la réponse qui lui aura procuré le plus de plaisir. Ainsi, la sélection d'un bon choix de comportement ne relève pas toujours d'un raisonnement réfléchi. Du moins, en apparence.

Alors, dans l'apprentissage de certains jeux, il faut garder en tête que le « bon » comportement risque d'être produit par hasard *(essai ou même erreur)*, et qu'à ce moment, il devient votre responsabilité de donner une signification à ce comportement, en manipulant les conséquences : de faire en sorte que Coco ait envie de le reproduire. Soyez constant dans vos renforcements et, bien sûr, assurez-vous d'utiliser des renforçateurs qui sauront le vitaliser. Lorsque l'action est possible, Coco choisira incontestablement le plaisir.

L'extinction - Déjouer le joueur

Dans le *conditionnement classique*, l'extinction veut dire que la fréquence d'apparition de la réponse de l'oiseau s'affaiblira et que le comportement finira par disparaître lorsque, graduellement, le stimulus conditionnel (SC) cessera d'être associé au stimulus inconditionnel (SI). Ainsi, Quita ne s'allumerait plus à la vue de la boîte de friandise si plus aucune de ses gâteries préférées ne s'y trouvait - forcément, puisque la boîte serait vide. Après quelques répétitions, cette boîte vide ne représenterait plus rien de particulier pour elle, sinon un vague souvenir de jours plus heureux...

Dans le *conditionnement instrumental*, l'extinction s'effectue à partir du moment où une réponse de l'oiseau n'est pas ou plus renforcée. Ainsi, lors de l'apprentissage d'un jeu complexe comprenant plusieurs étapes à franchir pour atteindre un but, si le perroquet n'y arrive pas par la simple imitation du modèle, il vous sera facile d'effectuer une succession d'extinctions partielles en ne renforçant plus *(du tout)* certaines étapes intermédiaires. Cette mesure a pour but de faire passer l'oiseau à une étape supérieure du jeu. S'il ne reçoit plus de récompense pour une action donnée *(qui avait toujours payé)*, il expérimentera alors d'autres avenues *(que vous guiderez)* pour parvenir à obtenir sa récompense. On lui offre ainsi la possibilité d'en arriver, par de petites extinctions successives à passer à une étape plus avancée d'une séquence de jeu, séquence dont chacun des comportements approximatifs devra être immédiatement renforcé.

- *Décidément...*

- *Je sais, t'as rien pigé... Je crois que plus on avance, moins on est payé pour ce qu'on a appris.*

- *Weird...*

Par exemple : vous avez enseigné à Coco à toucher un objet à votre demande « Touche », disons un ballon, et chaque fois qu'il s'exécute vous le récompensez. Maintenant qu'il répond bien à la demande

« Touche », vous désirez qu'il apprenne à prendre ce ballon dans son bec. Alors, vous recommencez la séquence à partir du début « Touche *le ballon* », il touche, mais vous ne le récompensez pas *(extinction).* Vous enchaînez immédiatement avec la demande « Prends *le ballon* ». Il est perplexe et comme il pense que vous ne l'avez pas bien regardé agir, il re-touche le ballon. - Pas de réaction de votre part *(extinction).* Zut alors ! Frustré, il prend le ballon dans son bec pour le balancer et à ce moment même *(quand il prend le ballon et avant qu'il ne le lance)* vous exultez et le récompensez abondamment.

On parle ici d'une extinction partielle, puisque l'action « Touche », même si elle n'est plus récompensée, ne sera pas éliminée complètement de la séquence. L'oiseau devra tout de même toujours passer par cette étape « Touche » dans la visée de la demande « Prends ». Vous pouvez ainsi, en effectuant de petites extinctions partielles, ajouter, tout doucement, d'autres étapes qui viendront complexifier le jeu.

Naturellement, avant de sauter à une étape subséquente, vous devez vous assurer que Coco comprend et exécute parfaitement l'étape en cours. Plus Coco avancera dans les étapes à franchir et plus vous remettrez la récompense près du but à atteindre, jusqu'à en arriver à ne récompenser que la réussite complète de toutes les étapes du jeu, l'objectif final.

On procède à une extinction totale lorsqu'un comportement n'est jamais renforcé *(aucune conséquence - ni positive, ni négative).* Rien, ça veut dire rien du tout… Ziltch ! Bien vu ? Si l'oiseau se trompe lors d'un essai et qu'il ne reçoit pas la gratification qu'il se croit en droit d'attendre, il sera normal qu'il s'essaie de nouveau *(souvent plusieurs fois)* avant de se rendre compte que l'avenue qu'il s'entête à emprunter ne lui rapporte rien du tout. Lassé de ses efforts infructueux, il tentera de parvenir au but par une autre approche. Et c'est au moment où il fera une tentative dans la bonne direction que vous devrez immédiatement le renforcer - Récompense et on exulte !

Voilà, vous avez tout compris. L'extinction *(aucune conséquence)* par elle-même ne sera jamais aussi efficace que lorsqu'utilisée en association avec un renforcement *(très)* positif alors que Coco fait un essai l'engageant dans la bonne direction, même si cet essai n'est pas parfait. Il a changé de stratégie et c'est cette nouvelle attitude qu'il faut dorénavant encourager.

- Alors, on est récompensé ou pas ?

- Dans les grandes lignes, si tu changes ta façon de faire, il y a un bisou en bonus !

L'extinction, qu'elle soit partielle ou totale, n'est pas un phénomène instantané. Il faudra souvent plusieurs répétitions avant que Coco ne réalise qu'il perd son temps et qu'il décide qu'il serait plus judicieux de modifier son *modus operandi*. Par ces renforcements et ces non-renforcements, vous guidez votre perroquet vers la réussite de l'objectif. N'oubliez pas que tout ceci n'est que du jeu. Alors, on ne perd pas patience et on garde le sourire en tout temps. ☺

Le façonnement - Jouez selon les règles de l'art

Malgré le fait que le perroquet soit joueur et que, règle générale, il se montre « bon élève », il n'aura que faire de la baballe ou du piano s'il n'a pas son précepteur privé pour lui enseigner *(ou enfin... oui... il saura à sa manière, mais pas selon votre perception des choses... croc-croc-croc).*

On fait appel à une procédure dite de « façonnement » pour enseigner à Coco un comportement qui ne fait pas encore partie de son répertoire et dont la probabilité qu'il survienne spontanément est faible *(le pourcentage de chances qu'un perroquet soutire quelques notes de lui-même d'un piano entre dans la catégorie « très, très, très faible »).*

Les parents perroquets utilisent au départ des approximations successives pour transmettre certains comportements à leur progéniture. Pour apprendre à voler, le parent incite son petit à venir le rejoindre en s'éloignant un peu plus à chaque essai ; pour lui transmettre l'art de décortiquer une noix, il commence par la lui apprêter en presque totalité, puis graduellement, il prépare la noix de plus en plus grossièrement afin que son jeune apprenne à finir le travail lui-même et il en va ainsi jusqu'à ce que Junior soit en mesure de compléter les étapes sans assistance. Alors, puisque ça fonctionne bien pour les parents perroquets, nous utiliserons *(encore une fois)* exactement cette même méthode… qui, on le sait, a fait ses preuves.

On inculquera un nouveau jeu en le fragmentant en plusieurs petites étapes successives, en créant des enchaînements, chacune des étapes conduisant à la suivante, pour finalement amener Coco à accomplir l'objectif du jeu. Il est important d'encourager et de renforcer *(récompenser)* chacune des séquences réussies avant de passer à une étape subséquente *(c'est le moment de mettre en application les principes de l'apprentissage skinnérien décrits plus avant).*

Le façonnement se réalise en deux opérations :

1. Il faut encourager toutes les approximations successives *(qui rapprochent toujours un peu plus l'oiseau du but).*

2. Il faut cesser de renforcer les actions précédemment apprises *(extinction partielle).*

Ainsi, vous commencez par enseigner une étape très simple du jeu, que vous accomplissez *(ou votre conjoint)* préalablement devant Coco. Vous l'encouragez dans ses essais et exultez à chacune de ses bonnes réponses, sans jamais relever ses erreurs *(aucune réaction = extinction)*. Puis, comme nous venons de le voir, lorsqu'une étape est acquise *(comprise et parfaitement réussie)*, vous arrêtez de la renforcer - *extinction partielle.*

- *Tiens, qu'esse tu fais là, toi ?*

- *C'est que, si j'ai bien compris, elle ne relève pas les erreurs...*

- *Chais pas, mais quand on réussit, elle cesse de nous récompenser...*

- *C'est mêlant, si on poche, on a rien. Si on réussit... on a rien non plus !*

Il faut maintenant l'enhardir à continuer à pousser plus avant. Vous effectuez la première et la seconde étape devant l'oiseau et c'est au tour de Coco de s'essayer : il exécute la première étape avec entrain, puisqu'il la connaît, et vous le guidez vers la deuxième. Comme il ne saisit pas encore le but de la manoeuvre, il refait un essai : il recommence la première étape *(c'est normal)* et il attend sa récompense. Ne la lui donnez pas, mais incitez-le *(toujours de manière allègre)* à poursuivre avec la seconde étape.

À ce point, il y a de fortes chances pour que votre perroquet porte plus attention à vos « explications » et redouble d'efforts pour tenter de comprendre vos intentions. Vous devez devenir plus précis dans vos indications et l'oiseau s'efforcera encore plus de parvenir à sa visée à lui, la récompense ; laquelle, par extension, sera aussi votre objectif à vous : le comportement cible. En guidant Coco, petite étape par petite étape, il progressera jusqu'à effectuer complètement la routine… le but du jeu. Yé !

Le façonnement doit respecter certaines conditions :

1. Définir le but à atteindre.
2. Identifier chacune des étapes intermédiaires à compléter en tenant compte des connaissances déjà acquises de l'oiseau.
3. Renforcer les progrès qui vont dans la bonne direction.
4. Toujours respecter l'ordre des approximations.
5. Vous servir de tous les outils à votre disposition pour aider votre élève dans l'accomplissement de sa tâche (aides visuelles, aides verbales, assistance physique, ciblage, etc.).

- *Bon, en voilà un autre...*

- *Vous avez tout faux, elle nous dirige pour qu'on réussisse...*

- *Pis là, on est récompensé ?*

- *Ben oui... puisqu'on réussit...*

Vous devez encourager chaque petit mouvement qui tend vers la visée du jeu et complètement ignorer ceux erronés. Vous constaterez que les réponses renforcées se répéteront de plus en plus souvent et Coco laissera rapidement tomber ce qui ne rapporte rien.

- *Bon, c'est pas tout ça, j'ai la dalle moi...*

- *J'ai vu des miettes par là, tu viens avec ?*

- *Tiens, tu es du Congo Belge, toi ?*

Une fois un jeu maîtrisé, vous devrez généraliser ces stimuli *(demandes, liens, récompenses et outils - que nous verrons dans les prochaines pages)* pour permettre à l'oiseau de mettre en application les compétences qu'il vient d'acquérir à d'autres contextes ou jeux qui ne seront pas nécessairement identiques. Le perroquet reconnaîtra les séquences et les stimuli qui s'y rattachent : il aura APPRIS À APPRENDRE.

Par exemple, les demandes « Donne - Apporte - Quelle couleur ?, etc. » devront être utilisées dans plusieurs situations de son quotidien et non pas seulement lors des périodes de jeux. Si vous ne mettez pas à profit ces connaissances, son apprentissage risque de ne pas perdurer ou de demeurer limité à quelques jeux bien définis. Ces nouveaux savoirs ouvrent la porte à beaucoup d'autonomie en s'appliquant à plusieurs épisodes de la vie de tous les jours. Et qui dit autonomie dit aussi... liberté ! ☺

L'assistance physique - Jouez le tout pour le tout

Bien qu'à l'intérieur de ces pages, à plusieurs moments, je vous aie mentionné l'importance de laisser Coco faire ses propres essais en tentant de vous retenir *(autant que faire se peut)* de vous ingérer dans l'action ou d'agir à sa place... je dois tout de même reconnaître qu'il y a parfois de ces mouvements « cul-de-sac » ou encore certains jeux moins « explicites » qui demanderont peut-être de jouer le tout pour le tout si vous ne voulez pas y passer la semaine. Quand il faut... il faut !

Quel degré d'intimité votre perroquet vous accorde-t-il ? Pouvez-vous au moins le toucher ? Je prends *(vraiment)* pour acquis que vous avez mis en pratique les exercices proposés dans le livre *Le perroquet, touchers et manipulations* et que votre oiseau est d'ores et déjà très décontracté à l'idée de se laisser approcher par vos mains.

Ainsi, Coco se trouve confronté à une nouvelle routine et fait du « sur place », il a besoin d'un petit coup de pouce. Vous pouvez intervenir soit en le menant vous-même vers l'accessoire du jeu, soit en insérant vous-même, délicatement, une pièce du jeu dans son bec ou sa patte, pour ensuite déplacer sa tête ou sa patte vers l'accessoire ciblé. Ce n'est pas vraiment de la triche, puisqu'on n'agit pas totalement à sa place. Et puis... une fois n'est pas coutume !

La demande - Incitation au jeu

Lorsqu'on veut que Coco exécute un petit quelque chose à notre requête, on devra y mettre ce qu'il faut pour l'y inciter. Il s'agira tout simplement de lui faire un signe, juste avant que ne survienne le comportement désiré. La demande est le signal de communication, auditif (verbal) et / ou visuel (gestuel), très précis *(qu'il peut entendre ou voir)* qu'on utilise pour attirer son attention afin de lui indiquer ce que nous attendons de lui. Idéalement, le geste et la parole vont de pair. Pour être efficace, la demande auditive doit s'accompagner du geste approprié qu'on appelle « demande visuelle », et cette dernière doit être émise en même temps que la demande auditive *(et vice versa)*.

Coco suivra l'une ou l'autre de ces demandes *(visuelle ou auditive).* Toutefois, si par la suite *(pour les impératifs d'un spectacle familial)* on décide de laisser tomber l'une des deux formes de demande, il serait généralement préférable de conserver la demande visuelle *(gestuelle)* pour communiquer avec lui.

- Je me qualifierais plutôt de visuel...
- Ah oui ! Moi je suis du genre « ambi ». Visuel ou auditif, je m'adapte !

Les perroquets semblent plus réceptifs à ce qu'ils voient qu'à ce qu'ils entendent. De plus, en ne conservant que la demande visuelle, on se met à l'abri de certains avatars très particuliers aux perroquets. Entre autres, si notre petit macaque décrète qu'il « joue » à répéter *(verbalement)* la demande plutôt qu'à s'exécuter à l'écoute de cette dernière, il « jouera » à se faire lui-même la demande lors de ses inéluctables négociations *(Le jeu de l'offre et de la demande, qu'on verra p. 283)* ; ou encore, lors de nos éventuelles prestations publiques, il risque de badiner avec la salle en nous « grillant » de façon cavalière.

Comment ? En nous précédant *(en accéléré)* dans l'énonciation des demandes auditives lors d'un enchaînement. Sapré Coco, va !

On doit formuler et adapter nos demandes auditives ou visuelles au jeu qu'on propose au perroquet. On les choisit soigneusement, puisqu'il ne faudra plus en changer en cours de route (« Hop », c'est « Hop ». Pas des fois « Embarque » et à un autre moment « Viens » ou « Grimpe »). L'oiseau doit reconnaître ce qu'on attend de lui par une parole ou un geste unique. Il ne doit au grand jamais y avoir de confusion dans sa tête, sinon il perdra rapidement son intérêt pour ce qu'on lui demande. Si nous sommes inconstants, il ne comprendra pas ce qu'on attend de lui.

Par exemple : dans l'énoncé « Donne *le jouet* ». La demande visuelle pourrait être notre main ouverte et tendue vers le perroquet. La demande auditive serait, bien entendu : « Donne ».

La demande doit être courte *(un mot ou un geste, toujours le même)*, distincte *(pas trop semblable à une autre demande)* et plus que tout facilement repérable pour Coco. Au départ, lors de l'apprentissage, on exagère *(grossièrement)* notre demande afin de retenir l'attention de l'oiseau. Une fois que le perroquet aura associé la demande à son action, on pourra l'atténuer pour l'intégrer *(très subtilement)* dans une phrase, en mettant une légère intonation sur la demande *(le mot clé)* ou dans une séquence de gestes qui auront pour fonction de rendre la demande imperceptible à l'auditoire *(mais très repérable pour Coco)* en vue de notre éventuel spectacle familial.

Par exemple : la demande « Tourne » pourrait discrètement être insérée dans une phrase anodine telle « Coco, cesse de gesticuler, tu me TOURNE la tête ». À l'écoute de la demande *(mot)* « Tourne », Coco tournera sur lui-même devant son public ébaubi.

Même moins accentuée, si la demande est claire et précise, notre vedette la détectera au milieu d'une phrase ou d'un enchaînement de gestes complexes. C'est d'ailleurs ce qui fait tout l'enchantement

- Pourriez répéter la question ? Je regardais ailleurs...

d'un spectacle de perroquets : lorsque la demande est parfaitement formulée *(et comprise)*, on a l'impression que l'animateur dialogue réellement avec l'oiseau.

La demande est aussi le mot ou geste qu'on lui répète si l'envie irrépressible nous prend de lui dire « NON », lorsqu'il commet une erreur, cabotine ou ignore une demande précédemment adressée.

Par exemple : vous désirez que Chéri vous « Donne » le jouet, mais il démontre plus d'intérêt à le tenir fermement dans son bec et le frapper sur la table. Ne lui dites surtout pas « NON, ne fais pas ça… Donne ! » Vous créerez à ce moment un double message et, par la même occasion, pas mal de confusion dans la tête du pôôôvre Coco qui ne pourra certes pas faire l'association entre « NON » *(une réprimande)* et la demande « Donne ». D'autre part, en émettant ce « NON », le timbre de votre voix et votre langage corporel laisseront forcément transparaître de l'agacement, voire de l'exaspération, et ces sentiments ne sont en aucun point compatibles avec l'acte de jouer *(vous rappelez-vous ? S'amuser…)*.

Il faut plutôt l'inviter en approchant notre main de son bec et en reformulant la demande « Donne ». S'il ne s'exécute toujours pas après qu'on ait épuisé toutes nos incitations, on retire le jouet délicatement de son bec avec notre main en reformulant une fois de plus notre demande « Donne *le jouet* » *(ce n'est pas de la triche... c'est un coup de pouce)*. Lorsqu'on a pris le jouet en main, on fait suivre du lien « Ouiii ! » *(on y vient)* et, surtout... de la récompense. À ce moment, l'oiseau deviendra diablement plus appliqué afin de découvrir ce qui lui a valu ladite récompense. Comme nous avons réussi à capter son attention *(avec la récompense)*, on répète la demande « Donne *le jouet* » en ne faisant que tendre la main tout en bougeant nos doigts *(plus explicite)*. Puisqu'avec notre *(plus que bienveillante)* médiation Coco l'a exécutée une première fois... il récidivera... La demande « Donne » est très élémentaire !

Après avoir cartonné avec ce premier exploit, et justement parce que cette demande « Donne » s'avère si facile et que Coco n'est pas bête, il risque de vouloir se faire de la « pistache facile » en nous redonnant le jouet encore et encore. À ce moment, il nous faudra lutter contre le désir de le récompenser si on n'a rien sollicité *(c'est difficile, ça démange... je sais)*. Cependant, si son premier succès nous a littéralement jeté sur les genoux et qu'on ne peut *(mais alors, vraiment pas)* résister à l'envie de récompenser ses répétitions non sollicitées du « Donne », on reformule cette demande « Donne » avant que, de sa propre initiative, il ne nous « re-Donne » le jouet dans la main. On aura au moins l'impression d'être celui qui a « callé la shot » *(en vrai bon québécois dans le texte)* !

Pour ce qui est des demandes visuelles, il est tout aussi important d'en changer à chaque nouveau jeu ou tour *(tout comme les demandes auditives)* pour ne pas embrouiller Coco. Une fois choisie, la demande visuelle pour un jeu X doit devenir invariable. On portera attention à chaque mouvement, petit ou grand, qu'on fait, afin d'éviter que l'oiseau ne confonde un geste anodin avec une demande visuelle. Aux yeux du perroquet, le simple fait d'ériger notre index pour indiquer « attends un instant » à notre conjoint peut être interprété comme une incitation à « sauter », si la demande visuelle pour ce tour est similaire.

Ne riez pas… ça m'arrive tout le temps… En fait, Quita *(ma rauna)* reconnaît tellement de demandes visuelles que, lors de prestations publiques, il m'est presque devenu difficile de me gratter le bout du nez sans qu'elle n'y relève une quelconque demande de ma part et ne m'improvise un petit quelque chose… Dur… dur… !

- *Ah, ah !*
Je t'ai vu...

Est-ce que
je ne relève pas
une petite
demande
là ?

Pour éviter ce genre de quiproquos, je me suis imposé une petite règle pour moi-même : la main qui énonce la demande visuelle n'est jamais la même que celle qui offre la récompense. Si la main gauche adresse la demande, c'est la droite qui présente la récompense. De plus, j'ai transféré à ma main gauche toutes les demandes visuelles qui ressemblent *(de près ou de loin)* à des gestes usuels. De cette façon, en bonne droitière que je suis, je risque moins de cafouiller et mes perroquets me trouvent beaucoup plus cohérente depuis ce temps *(si d'aventure vous êtes gaucher… inversez le tout)*. Déjà que nous sollicitons l'attention de l'oiseau, il faut absolument éviter de laisser place à l'interprétation de notre gestuelle. S'il est attentif et motivé, dites-vous que Coco remarquera le moindre mouvement que vous ferez.

Le stimulus environnemental

Souvent, la simple vue d'un accessoire de jeu peut remplacer la demande visuelle. Si on place le perroquet devant un panier et qu'il maîtrise bien le jeu de basket-ball, il saura d'ores et déjà qu'il doit y déposer le ballon, et ce, sans qu'on ait à formuler quelque demande que ce soit. Pour ces jeux, où la séquence se montre invariablement la même, je laisse aller. Par contre, si l'accessoire propose différentes

- C'est comme évident qu'on n'est pas là pour cueillir des fraises des bois...

moutures de jeu, que ce soit dans les couleurs, les formes ou diverses manipulations, je ne laisse pas mon lardon improviser lui-même le mouvement qu'il effectuera avec cet accessoire *(sinon, il choisira, bien évidemment, toujours la facilité)*. Pour ces accessoires ou jouets à usages multiples, Coco devra apprendre à attendre la demande avant de s'exécuter. Il est préférable de ne pas récompenser une action qu'on n'a pas sollicitée... Fine mouche, il en abuserait !

Le lien est, par définition, ce qui lie *(pas trop chinois jusqu'ici)*. C'est un stimulus qui sert à établir une liaison entre la demande et la récompense ; c'est le marqueur qui indique à l'oiseau qu'il a bien réussi ce qu'on lui a demandé ou qu'il en est très près. Le lien est essentiel pour que le perroquet relie son action à la conséquence ; c'est en quelque sorte l'annonce heureuse de la récompense. Le lien doit suivre i-n-s-t-a-n-t-a-n-é-m-e-n-t le comportement qu'on désire encourager.

Le lien crée l'anticipation immédiate d'une conséquence *(qu'on veut heureuse)*. En fait, il est pratiquement impensable de tenter d'entraîner son perroquet à un tour ou un truc dont les probabilités d'émission du comportement souhaité sont faibles, sans l'utilisation du lien. Vous remarquerez que je ne dis pas que c'est impossible, par contre, vous risquez de trouver le temps drôlement long... avant que Coco ne « touche sa bille » !

Maintenant, puisqu'il faut donner le plus d'opportunités à l'oiseau de réussir la manœuvre, le lien peut aussi servir *(sans tricher)* de stimulus qui l'incite à continuer un geste ou une action qui va dans la bonne direction. En utilisant le mot-lien en crescendo :

« oui... oui... oui... oui... oui... oui !!! »,

c'est un peu comme si on jouait à « tu gèles, tu brûles » et c'est par l'expression de notre voix que nous indiquons à Coco qu'il frôle l'objectif. Je sais que ce n'est pas très orthodoxe comme méthode, pourtant c'est la mienne : ça marche et mes galopins adorent.

Le lien doit être facilement reconnaissable pour l'oiseau et exprimé de façon claire. C'est un signe unique qui lui souligne que la récompense n'est pas loin. On peut user de sons (un mot, un clic (clicker), un claquement des mains ou des doigts, un sifflement, etc.) ou de gestes (une rotation de l'index, mains dans le dos, clin d'œil), ou encore, d'une combinaison de sons et de gestes. Peu importe ce qu'on choisira, il est primordial que le lien reste bref, soit aisément identifiable et qu'on fasse montre de constance en employant toujours le même *(contrairement à la demande, le lien ne change jamais d'un jeu à l'autre)*. Le lien doit arriver, sans différer, après le comportement à renforcer.

Ce lien doit être un mot ou un son qui vous vient naturellement. Ne cherchez pas inutilement midi à quatorze heures. Le lien idéal, VOTRE bon lien, c'est celui qui sort spontanément de votre bouche lorsque vous êtes content ou satisfait.

Avec mes oiseaux, j'ai choisi le mot « Oui » émis sur un ton enjoué et plein d'entrain *(prononcez : « Ouiiii !!! »)*. En recourant à un lien *(mot)* aussi positif, il m'est difficile de le décliner sur un ton neutre ou décevant et par conséquent, j'évite de me mettre les pieds dans le sac d'embrouilles des « doubles messages » *(je ne suis pas parfaite, mais je me donne les moyens de le devenir...)*.

Par exemple : je demande « Donne *le jouet* » ; l'oiseau s'exécute ou s'approche de ma main pour le faire. J'enchaîne aussitôt avec le lien « Ouiii !!! », suivi immédiatement de la récompense.

Vous créez votre propre lien en essayant tout de même de choisir un mot avec une connotation *(très)* positive tels que : Oui ! - Bien ! - Bravo ! - Yé ! -Youpi ! - Yatzée ! -Bingo ! - etc. Et, je le répète *(pour m'assurer que vous avez bien compris)*, peu importe le lien que vous retiendrez, il est primordial que vous n'en changiez plus jamais, qu'il vous vienne naturellement et de façon enthousiaste.

- Ouiii ! Ouiii... Ouiii... Je brûle, je brûle !!!

On peut encourager Coco dans son geste en répétant le lien plusieurs fois et en augmentant l'intensité tonique de notre voix, pour l'inciter à continuer dans le sens de la demande :

« oui... oui... oui... oui... oui... oui !!! »

Ce genre de stimulation fait souvent toute la différence dans la tête de mes champions, qui ressentent alors toute ma fébrilité qui les exhorte à poursuivre. L'affaire est presque dans le sac. Mes oiseaux comprennent qu'ils font bonne route en se guidant sur l'intonation de ma voix. L'effervescence atteint son paroxysme lorsque les autres perroquets *(le booster club)* se « connectent » à mes émotions et m'emboîtent le pas en encourageant l'exécutant avec de délirants :

« oui... oui... oui... oui... oui... oui !!! »

Plus on est de fous et plus on rigole !

Franc jeu
Le lien doit devenir une signature unique, il ne faut pas l'employer à d'autres fins. On ne doit s'en servir que dans les cas où un renforcement sera offert, sinon il perdra sa signification pour l'oiseau et conséquemment, grillera son efficacité. Naturellement, il faudrait utiliser ce lien dans différents évènements ou situations du quotidien de Coco. En fait, chaque fois qu'un de ses comportements nous laisse bouche bée et qu'on a envie qu'il le reproduise. Le lien précède la récompense, et ce... en toutes circonstances !

Synchronicité du lien - Le temps joue contre vous

Vous devez être très attentif aux actions *(réponses)* de l'oiseau afin de créer les marqueurs appropriés dans sa tête. Vous devez renforcer les bonnes conduites par le lien dans la nanoseconde qui suit le bon comportement ; avant que l'attention du perroquet ne se détourne vers autre chose, ce qui aurait pour conséquence de renforcer *(et peut-être de fixer pour longtemps)* un tout autre comportement que celui que vous cherchiez à encourager. L'oiseau attribuera toujours le lien et la récompense qui suivent à sa dernière action posée. Ainsi, il faudra être vigilant si une situation extérieure au jeu se présente après l'émission du lien, mais avant que vous n'offriez la récompense à Coco *(cette situation extérieure le distrait ou lui fait poser une autre action ou comportement)*. Il pourrait alors croire qu'il est récompensé pour toute

- OUIII ? T'es certaine là ? C'est bien ce que tu veux ???

autre chose. Vous devez avancer le lien au moment précis où le perroquet exécute le bon comportement. Il faut que la connexion entre l'action et la réaction soit très nette pour lui. Le lien doit être presque synchrone avec le comportement émis : c'est le signal clair et tranché qui communique à l'oiseau sa réussite et qui l'avise de l'imminence de la récompense.

Franc jeu

Note (très) personnelle sur l'utilisation du « clicker » comme lien avec les perroquets.

Le clicker serait un outil génial d'apprentissages chez de nombreuses espèces animales... sauf (bien entendu) chez certaines (très contrariantes) espèces de perroquets... peut-être un peu trop futées. Un perroquet possédant de bonnes habiletés langagières maîtrise également l'art « psittadiaire » de la contrefaçon des sons ou bruits qu'il considère accrocheurs et... rémunérateurs. Il imite la sonnerie du téléphone ou du séchoir pour nous faire accourir ; il imite le son de l'eau qui coule du robinet pour nous laisser entendre qu'il a soif ; il imite le son des baisers pour réclamer des cajoleries... Alors, n'allons surtout pas faire l'erreur de croire (naïvement) qu'il ne saura pas reproduire le « clic » du clicker (parfaitement et à s'y méprendre) dans le but de nous escroquer un petit privilège ! Un filou normalement constitué risque de comprendre rapidos les avantages rattachés à ce « clic » et ainsi se mettre à clicker pour un oui ou pour un non, allant même jusqu'à fixer lui-même des comportements (non désirés, cela va de soi) chez d'autres animaux de la maisonnée déjà entraînés ou qu'on tente d'entraîner au clicker. Eh oui... je vous parle entres autres de mes chiens, chattes et quelques perroquets qui, eux, ne sont pas des gris-d'Afrique-aux-facultés-langagières-stupéfiantes, qui ont acquis de bien curieuses contenances suite aux « clics » répétés de certaines de mes gargouilles grises. Pour cette dernière raison, Pablo, Peanut, Clémentine, Gazou et Bib, mes cinq pipelets d'Afrique, ont su, avec célérité, bousiller mes tentatives d'utilisation du clicker (surtout en ce qui concerne mes chiens et chattes). J'ai donc excommunié le (trop imitable) « clic » comme lien potentiel dans ma maison. Si, comme moi, vous vivez avec un ou plusieurs de ces bonimenteurs, il serait peut-être sage de choisir un lien plus traditionnel. De toute manière, tel que précédemment mentionné, rien ne vaut un bon vieux renforçateur social : aucun clicker ne remplacera jamais votre regard allumé ni le timbre délirant d'enthousiasme de votre voix. Pour jouer, vous n'avez pas besoin de béquilles et Coco non plus !

La récompense - Jouer pour gagner

La récompense est le moyen de communication utilisé qui vient renforcer positivement une action de son oiseau ; un stimulus très appétitif qui confirme le perroquet dans sa réussite du jeu, ou encore, récompense ses *(formidables)* efforts intermédiaires qui vont dans la direction du comportement final désiré.

- Tu me jures que t'as pas plus gros ?

Par exemple, suite à la demande « Donne », Coco dépose l'objet convoité dans notre main : cette bonne réponse de sa part fait « apparaître » une gâterie ou une caresse et beaucoup d'exaltation de notre part. Pas compliqué ça non plus… Cependant, personne ne nous oblige à attendre qu'il complète parfaitement le jeu avant de le récompenser. Il serait *(et de loin)* préférable de souligner chaque petit mouvement médian ou effort qui le rapproche du but ultime. Bonus coup de cœur ! ☺

La récompense suit toujours le lien *(ça, ce n'est vraiment pas compliqué)*. La plupart du temps, la récompense ultime de mes poulets se résume à « le plaisir de jouer ». Ce qui en gros veut dire : tous les renforçateurs sociaux du jeu *(enthousiasme, voix et regard allumé, et beaucoup de « Ouiiii !!! » et de « Bravo !!! »)*. J'utilise souvent une récompense gustative, généralement une symbolique graine de tournesol. Des fois, si le jeu est particulièrement complexe, je me sers de pistaches comme incitatif à l'effort *(le régaaaaaaal de mes mousses)*.

En aucun cas, vous ne devez faire « jeûner » votre perroquet ni le priver de ses gâteries préférées en dehors des périodes d'entraînement. Mes oiseaux ont tous des graines de tournesol à ras bord dans leurs écuelles ; toutefois, celles qu'ils reçoivent en renforcement ont, je crois, une nette saveur de victoire.

La plupart du temps, mes artistes emplumés concourent pour le « sport » et pour faire durer le temps qu'on passe ensemble à jouer. Alors, pas la peine de réserver les friandises préférées uniquement pour la période des jeux. On gâte Coco où et quand on veut ! Qu'on se le dise, les perroquets ne travaillent pas pour des « peanuts » et ne se vendent

- La modération n'est pas psittacidé...

pas au plus offrant. Pour jouer, ils doivent avoir envie de jouer et ce n'est pas une gâterie qui y changera quoi que ce soit *(essayez d'oublier Fido qui céderait son âme pour une saucisse)*. Par contre, tout comme pour nous, une bonne gourmandise... ça aide au moral des troupes !

Vous devez découvrir ce qui plaît particulièrement à Coco (cacahuètes, pistaches, millet, etc.). Certains de mes perroquets, tels mes adorables cacatoès, mon énergique petit caïque ainsi que Clémentine, miss G.I. Joe, ne carburent pas du tout à la friandise, mais accourent et répondent « présent » aux caresses, à mes regards complices, aux sons joyeux qui sortent de ma bouche ainsi qu'à ma célèbre danse indienne de la réussite *(célèbre pour mes oiseaux, s'entend).*

Peu importe en quoi consiste la récompense de choix de votre perroquet *(Coco est seul juge sur la question),* elle doit suivre immédiatement le lien. Coco doit faire l'association entre cette dernière et son succès *(ou efforts).*

L'appât du gain - Jouer cartes sur table

On n'attrape pas les mouches avec du vinaigre, tout le monde sait ça et on n'attirera pas non plus notre perroquet à vouloir « performer » sans la promesse d'un quelconque profitable « retour ».
Business is business !

En bien des cas, l'association jeu-récompense ne se met pas en place de façon évidente pour l'oiseau de prime abord. Nous aurons à jouer cartes sur table en lui faisant entrevoir très clairement les avantages reliés à ses efforts, un peu comme ces jeux-questionnaires télévisés où l'on séduit le participant en lui présentant de manière très alléchante toutes les merveilles qu'il pourrait se mériter s'il se distingue avec brio. Les perroquets *(pas plus bêtes)* sont aussi sensibles que d'autres à une bonne publicité, celle qui promet de fantastiques dividendes.

Pour proposer un nouvel accessoire de jeu, on appâte Coco avec une friandise particulièrement convoitée *(s'il carbure aux caresses, votre main fera parfaitement l'affaire).* Pour ce faire, on place simplement la friandise ou notre main invitante près de / sur / sous / dans l'accessoire ou jouet et on laisse l'appât faire son œuvre. Chéri attiré par une offre si tentante s'approchera de l'accessoire et cherchera à s'approprier

- C'est quoi l'enjeu aujourd'hui ?
- Pistaches, je crois...
- J'y vais d'abord ou on tire à la courte paille ?

l'appât. On peut ainsi en arriver à désensibiliser son perroquet à un nouvel objet, le faire grimper dessus, déplacer ou ouvrir ledit accessoire selon l'objectif du jeu.

L'appât ne sert qu'à accélérer le mouvement *(sans tricher)*. Si je désire que mon poulet ramasse une pièce - un dollar ou un euro - sur la table, je place un petit morceau de pistache sous la pièce, je lui formule la demande « Prends *la pièce* » et, dès qu'il saisit la pièce avec son bec pour la soulever, je fais immédiatement suivre du lien « Ouiii !!! » et l'appât peut devenir la récompense. On peut ainsi, par l'attrait du gain, amener très aisément l'oiseau à jouer du piano en posant la friandise sur une touche, à grimper à l'échelle en présentant l'appât sur le plus haut barreau, à marcher sur une poutre en fixant l'appât tout au bout, et lui apprendre, sur demande *(avec une facilité déconcertante)*, à attraper sa queue, à tourner sur lui-même, à dire oui ou non de la tête, etc. *(nous verrons ces astuces un peu plus loin)*. L'appétence de l'appât sera l'incitatif et la mainmise sur celui-ci pourrait être la récompense !

Jeu de cible

Cibler l'objet à toucher et / ou à manier peut, lors de certains jeux, faciliter grandement la compréhension de notre demande. Pour ce faire, j'utilise une baguette de ciblage, qui n'est en fait rien d'autre qu'une tige mince, pas trop large, afin que l'oiseau ne la confonde pas avec une perche et ne tente d'y grimper, ni trop longue, pour nous permettre de travailler de façon rapprochée avec Coco. Si votre perroquet ne semble pas trop apprécier votre proximité *(ce qui ne devrait pas se produire si vous avez fait vos devoirs)*, vous débutez avec une baguette un peu plus longue, le temps qu'il se sente en confiance en votre compagnie puis, vous la raccourcissez peu à peu.

Taille du perroquet	Baguette
Très petit perroquet *perruche - touï - calopsitte, etc.*	*8 cm* *Ex., cure-dent*
Mini perroquet *conure - caïque- youyou, etc.*	*14 cm* *Ex., bâtonnet à café*
Moyen perroquet *gris d'Afrique - amazone* *moyen cacatoès, etc.*	*18 cm* *Ex., crayon*
Grand perroquet *ara - grand cacatoès*	*25 cm* *Ex., goujon*

Puisque nous avons le précieux avantage de jouer avec un animal qui perçoit les couleurs, il serait astucieux de créer une « mouche » plus aisément identifiable en peinturant une extrémité de la baguette avec du colorant alimentaire *(la mienne est rouge)*. L'apprentissage s'en trouvera facilité.

On désensibilise en premier lieu l'oiseau à cette baguette en la laissant traîner dans les parages, puis en la rapprochant de lui, petit à petit. Je commence à le renforcer *(récompenser)* chaque fois qu'il s'en approche, et graduellement je ne le récompense que lorsqu'il y touche. Par la suite, quand j'ai acquis la certitude que le zoizeau ne craint plus cette baguette, je peux passer à l'étape de l'entraînement à la cible.

Le ciblage doit être perçu et traité comme un jeu *(probablement le plus facile que votre starlette apprendra dans toute sa carrière)*. Donc, tel un nouveau jeu, je commence par bien définir mon objectif *(pour moi-même)* ; selon ma demande (auditive ou visuelle), mon chéri devra se rendre à un point précis de la table et soit toucher, saisir ou manier la cible (objet) désignée par le bout coloré de la baguette.

Je découpe objectivement les séquences qui mèneront vers ce but :

1. Coco doit apprendre à toucher la mouche (rouge) de la baguette du bout de son bec.

2. Coco doit apprendre à toucher, prendre ou manier l'objet désigné par la mouche (rouge) de la baguette.

3. Coco doit apprendre à se déplacer pour toucher la mouche (rouge) de la baguette.

4. Coco doit apprendre à se déplacer pour toucher et prendre ou manier l'objet désigné par la mouche (rouge) de la baguette.

5. Coco doit apprendre à se déplacer pour prendre l'objet désigné par la mouche (rouge) et l'apporter dans ma main ou à un point précis de la table désigné *(encore une fois)* par la mouche (rouge) de la baguette.

6. Un programme d'enfer !

En premier lieu, je place la mouche (rouge) de la baguette pratiquement devant le bec de l'oiseau, sous un angle où il ne sera pas tenté de l'agripper avec sa patte, en lui formulant la demande « Touche *la baguette* ». S'il détourne la tête, je suis doucement son mouvement en essayant de maintenir la mouche de la baguette devant son bec, le but étant qu'il y « Touche » de lui-même. Dès qu'il s'exécute *(si le bout de la baguette est vraiment devant son bec, il ne pourra pas résister)*, j'enchaîne immédiatement le lien « Oui !!! » et je le récompense *(j'occupe son bec d'une graine de tournesol avant que ne lui vienne l'envie de croquer ce bout coloré si attirant)*. S'il dédaigne toujours toucher le bout de la baguette, une lichette de beurre de cacahuète astucieusement étalée sur la mouche accomplira des miracles *(noooon… ce n'est pas de la triche, c'est une offre qu'il ne peut pas refuser)*. Je renouvelle cette opération à quelques reprises, puis je continue vers la seconde étape.

Je bouge lentement la baguette près de son corps : en haut, en bas, à gauche, à droite, derrière lui, etc., afin qu'il se penche, s'étire ou se retourne pour toucher la mouche (rouge). Puis, je fais circuler la baguette à différents endroits sur la table : d'abord à quelques pas de lui, puis de plus en plus loin de façon à ce que l'oiseau doive se déplacer pour venir vers la baguette et la toucher. Je ne le fais pas marcher ou courir derrière la cible *(à moins que le jeu que j'ai en tête ne le demande précisément)*.

- *Résister à la tentation...*

... ne pas croquer... Ne surtout pas croquer... !

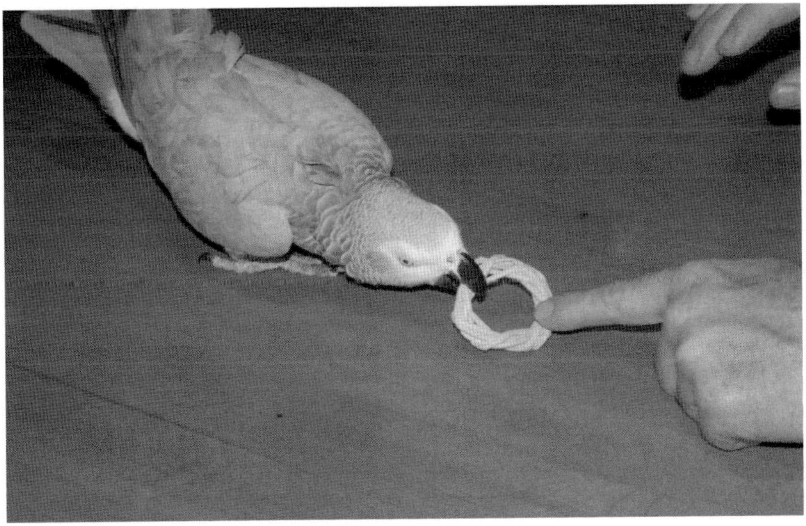

... ni la baguette... ni le doigt !!!

À chacune de ces étapes, je réitère la demande « Touche *la baguette* ». Ma demande visuelle pourrait-être mon index placé juste au-dessus de la baguette et qui la suit même si elle bouge, afin qu'éventuellement *(dès que mon oiseau aura bien compris le principe du ciblage)* je puisse retirer la baguette du jeu, mais continuer à utiliser mon index comme outil de ciblage *(c'est plus pratique puisque, contrairement à la baguette, j'ai toujours mon doigt sur moi)*.

Lorsque le perroquet s'exécute, je le renforce allègrement - Lien / Récompense. Après plusieurs répétitions de « Touche *la baguette* », je passe à la seconde étape en pointant la baguette *(et mon index)* vers un objet qui, je le sais, captera inévitablement l'intérêt de mon Coco. Pour une première tentative, il serait astucieux que cet objet soit beaucoup plus désirable et attrayant que la baguette. Je touche cet objet du bout de ma baguette, je fais la demande « Touche *le* ____________ » *(ce que je désigne)* et, dès que mon perroquet y pose son bec ou sa patte - Lien / Récompense. Si mon petit chéri agrippe la baguette, je fais celle qui n'a rien vu *(aucune attention = extinction)* et, mine de rien, je continue le jeu.

Graduellement, je cesse de renforcer l'oiseau lorsqu'il touche le bout de la baguette ; je le récompense seulement quand il touche l'objet indiqué avec la baguette. Ainsi, il apprend tranquillement à toucher les objets que je pointe avec la baguette, ce qui simplifiera l'apprentissage d'une séquence à suivre d'un jeu ou la présentation d'un accessoire. Plus tard, j'enchaînerai les demandes « Prends », « Apporte », « Dépose » et « Va chercher » que nous verrons en détail un peu plus loin. Il serait préférable de toujours accompagner le « jeu » du ciblage d'une demande verbale pour en arriver à la longue, à remplacer la baguette par votre doigt *(signe visuel)* ou votre voix *(signe auditif)*. La baguette de ciblage n'est qu'un « assistant » qui aide l'oiseau à comprendre plus rapidement votre intention. Une fois que le comportement désiré est appris, on devrait retirer la baguette pour ne conserver que les demandes *(signes)* visuelles ou auditives.

La réprimande - Jouer avec le feu

La réprimande ? Pour quoi faire ? On joue ! « *Même par jeu, il n'est pas permis d'offenser un ami* » - Syrius

Aucun perroquet n'assimilera quoi que ce soit par l'utilisation de réprimandes ou de récriminations dans l'apprentissage de quelques comportements sociaux que ce soit, d'un jeu, tour ou truc. Rien… zéro… néant… niet… ziltch !!!! Les perroquets ne connaissent aucun principe d'autorité, ça ne fait pas du tout partie de leur bagage génétique. Ils ne reconnaîtraient pas une hiérarchie même si elle leur roulait dessus. Alors, cessez de vous égosiller à admonester Coco, il n'a aucune idée de ce dont il retourne. Au pire, vous l'effrayerez et vous ne serez pas plus avancé… Na ! Nous humains vivons en société hiérarchisée. Nous fonctionnons aussi en contexte de dominance avec nos chiens, et par conséquent il nous est très difficile de comprendre toute l'essentialité de la « non-hiérarchie ». Les parents perroquets incitent leur progéniture à l'autonomie par guidance et encouragements. Ils ne connaissent ni n'appliquent aucune autre méthode *(maman perroquet ne dispute pas bébé perroquet)*.

- *Faudra apprendre à composer avec, les gars !*

Le seul résultat que vous obtiendrez par des remontrances à Coco sera de lui faire perdre le goût qu'il aurait pu développer à apprendre à jouer avec vous *(ou n'importe quel autre apprentissage)*. Les effets secondaires de cette attitude négative de votre part se traduiront toujours chez le perroquet par une grande frustration qui elle, induira *(insidieusement)* un ou plusieurs de ces **?&"!$%*!&* mécanismes de défense, telles l'agressivité passive *(obstruction, résistance, évitement)* ou l'impuissance apprise. Non, décidément, je n'en vois pas l'intérêt. Revenons à plus constructif.

Jouer c'est aussi se mettre en représentation, simuler parfois, tenter d'attirer, de plaire.

- Olivier Tood

Mettre des atouts dans son jeu

Communiquez de manière à être compris

Comme je l'ai déjà mentionné, le perroquet et l'humain ne parlent pas le même langage. Ce sera à vous de vous ajuster dans vos modes de communication avec Coco afin qu'il comprenne bien ce que vous attendez de lui, pour qu'il soit en mesure de percevoir qu'il est ou non sur la bonne voie, ou encore qu'il a bien réussi le jeu. Il ne faut pas rêver, le perroquet ne saisira pas tout de suite vos demandes. C'est par votre guidance que l'oiseau en arrivera à saisir ce que vous tentez de lui signifier *(faire la démonstration du jeu devant lui, l'inciter à agir*

- Ça va, j'ai compris... Pas besoin d'une autre démonstration !

en employant les signes appropriés ; encourager les approximations successives ; utiliser et répéter une demande qu'il connaît déjà, etc. - je « redondonne » là). À partir du moment où vous savez communiquer, le jeu peut commencer !

Mettez un peu de « fizz » dans votre attitude

Une partie non négligeable de l'apprentissage des jeux consiste sans contredit en l'intérêt que Coco portera à votre charmante personne. En effet, si vous êtes du genre fadasse, trop modéré ou même, juste un peu trop ordinaire, vous n'arriverez certes pas à stimuler un gaillard à la personnalité aussi intempérante que votre perroquet. Pour lui, jouer c'est s'éclater. Et pour qu'il fixe son attention sur vous, il faudra minimalement apprendre à mettre un peu de « fizz » dans votre voix et votre attitude lors des périodes de jeu. La retenue n'est pas du goût des perroquets. « *Bienheureux celui qui a appris à rire de lui-même, il n'a pas fini de s'amuser.* » - Joseph Folliet

Alors, travaillez un peu votre « parlé perroquet » en étant expressif, enjoué, pétillant, enthousiaste, animé, pétulant… Laissez-vous aller un bon coup, riez haut et fort... les perroquets aiment les fous *(go for it… personne ne vous regarde)* !

Plus vous manifesterez d'entrain, plus votre perroquet, en bon cabot, s'emballera à l'idée d'être le centre d'attraction de cette comédie burlesque qu'est le jeu. Plus vous serez démonstratif, plus il aura envie de s'investir *(et même d'en rajouter)* dans ces petits moments de pure insouciance et de douce folie avec vous. Ne vous prenez pas la tête si Coco ne réussit pas un jeu ; il excellera dans un autre, c'est tout. Il n'y a jamais d'obligation à la performance. Vous jouez pour vous amuser. Alors, allez-y et rigolez de bon cœur. C'est bon pour le moral… et les artères !

On joue à « pète puis répète » - La patience

Entraîner un perroquet à des jeux plus complexes commande beaucoup de répétitions *(et de patience)*, autant pour les demandes visuelles que pour les demandes auditives. Il est important de ne pas « innover » en cours de route : vous devez toujours employer les mêmes mots et les mêmes gestes pour un jeu en particulier et vous n'en changerez

- Tu peux répéter encore ?

T'es trop craquante quand tu t'énerves…

que si un nouveau jeu dicte de nouvelles demandes. Et je « redondonne » encore : avant la présentation d'un nouveau jeu, vous mettrez l'oiseau dans les dispositions optimales en lui permettant de refaire (*et réussir*) des jeux faciles qu'il connaît déjà très bien... le tout, dans la joie et la bonne humeur ! Ceci le valorisera et renforcera sa confiance à l'aube d'un nouvel apprentissage. N'oubliez pas que c'est par la répétition de l'exercice que le perroquet apprendra.

Ne soyez pas pressé d'obtenir trop rapidement un résultat en étirant interminablement les périodes d'entraînement à un seul jeu. Vous devez éviter à tout prix d'abuser de la bonne volonté de votre chérubin. Si vous lui semblez trop insistant, peut-être que Coco ne sera pas aussi enthousiaste la prochaine fois que vous aurez envie de jouer.

Le bon moment - Jouer un coup sûr

Vous ne devez jamais forcer votre perroquet à faire ce dont il n'a pas envie, a fortiori pour des questions de jeux et d'amusements. Avant de penser à des périodes de jeux ou d'entreprendre une « séance d'entraînement » comportant des séquences plus épineuses, vous prendrez quelques secondes pour bien observer Coco afin de vous aviser si ce dernier se trouve dans de bonnes dispositions *(ça se voit tout de suite)*. Vous ne devez jamais démontrer le moindre signe de contrariété parce qu'il n'a pas le goût de venir vers vous pour jouer. Après lui avoir formulé votre phrase annonce : « Show time » ou « Viens on va jouer », s'il vous tourne le dos ou avance vers vous à la vitesse d'un escargot anémique, mieux vaut remettre le projet à plus tard. Il semblerait que Coco n'ait pas envie !

En après-midi, il aimera certainement se taper un petit roupillon et ce ne sera vraiment pas le moment de le déranger avec vos puérilités ludiques. Idem lorsqu'il est en pleine séance de toilettage ou affairé à terminer la dégustation de la délicieuse omelette du déjeuner.

Parfois, il arrive que Chéri soit irritable et d'humeur passablement massacrante. La plupart du temps, les raisons vous échappent totalement. Les perroquets sont comme ça, de bons diables mais à la sensibilité fluctuante, et ces variations sont quelquefois trop furtives pour qu'on puisse en saisir l'origine. Alors, ne vous évertuez pas trop à en chercher la source *(ce n'est pas nécessairement de votre faute)*. Dans ces

- Ce n'est pas trop le moment, là... Chuis occupé.

moments-là, mieux vaut modifier temporairement votre programme et attendre que vos planètes soient parfaitement alignées.

Le jeu de l'offre et de la demande

Occasionnellement, Coco ne semble pas plus disposé qu'il ne le faut à s'investir dans l'apprentissage d'un jeu. Il a envie de jouer avec vous, mais pas de faire d'efforts particuliers. Il n'est pas vraiment motivé. Souvent, dans ces cas-là, il optera pour la facilité et tentera de cabotiner en s'accommodant de jeux ou tours qu'il maîtrise déjà haut la patte et / ou essaiera de prendre des raccourcis *(rétrospective de ses plus grands succès)* pour accéder sans difficulté à la récompense. Pourquoi payer cher quand on peut *(si aisément)* obtenir un rabais ? C'est le jeu de l'offre et de la demande aviaire.

Il faut demeurer ferme et résister à l'offre de Coco de substituer l'amusette à l'effort : soit de le récompenser lorsqu'il négocie de la sorte *(même si ce qu'il vient d'effectuer est tellement craquant)*. Souvent, Peanut, mon gris d'Afrique, tente ce genre de marchandages avec moi en utilisant des mots ou des postures qui, il le sait, ont l'heur de m'émouvoir. S'il n'a pas envie de s'appliquer au jeu mais désire néanmoins en tirer les bénéfices, les tractations commencent : « *C'est le beau Peanut à Johanne* » ou encore - soupir à vous fendre l'âme... « *Comme je t'aime toi* » ou « *Embrasse-moi, mon amour* ». Et que je roule sur le dos - et que je fais l'avion - et que je chante et danse, etc. Je dois

- Moi, manipulateur ?

avouer *(mea culpa)* que trop souvent, ça marche glorieusement avec la bonne poire que je suis. Peanut est un négociateur hors pair et... j'en paie le prix fort. Il m'est maintenant très difficile de le garder concentré sur un jeu, tellement il use de ces stratagèmes *(par ma très grande faute)* pour obtenir *(sans coup férir)* une récompense. De fait, les trésors d'imagination qu'il déploie *(marchandages en tous genres)* pour me manipuler sont presque devenus un nouveau jeu en soi. À la faveur de mon inconstance, Peanut s'est rapidement transformé en roi du « short cut » de la récompense... Honte à moi... Bouh... hou... !

Voilà, un comportement, ce n'est pas quelque chose d'immuable. C'est une entité mouvante qui se modifie, fluctue, se réinvente *(et apparemment, se négocie à la baisse chez le perroquet)* au gré des expérimentations de l'oiseau. Le perroquet va naturellement s'ingénier à raffiner un comportement selon ses propres conceptions afin de le rendre plus productif et, surtout, profitable pour lui. Parfois ces « grenouillages » dirigent malgré tout l'oiseau dans la direction du but final et ne dérangent en rien le jeu proprement dit. Cependant, dans le cas où ses combines vont à l'encontre de l'objectif, et ce, en dépit de l'originalité dont fait preuve votre perroquet, vous devez résister à la tentation de renforcer cette attitude *(faites ce que je dis... pas ce que je fais)*. Dans ce dernier cas, il serait plus enrichissant pour les deux parties de créer un nouveau jeu à partir des préceptes innovateurs de Coco.

Vous pouvez vous-même jouer au jeu de « l'offre et la demande » en adoptant à fond le rôle du requin de la finance ; en demandant plus... pour la même rétribution. Honnn...! C'est honteux d'agir de la sorte avec un pôôôvre petit oiseau sans défense ? - Hé ! Dites-vous que s'il peut négocier, vous y avez droit vous aussi ! Ainsi, Coco ne sera plus récompensé seulement parce qu'il lève sa patte pour saluer *(extinction partielle)*, il le sera s'il soulève la patte plus haut ou s'il agite ses doigts. Il ne sera plus rémunéré uniquement parce qu'il danse, il le sera si, en plus, il tourne sur lui-même ou étire une aile. Vous pouvez raffiner un jeu ou un tour que Coco maîtrise parfaitement en augmentant le niveau de difficulté, en rajoutant des critères tels la vitesse d'exécution, la discrimination des couleurs ou formes, l'ajout d'un obstacle, manipulation d'objets ou en le couplant à un autre (prendre un objet, le porter à un coin de la table, en extraire un autre d'un accessoire et vous le rapporter). Vous pourrez ainsi garder Coco stimulé et... vous éviterez de le frustrer... en doublant son salaire *(au mérite seulement)*.

Lorsque je fais le coup du requin à mes oiseaux, je majore *(substantiellement)* leurs gages dès qu'ils réussissent à franchir une nouvelle difficulté : deux pistaches au lieu d'une seule. Mais tout comme un vrai requin, la rétribution revient à la normale (une seule pistache) dès qu'ils ont bien assimilé la nouvelle routine. Le bonus, c'est réservé aux grandes occasions. Comme mentionné précédemment... Business is business !

Ne jouez pas au chat et à la souris - Soyez constant - Soyez cohérent

La constance et la cohérence sont des clés importantes vers le succès *(...après ma petite confidence ci-devant, qui suis-je pour vous parler de constance ?).*

Ne jouez pas au chat et à la souris avec vos demandes. Une demande, ce n'est pas une devinette à l'intention de Coco - « *Devine ce que je veux te dire, cette fois-ci...* » En aucun cas, vous ne devez permettre à la confusion de s'insinuer dans la tête de votre oiseau.

- Un doute m'assaille... Patte gauche ou bien était-ce la droite ? À moins que ce ne soit la queue...

Soyez constant, utilisez chaque fois les mêmes signes pour les mêmes demandes et le même lien ; récompensez toujours l'effort et ne cédez pas au chantage émotif *(renforcer un comportement incorrect ou non sollicité)*. La cohérence commande que le timbre de votre voix, votre langage corporel, votre état d'esprit ainsi que votre attitude reflètent clairement et totalement vos attentes et vos demandes envers votre perroquet.

Ne récompensez pas Coco lorsqu'il cabotine ou s'il exécute une prouesse sans attendre la demande. Il s'interrogera sur la pertinence de la demande et, de plus, ce manque de rigueur risque de lui occasionner de fâcheux inconvénients.

Quand j'ai enseigné à Clémentine *(ma petite G.I. Joe d'Afrique)* à « faire la morte » en se laissant basculer de ma main, sur le dos à demande, elle a tellement aimé l'exercice qu'elle s'est mise à « mourir » ainsi à tout moment, sans avertissements et sans que je ne lui en fasse la moindre demande. Résultat, je ne compte plus le nombre de fois où elle a failli me glisser des doigts et tomber par terre, tête première, alors que je ne m'y attendais pas ! Soyez constant dans vos demandes en ne renforçant pas un comportement intempestif ou à risque, appris par l'oiseau, mais non sollicité par vous *(même s'il est trop trognon)*.

« L'imprévu n'est pas impossible, c'est une carte qui est toujours dans le jeu. »
- Comte de Belvèze

Par contre, vous vous montrerez beau joueur *(lire : opportuniste)* en rattrapant *(au vol)* les prouesses ou inspirations fantaisistes que Coco mettra à votre disposition. Vous ferez preuve de créativité aux yeux de tous en ajoutant ces enchaînements mirobolants auxquels vous n'auriez jamais pensé sans l'inventivité de Coco, et dont vous endosserez toute la gloire... *Ben quoi !*

C'est ainsi que Chichou, ma *(plus que géniale)* cacatoès Alba, a décidé un beau jour où, paraît-il, elle n'avait rien de mieux à faire, d'enfiler les patins à roulettes qui traînaient par là *(dont je m'échinais à inculquer les rudiments à Quita)* et d'en explorer les fonctions par elle-même.

Elle a appris toute seule, comme une pro et en observant Quita, à rouler sur le plancher de ma salle à manger et je n'ai eu qu'à peaufiner quelques petites erreurs techniques… *(trois fois rien)*. Depuis, lors de

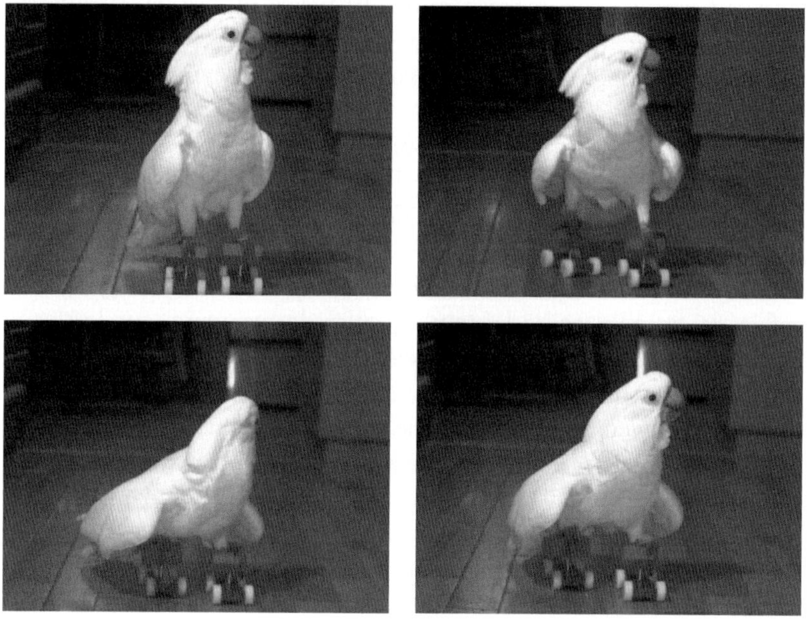

- J'ai demandé avant... Quita, elle me les prête ses patins !

nos prestations publiques, c'est moi qui fais bonne figure avec les talents de ma pupille. Comme je vous l'ai mentionné, ne réfrénez *(au grand)* jamais le besoin d'exploration de votre perroquet et surtout, ne rejetez pour rien au monde les trouvailles de votre élève. Vous pourriez être le premier à vous en mordre les doigts *(si Coco ne l'a pas déjà fait)*.

Qui a joué jouera - Finir sur une note positive

Vous devez toujours clore une séance de jeu sur une note positive *(ainsi que toutes les activités quotidiennes à caractère ludique)* pour toutes les raisons précédemment décrites dans les pages de cet ouvrage. Si le perroquet n'a pas *(encore)* tout à fait bien réussi ce nouveau jeu que vous découvrez avec lui, avant de mettre fin à la période de jeu et tout juste avant d'aller vous partager ce « banana split » yaourt-ananas-fraises que vous avez tous deux si bien mérité, pensez à lui faire accomplir ce jeu facile... vous savez, celui qu'il aime tant et dont la réussite lui est déjà acquise. La période de jeu se terminera ainsi sur un succès et Coco pourra s'investir, l'esprit en paix, dans l'assaut de la montagne de crème aux fraises.

La règle du jeu

✓ Toujours s'assurer que l'oiseau est disposé à jouer ou à apprendre.

✓ Idem pour vous. Si vous ne vous sentez pas d'humeur, il est préférable de remettre la période de jeu à un autre moment.

✓ Le jeu doit toujours se dérouler dans un esprit positif. Ne dites jamais « NON ». Ne perdez pas patience si l'oiseau ne réussit pas ou ne semble pas comprendre le jeu.

✓ Encouragez chaque petit progrès : verbalement, physiquement et de façon enjouée.

✓ Gardez l'oiseau animé en évitant les jeux qui s'éternisent, changez-en souvent.

✓ Adressez-vous toujours à l'oiseau avec un timbre de voix pétillant et bon enfant.

✓ Surtout, n'oubliez jamais qu'un bon copain demeure toujours disponible, même en dehors des périodes de jeu. L'amour et l'affection que vous prodiguerez à votre perroquet, ainsi que votre complicité, seront garants de l'intérêt et des réussites de Coco.

Spontanément, les enfants ne passent pas de la cour de récréation à la salle de classe.

\- François Proust

À vous de jouer

Apprendre à jouer c'est apprendre à rigoler et s'amuser. La série de jeux qui va suivre n'aspire *(surtout)* pas à être prise au sérieux, nous sommes ici pour nous divertir. D'ailleurs, vous constaterez que je traite le thème avec une certaine légèreté ; vous n'êtes pas un « entraîneur » professionnel et Coco n'est pas non plus un artiste du Cirque du Soleil. L'astuce des jeux est des plus simple, plus on joue, plus on affine nos méthodes et plus on devient bon joueur. La règle vaut pour tous les deux *(vous et votre perroquet)* : chaque apprentissage constitue une expérience, chaque expérience vous rendra plus confiant et la confiance vous amènera à vous montrer plus audacieux. Disons

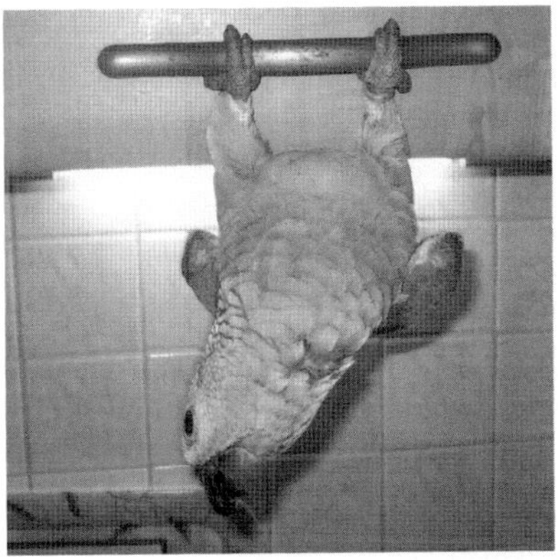

- Le Cirque du Soleil ? Ça me brancherait assez...

- S'amuser d'un rien... ça aussi c'est audacieux !

que vos succès mutuels vous engageront dans une avenue d'intimité et de complicité inégalable avec votre compagnon à plumes, dans la mesure *(bien évidemment)* où vous arriverez à faire abstraction des « performances » de Coco et porterez toutes vos attentes sur le but ultime du jeu... S'AMUSER !

Il sera normal qu'on ait parfois l'impression de ne pas progresser, de ne pas y arriver. On devra apprendre à devenir patient, autant envers nous-mêmes qu'à l'endroit de notre oiseau. Rien ne nous presse, l'apprentissage des jeux doit suivre le rythme du perroquet et naturellement le nôtre. Des fois, « NOUS » *(Coco et nous)* sommes dans une bonne passe ; alors, il faut en profiter au max. Toutefois, si « NOUS » sommes dans un jour gnangnan, on se contentera de s'amuser à des jeux connus ou farfelus sans nécessairement qu'il y ait apprentissage... simplement jouer pour le plaisir de jouer.

En aucun temps, il ne faudra vous décourager si l'apprentissage d'un jeu ne se déroule pas à votre goût. Il sera préférable de prendre du recul, considérer la situation dans son ensemble, puis décortiquer chacune des étapes de l'entraînement. Peut-être qu'on cherche à aller trop vite, que nos demandes ou « explications » manquent de clarté ou *(bêtement)* que Coco n'a aucun intérêt pour cette catégorie de jeu. En tels cas, on passe simplement à cet autre jeu formidable que l'oiseau connaît, qu'il aime et réussit bien, puis on se donne le temps d'analyser à tête reposée ce qui a pu clocher dans l'apprentissage du jeu échoué. Parfois, la nuit porte conseil. Vous déciderez de reprendre cet entraînement plus tard, demain… ou peut-être jamais ! L'apprentissage de CE jeu est-il vraiment essentiel à votre bonheur ?

On essayera de se montrer le plus constant possible en consacrant quotidiennement un moment pour jouer avec notre perroquet. Sauter une période journalière de récréation ne nous apparaît pas dramatique, mais l'oiseau ne comprendra sans doute pas qu'on soit occupé ailleurs et risque de ressentir cette absence d'interaction comme un manque d'intérêt envers sa petite personne. Il n'est pas nécessaire de sortir tout le fourbi si on ne dispose que d'un peu de temps : on peut simplement jouer à « chat », à « la cachette », danser et faire des cabrioles ou une bonne partie de cartes avec Coco. L'important, c'est de réserver une parcelle de notre plage horaire aux loisirs partagés avec notre meilleur copain.

- *On va dire que moi, je « serais » le gros faucon*

… et toi, tu « serais » l'arbre !

Un comportement inné aura toujours *(qu'on le veuille ou non)* préséance sur une attitude acquise. Ainsi, certaines réactions de notre oiseau quant à divers jeux, accessoires de jeu ou manipulations nous sembleront peut-être disproportionnées. Cependant, elles n'en seront pas moins normales *(du moins, pour lui)*. Devant une menace, réelle selon SA perception, ou une situation inhabituelle, les conduites instinctives referont surface même chez le mieux « socialisé » des perroquets, et il en

- *C'est pour la photo, lâche tes doigts un peu...*
- *Que Grincheux commence donc par se retourner...*
- *Moi, j'aime pas les photos... c'est inné !*

sera de même pour tous les comportements de résolution de conflits qui viendront périodiquement parsemer l'apprentissage. Certaines attitudes s'adapteront ou se modifieront par habituation *(disparition de la réponse innée à certains stimuli)*, mais d'autres demeureront toujours présentes et se manifesteront au besoin. L'oiseau réagira alors *(normalement)* par des automatismes de fuite ou de défense qui se révéleront sous différentes formes, nous indiquant très clairement qu'il nous faut réévaluer nos stratégies, la justesse ou la pertinence de celles-ci.

Ainsi, lors d'un nouvel apprentissage, il sera essentiel de bien observer les réponses émotionnelles de notre élève, que ce soit pour un jeu de manipulations ou au moment de la présentation d'un accessoire. Il demeure important, en toutes circonstances, de proposer un nouveau jouet de manière délicate en surveillant attentivement les réactions de l'oiseau. Ce qui nous semble anodin peut paraître épouvantable aux yeux de Coco.

Le perroquet « domestique » demeure curieux et inquisiteur de nature. S'il nous voit jouer ou manipuler un accessoire avec plaisir et bonheur, on augmentera sans nul doute les chances qu'il s'aventure à faire de même, question de ne pas manquer le bateau.

Vos principaux atouts dans la présentation ou l'enseignement d'un nouveau jeu résideront dans l'anticipation des appréhensions de votre équipier emplumé ainsi que la compréhension de ses attitudes. Tel un joueur d'échec, vous devez apprendre à prévoir deux coups à l'avance simplement en essayant de vous mettre un peu à sa place. Coco ne sera certes pas en mesure d'interpréter toutes vos indications verbales, mais se révélera drôlement fortiche pour décoder vos précisions visuelles et prosodiques, alors usez de tous vos moyens pour l'orienter dans la bonne direction. La meilleure communication entre deux

- Comment, tu ne comprends pas ?

Mon non-verbal est pourtant clair...

espèces différentes passe par le non verbal et le paraverbal : vos mains, votre corps, votre sourire, vos yeux, le ton et le contour mélodique de votre voix et quelques exclamations joyeuses... Tout ça, il le comprend... Soyez expressif et démonstratif !

Let's go !

1. Vous êtes frais, dispos, et surtout, détendu et passablement « relaxe ». Si vous êtes stressé ou pressé, oubliez ça, il vous sera impossible d'adopter le ton de voix « fizzé » nécessaire pour stimuler Coco. Remettez le jeu à plus tard, il ne sortira rien de bon pour l'instant. Une attitude enthousiaste et un état mental avenant sont des conditions *« sine qua non »* au prélude de la période de plaisir. Si vous avez envie de jouer, jouez ! Sinon, rien de mieux qu'une douillette séance de câlins-tendresse, bien lovés au fond de votre sofa, qui faute d'amusette comblera avantageusement le besoin de rapprochement de votre « languissante-de-vous » boule de plumes.

2. Votre perroquet est d'humeur badine et semble réceptif.

3. Vous avez prévu du temps : le jeu peut durer et durer encore... Rien ne vous presse, vous vous sentez « cool » !

4. C'est une journée *« ad lib »* ou peut-être un jour *« tours et trucs »*. En tel cas, vous avez soigneusement choisi les jeux que vous proposerez à l'oiseau et vous avez déjà formé une esquisse de leur ordre d'apparition. Faites-vous-en seulement une petite idée, ne soyez pas rigide. Au bout du compte, c'est Coco qui aura le mot de la fin... selon l'humeur du moment.

5. En lisant les pages qui vont suivre, si vous éprouvez quelques réserves sur vos aptitudes à demeurer constant dans vos demandes ou dans les séquences du jeu *(l'inexpérience n'est pas un crime)*, prenez soin dans vos premières tentatives de vous composer une feuille de route décrivant chacun des jeux et brossant un tableau *(satisfaisant)* des séries et des enchaînements. Ne faites pas une thèse, mais rendez le tout très visuel pour n'avoir qu'à y jeter un coup d'œil au besoin. Vous avez longuement détaillé les successions de mouvements dans votre tête avant de les coucher sur papier et « en théorie » tout ça vous semble efficace. Bien alors... tout devrait baigner !

6. Pour les jeux qui requièrent plus d'attention de la part de Coco, vous avez choisi un moment un peu tranquille où vous ne serez pas dérangé et vous avez pensé à vous garantir contre toutes stimulations externes. Vous savez, toutes ces menues distractions ambiantes : bruits, enfants qui jouent autour, Johnny qui répare le vélo du petit, la radio qui passe le Top en boucle, le lave-vaisselle qui « couine » à chaque changement de cycle, le portable de votre ado qui ne cesse de faire retentir la 9e de Beethoven, etc. - qui pourraient vous déconcentrer ou joyeusement dissiper Coco-la-fouine. On inclut aussi dans la liste tout ce qui brille, chatoie et scintille et autres colifichets qui attirent irrémédiablement l'intérêt du psittacidé normal et bien conformé, tels miroirs, montres, bracelets, bagues ou piercing en tous genres, chemisiers à boutons ou colorés et tiers objets épars sur la table de jeu.

7. Coco connaît la pièce ou l'aire de jeu. Il a pu profiter du temps nécessaire pour y prendre ses repères et s'y sent tout à fait en sécurité et confortable. Bien ! Il appréciera un jour prochain le plaisir de jouer dans différents appartements ou situations, lorsqu'il aura eu le loisir d'apprendre à apprendre dans un contexte rassurant. Le spectacle, ce sera pour plus tard !

8. Vos accessoires ou jeux sont déjà en place dans la pièce, question de prévenir les distractions en introduisant un nouvel objet en cours de route. Le terrain de jeu (table, plancher, votre lit) est recouvert d'un tissu « antidérapant » quelconque afin d'éviter que les accessoires se déplacent ou que Coco y risque une petite glisse ; les perchoirs (perchoir en T ou de table, dossier de chaise, perche ou gym) sont installés, bien centrés pour le jeu. Mieux vaut s'abstenir de les déranger pour ne pas détourner l'attention de votre génie en herbe.

9. Vos demandes visuelles et auditives ainsi que votre lien vous viennent facilement. Vous avez la certitude qu'ils sont clairs et compréhensibles pour Coco.

10. Les renforçateurs sont apprêtés *(nourriture en petits morceaux)*. Vous avez préparé les gâteries préférées de votre poulain de façon à les rendre rapidement consommables : graines de tournesol, morceaux de fromage, de raisin, de pistache, etc. Pendant la période de jeu, Chéri fera pas mal de saletés. Pas grave, laissez balai et serpillière de côté... pour le moment. Vous ferez le ménage ensemble après le jeu, ce qui pourrait bien devenir un autre jeu en soi... profitez-en !

11. Vous avez en tête votre ritournelle-échelle de temps :
    - *« En roulant ma boule en roulant... »*
    - *« 1, 2, 3, 4, 5, 6, 7, Violette, Violette... »*
    - *« Maman les p'tits bateaux qui vont sur l'eau ont-ils des jambes... »*
    - *« Pomme de reinette et pomme d'api ; d'api, d'api rouge... »*
    - *« Un moineau sur ton dos ça picote, ça picote, ça picote ton chapeau... »*

12. Vous avez, comme de juste, tout prévu en pensant à planifier du temps aussi pour l'après-jeux. Jamais vous n'oseriez mettre Coco de côté, ou pis en cage, immédiatement après un intermède si formidablement récréatif. Vous savez qu'il tire sa vraie récompense et sa valorisation de l'attention et de l'affection que vous continuez à lui prodiguer après ses efforts. Vous aurez bien travaillé tous les deux, alors après coup, vous relaxerez ensemble.

13. Vous êtes fin prêt à passer au jeu. Vous prenez le temps de « mettre votre perroquet en condition » en lui présentant la « boîte à friandises » et en lui tendant quelques gâteries. Si Coco ne carbure pas aux « goodies », offrez lui ce qu'il aime (caresses, danses, etc.) tout en annonçant le moment de plaisir : « Viens-on va jouer » - « Show Time »...

14. Votre perroquet trépigne joyeusement d'excitation - ses pupilles se dilatent, il froutte de la queue, etc. : il est d'accord pour jouer. Maintenez-le dans cet état d'esprit tout au long de la période de jeu.

15. Alors, installez-vous très confortablement. Puisque maintenant vous savez comment entretenir l'intérêt de Coco au jeu… ça risque de durer looonnngtemps !

16. Le plus important est de garder en tête que vous allez vous amuser avec votre perroquet. Bien sûr, il se peut que vous lui enseigniez pas mal de routines, de jeux ou de trucs, mais pour l'oiseau, ce qui primera sur tout demeurera toujours le plaisir qu'il retirera de ce moment passé en votre compagnie à ne rien faire d'autre que jouer. Le tout doit se dérouler dans une atmosphère ludique et on ne cherche pas à pousser notre Coco à la performance.

Dans l'apprentissage des jeux, en tout temps il faut garder en tête ce vieil adage anglais - KISS - *Keep It Stupid Simple* - là réside tout le secret de sa réussite… et de la vôtre !

Bon, j'arrête ici, je me fais l'effet d'une mamie qui a peur de laisser ses « petits » prendre leur envol. Je sais que vous êtes « grand » maintenant et que vous pouvez y arriver tout seul *(si vous suivez les propositions de ce livre… et dans l'ordre)*. Mais encore *(je ne peux m'en empêcher)*, une petite dernière pour la route…

- *Heureusement qu'elle en a fini des recommandations de dernière minute, sinon je la pinçais !*

- *Tu l'as dit bouffi, ça me démangeait aussi…*

Même si ce n'est pas du jeu

Sans aller jusqu'à vous conseiller de passer chez Dame Voisin y faire rédiger vos horoscopes respectifs, je vous suggère tout de même, avant d'entreprendre un nouveau jeu, de tenter de bien visualiser son entière réussite dans votre tête, et ce, dans les moindres détails *(ce qui devrait couler de source si vous faites vos devoirs)*. Je sais que cela peut

- Ah ! Non ! Elle remet ça...
- Hé ! Ho ! Doucement... C'est de l'agression redirigée ça !

sembler quelque peu ésotérique, cependant, en ce qui me concerne, avec mes propres oiseaux ça fonctionne. Je crois sincèrement à la très forte empathie des perroquets et surtout à cette acuité analytique qui les rendent si sensibles à la plus minime de nos pantomimes émotives. J'ai au fil du temps, acquis la certitude que nos chers volatiles sont particulièrement sensibles à notre état d'esprit, à l'assurance ou l'hésitation que nous accusons par rapport au raffinement d'un nouveau jeu et à notre appréhension des aptitudes de Coco à satisfaire à sa complexité d'exécution. Mieux vaut se représenter notre perroquet tel un battant plutôt que d'anticiper son échec devant la finesse de ce jeu tout neuf.

- On y va maintenant ?

Il y a deux manières de plaire :
amuser et intéresser.
- Stanislas de Boufflers

Faites le jeu de Coco

Jeux avec mouvements naturels

Jouer, c'est avant tout se divertir. Et quoi de plus réjouissant pour un perroquet normalement constitué que de retenir toute l'attention de son humain chouchou *(ou de son fidèle auditoire)* en ne procédant à rien de particulièrement spectaculaire. En fait, rien de plus que ce qu'il accomplit quotidiennement et en prime... être payé de retour pour le faire... presque une arnaque... le vrai bonheur quoi !

Observez votre perroquet lorsqu'il joue, qu'il se toilette et lisse sa ravissante queue avec soin. Regardez-le quand il déploie ses ailes, se retourne, se repose ou cabotine en se la jouant chauve-souris, agrippé par les pattes à sa perche. Considérez-le et remarquez la souplesse de son corps,

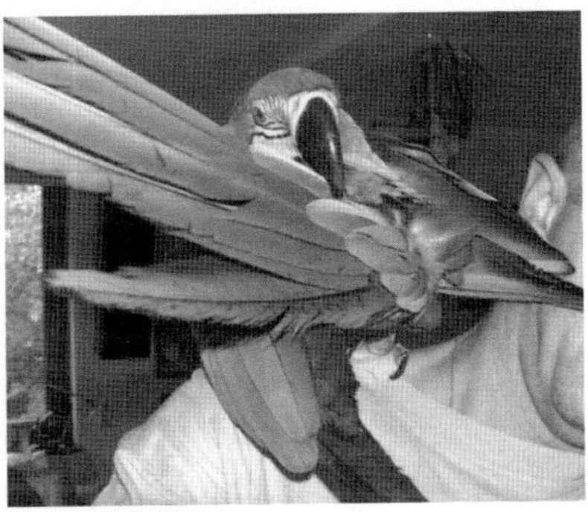

- Admire la souplesse dans le mouvement... Dis, tu me regardes là ?

- Attendez que j'aie fini de me coiffer... Le résultat en sera encore plus spectaculaire !

l'agilité de ses pattes, de son bec ; notez comme ses ailes s'étendent, comme ses plumes se hérissent et comme il étale sa queue en un superbe éventail. Votre perroquet sait naturellement sauter, lever la patte ou les ailes, tourner, se pencher ou s'étirer, etc. Il connaît de façon innée l'art de communiquer et de vous ébahir avec son corps.

Alors, pourquoi ne pas entreprendre l'apprentissage de la « demande » en exploitant ces déplacements qui lui viennent si spontanément, ce qui permettra de mettre notre fantaisiste dans de bonnes dispositions quant à un éventuel « entraînement » plus avancé ? Le tout constitue une palette de mouvements élémentaires qui, nous le savons, lui apporteront beaucoup de gratifications *(faciles)* dans plusieurs et très diverses situations où il aura à interagir avec autrui ; que ce soit dans votre salon ou sous les feux de la rampe.

Il se trouve ainsi une multitude d'attitudes très naturelles et parfois fort originales que nous pouvons aisément « cueillir » tout simplement en observant notre perroquet. Certaines conduites lui seront d'ailleurs très personnelles et différeront grandement des jeux proposés dans ce livre. Si Coco improvise ou innove, il faut savoir sauter sur l'occasion ; il possède certainement des talents qui ne demandent qu'à se développer. Ne laissez jamais passer une opportunité ; saisissez les comportements qui vous amusent et qui selon vous valent le coup d'être répétés, ils composeront l'unicité du répertoire de votre jeune premier. Certains tempéraments s'inscriront dans des visées plus intellectuelles, physiques, artistiques, clownesques, cascadeuses ou acrobatiques que d'autres. Un gris d'Afrique ne se métamorphosera jamais en cacatoès *(quoi qu'on en dise ou qu'on fasse)*, mais il détiendra,

- Ah, non ?
- Ben, non !

à n'en pas douter, plus d'un tour dans son sac pour nous charmer. De plus, en posant votre regard sur votre perroquet, vous apprendrez à le décoder, à comprendre son langage émotif *(corporel)*, ce qui ne nuira certes pas au développement d'une relation des plus complice avec lui.

La première série de jeux que je vous propose se compose de mouvements *(très)* simples qui ne demanderont aucun effort à l'artiste, sauf sans doute celui de porter un peu d'attention à notre personne. En plus de le distraire, le but *(caché)* de ces jeux concourt à la notion

« d'apprendre à apprendre » - la façon par excellence de lui inculquer une base de jeu élémentaire : le principe « action + lien = récompense ».

En ce qui nous concerne, nous apprendrons à observer notre oiseau et à réagir à certaines de ses attitudes naturelles et croustillantes que nous ciblerons afin de les utiliser par la suite. Elles ajouteront du piquant à nos routines quotidiennes avec lui, ou nous pourrons les enchaîner à une foule d'autres jeux qui se complexifieront un peu plus en cheminant dans ce livre.

Avec ces jeux, nous découvrirons comment sauter sur l'occasion lorsqu'elle se présente ou simplement nous servir des conduites tout à fait spontanées de l'oiseau en les lui faisant accomplir à notre demande. Nous ne créerons pas le comportement, loin s'en faut, mais nous l'influencerons de manière à ce que Coco prenne *(énormément)* de plaisir à le reproduire pour nous. Soyons flexibles et adaptables, différents caractères de perroquets agiront ou réagiront diversement selon leur personnalité et leur tempérament. Il faudra apprendre à nous ajuster à ceux-ci afin de laisser libre cours à l'imagination et à l'inventivité de notre joueur étoile.

« L'entraînement » à ces jeux simples peut se réaliser partout et à n'importe quel moment de la journée. Naturellement, nous serons

- Moi, je sais comment sauter sur une occasion quand j'en vois une !

- Dis, tu le cueilles mon comportement ?

Parce que là, tu vois, je fatigueeuu...

tenus de devenir très observateurs, de trimarder une bonne provision de gâteries / récompenses dans nos poches *(si Coco carbure à la friandise)* et d'être prêts à répondre rapidement à chaque petit geste qui va dans la direction d'un but recherché. Dès qu'on remarque une pantomime séduisante - L / R (lien / récompense) et on en profite pour placer une demande auditive et / ou visuelle sur ce comportement.

Pour plusieurs de ces jeux, je n'ai rien eu d'autre à faire que d'observer les conduites de mes oiseaux dans différentes situations de leur quotidien et, de façon opportune, « cueillir » un mouvement qui me plaisait particulièrement sans tenter de le modifier *(parce qu'il était parfait tel qu'il se présentait)*, simplement en le renforçant le plus souvent possible lorsque mon loupiot l'exécutait. Pour ce faire, je - L / R (lien / récompense) le perroquet au moment où il émet le comportement et j'y ajoute des repères visuels et auditifs (demandes). Souvent, question de donner un petit coup de pouce à mon Coco, je m'efforce *(du mieux que je peux)* de reproduire *(mimer ou imiter)* moi-même l'action afin de bien lui indiquer quelle entreprise a attiré mon attention. Je vous entends glousser... Tsst... tsst... ne riez pas avant d'avoir essayé. Il est vrai que je peux avoir l'air cocotte lorsque je singe les manières de mon perroquet, mais ça a au moins l'avantage d'être clair pour lui et je sais qu'il prendra plaisir à restituer mon imitation... Na !

Petite note sur les singeries : lorsqu'on décide de calquer un comportement de notre perroquet ou encore, de camper une mimique qui lui est naturelle afin qu'il nous observe et tente de nous imiter, il faut que notre interprétation s'approche le plus possible de la gestique originelle et « psittadiaire » de l'émission de ce comportement. Ainsi, pour que Coco pige l'astuce du mouvement « Oui », il ne s'agit pas que de remuer la tête de haut en bas à la manière humaine, mais bien de « bobber » rapidement de la tête (de haut en bas), comme nous l'avons si souvent vu l'effectuer. Plus nous rendrons fidèlement la gestuelle de l'oiseau, plus il lui sera facile de comprendre et de reproduire le comportement désiré.

Lorsque nous sommes à l'affût d'une attitude particulière de notre perroquet, les mots d'ordre sont patience et persévérance. Certaines conduites seront répétées très rapidement tandis que d'autres prendront un temps fou ou n'apparaîtront peut-être jamais sur demande. Pour capturer un comportement naturel de votre oiseau, vous devrez vous montrer *(très)* expansif : riez fort, applaudissez-le et n'hésitez pas à mimer ce comportement. Pour qu'il soit motivé et ait envie de remettre ça, vous devez lui donner les meilleures raisons du monde de s'exécuter. Vous voulez attirer son attention sur un mouvement particulier qu'il vient d'effectuer ? Alors, mettez-y toute la gomme !

- C'est ma célèbre imitation de la marguerite.

Si tu me la mimes, je te la refais un coup...

Coco se la joue « peoplelitically correct »... Dandysme et mondanités diverses...

Mes oiseaux m'accompagnent presque toujours lors de mes prestations publiques, certains tempéraments apparaissant plus « people » que d'autres. Toutefois, la plupart savent démontrer une extrême politesse, que ce soit devant un auditoire en délire ou en tête-à-tête avec un seul et unique interlocuteur, du moins, si celui-ci se montre digne d'intérêt « psittadiairement » parlant. Un perroquet

- Si vous ne connaissez pas les bonnes manières, priez pour avoir de bons réflexes... - Billy Cristal

bienséant maîtrise l'art de la salutation courtoise envers les membres de son groupe social *(même élargi)*, ainsi que de son enthousiaste galerie, que ce soit d'une manière « peoplelitically correcte » ou de façon plus intime et conviviale avec ceux qu'il considère ses vrais potes. Un véritable « people » évolue entre deux mots d'ordre : amuser et intéresser et notre minet à plumes adhère parfaitement à ces fondements. Un « dandy » de qualité dégage ravissement et ardeur !

Communiquer pour un perroquet-dandy veut avant tout dire : faire réagir autrui à soi... ! Alors, suivons-le allègrement dans sa démarche et... réagissons !

Coco et les conversations de salon

Coco est d'un naturel mondain qui à coup sûr adorera se mettre en représentation et participer à nos conversations de salon, peu importe que ce soit entre nous dans notre quotidienne intimité ou lors de ses prestations de boudoir en compagnie de nos invités *(de marque)*. Pour

- J'adore être invité à un pot entre copains !

certains de ces jeux, je ne saurais trop vous suggérer d'utiliser une demande visuelle plutôt qu'auditive. Il serait à l'évidence tout à fait grotesque, si on tente d'éblouir son public à l'heure du thé, de souffler la réplique à Chéri en lui disant « répond OUI » quand on lui adresse une question qui commande cette réponse.

Coco acquiesce

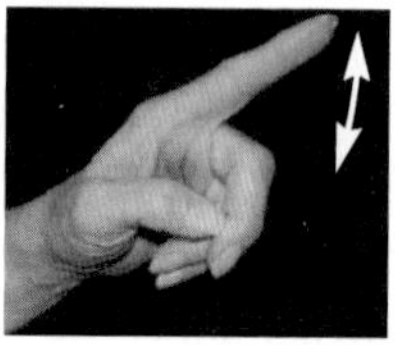

Ma *(unique)* demande sera visuelle : remuer l'index de ma main gauche de haut en bas, exagérément au début puis, après plusieurs répétitions, d'une façon presque imperceptible que seul mon freluquet à plumes saura reconnaître. Lorsqu'on souffle une réponse à notre perroquet, mieux vaut que ce soit fait avec beaucoup de discrétion. ☺

J'installe l'oiseau devant moi sur sa perche et je présente une gâterie entre les doigts de ma main droite près de son bec à la hauteur de sa tête, de manière à la rendre bien visible, mais inaccessible. Lorsqu'il l'a repérée, j'adresse ma demande visuelle de la main gauche *(agiter l'index de cette main de haut en bas)* et je secoue ma main droite *(qui tient la friandise)* de haut en bas, assez rapidement, comme Coco le fait quand il « bobbe » de la tête. Dès que l'oiseau m'emboîte le pas et exécute quelque chose qui ressemble à un « Oui » de la tête - (L/R).

Pour rendre la chose plus visuelle, je l'aide en suivant aussi le rythme. Je mime des « Oui » rapides de la tête en reproduisant le mouvement naturel *(bobbing)* de mon perroquet quand il s'emporte *(selon l'espèce)*.

Généralement, après trois ou quatre répétitions réussies, Coco se transformera en le plus fantastique « Yes-bird » au monde ! C'est tellement trop facile... Idéalement, dans nos quotidiennes interactions, j'essaie de penser à renforcer le comportement « Oui » chaque fois

- *Vous avez déjà essayé de faire une photo d'un perroquet qui fait « Oui » de la tête, vous ?*

que mon oiseau s'excite et remue ainsi sa tête *(de haut en bas - bobbing)*. Dès qu'il s'agite, j'effectue ma petite demande visuelle une fois (index de la main gauche), question de l'informer de la raison de sa récompense et j'enchaîne immédiatement avec le lien « Ouiii !!! » et la friandise de la main droite.

Coco refuse

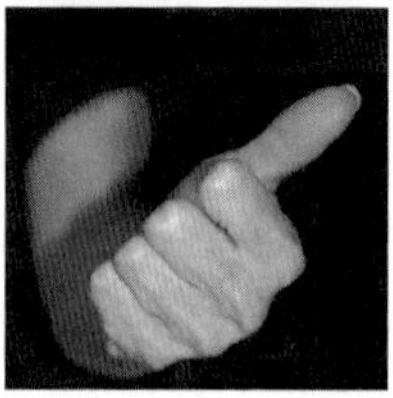

Pour la demande « Non », la séquence ressemble assez à celle de la demande « Oui », à la différence que j'agite la main droite *(qui tient la friandise)* devant le bec de l'oiseau de gauche à droite, en mouvements rapides, plutôt que de bas en haut comme dans le jeu précédent. Ma *(unique)* demande sera aussi visuelle, mais très différente de la demande « Oui » : main gauche, poing fermé et pouce en l'air, d'un simple déplacement je tourne ma main vers la gauche, un peu comme un auto-stoppeur et je bouge ma tête de gauche à droite *(j'exécute des « non » en secouant ma tête comme un perroquet)*, tout en suivant le rythme de ma main *(droite)*, devant le bec du « zoizeau ». Il est important que les demandes visuelles du « Oui » et du « Non » soient totalement dissemblables. Je n'utilise pas mon index pour la demande « Non », je n'embrouille pas la bête pour rien : un vrai coup de pouce fait très bien le travail.

Suite à ma demande visuelle avec le pouce, ce n'est pas vraiment tricher que d'aider mon chouchou un petit rien, en lui soufflant délicatement au visage. La plupart du temps, il secouera sa tête de

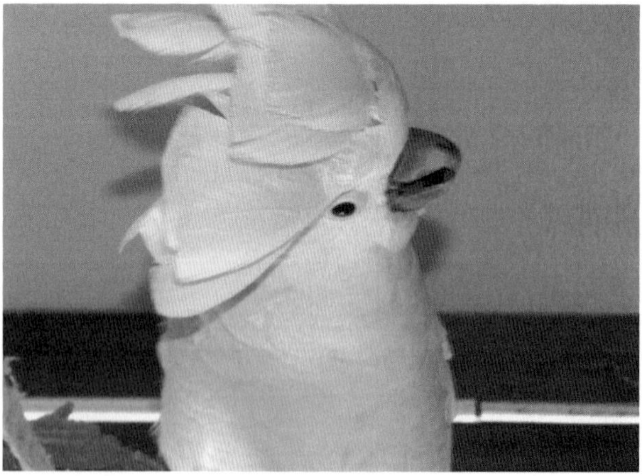

- *Dis donc, ça vient ?*

Est-ce que tu l'as ta pose du « Non » ?

gauche à droite ; alors je formule les - (L/R) immédiatement. Toutefois, il ne faut pas abuser des souffleries. Si Coco s'est ébroué, c'est qu'il n'aime pas trop se faire souffler dessus. Je me sers de cette méthode au début, juste un peu en y ajoutant ma demande visuelle. Je ris haut et fort et je cesse de souffler le plus rapidement possible.

Je renforce ce comportement dans des situations usuelles, entre autres lorsque l'oiseau s'ébroue après un salutaire toilettage ou quand il s'amuse avec un jouet particulièrement attrayant et qu'il secoue ainsi sa tête de gauche à droite. On n'oublie pas les - (L/R) en plus d'émettre la demande *(avec le pouce)* pour que tout soit bien clair.

Les mouvements du « Oui » et du « Non » peuvent être utilisés sur une base quotidienne, ils ne requièrent aucun accessoire sauf notre attention impénitente envers notre psitta-chéri. Les perroquets adorent ces tours qui captivent facilement notre intérêt. Abusez-en !

Coco ne sait pas

Dans son quotidien, notre perroquet est amené à choisir entre différentes options, que ce soit un choix d'activités, de nourritures ou même de personnes avec lesquelles il accepte ou non de socialiser. Cependant, il y a beaucoup de mots ou de situations qu'il ne comprend pas. C'est normal, il n'est pas humain. Ainsi, en plus de l'aider à exprimer ses préférences avec les « Oui » et les « Non », je m'amuse à lui faire annoncer très clairement qu'il « Ne sait pas » *(on joue, quoi!)*.

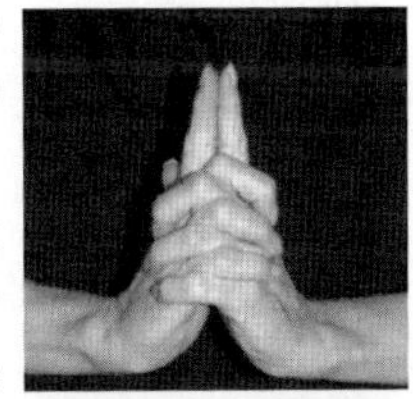

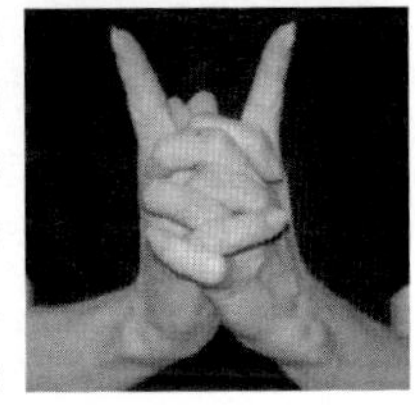

Le comportement est élémentaire : l'oiseau doit soulever ses ailes, juste un peu, afin de donner l'impression qu'il hausse ses épaules en signe de perplexité. La demande auditive se formulera « Tu ne sais pas ? » et la demande visuelle sera : mes mains entrelacées, comme pour prier, sauf les index qui eux s'écartent légèrement pour aller pointer vers l'extérieur *(mouvement d'ouverture)*. Pour rendre cette conduite d'ouverture encore plus visuelle, je relève la tête au moment où j'émets mes demandes visuelle et auditive.

Pour que Coco « hausse les épaules », l'astuce est simple : avec mes index, je vais toucher mon oiseau sous ses ailes de chaque côté de son corps en verbalisant la demande « Tu ne sais pas ? ».

- Ça va ?

Oui ?

Non ?

Automatiquement, il soulèvera un peu ses ailes et à ce moment précis je - (L/R). Je répète le mouvement plusieurs fois accompagné de la demande auditive « Tu ne sais pas ? », puis j'intègre la demande visuelle et si besoin est, je continue de lui donner un coup de main en avançant mes doigts sous ses ailes, le temps qu'il assimile bien l'idée de ce jeu.

- Et comme ça ?

Tu ne sais pas ?

C'est un peu ça l'idée tu vois...

- Bon voilà, je crois que ça y est !

Ainsi, en représentation, pour que l'ensemble s'apparente à une conversation normale, je joins mes mains en prière, sauf mes index, et lorsque je m'entretiens avec le perroquet, j'appuie mes index sur mon menton *(tête un peu baissée, comme très songeuse)* et je m'adresse à lui en disant « Tu ne sais pas ? » (demande auditive), tout en relevant la tête et en écartant légèrement mes index l'un de l'autre (demande visuelle). Bon, je sais que je triche un peu, puisque redresser la tête et écarter les doigts sont des comportements d'ouverture qui incitent l'oiseau à faire de même avec ses ailes (imitation). Mais ce qui compte demeure le résultat n'est-ce pas ? De cette manière, mon enchaînement semble très naturel aux yeux du spectateur confondu, et mes demandes apparaissent très claires à ceux de Coco... Simple non ?

Coco se la joue timide

À plusieurs occasions, j'ai remarqué que mes perroquets se grignotent les griffes dans une posture on ne peut plus mimi... Ils semblent presque timides. J'ai saisi ce comportement en y apposant la demande auditive « Timide ». Charmant, non ?

La demande visuelle consiste simplement à poser mon index gauche sur mes lèvres en baissant légèrement la tête, mouvement qui reproduit l'attitude de l'oiseau qui porte ses doigts à son bec. Ainsi, chaque fois que le perroquet émet le comportement... et que j'ai la chance de le voir agir, je lui formule la demande « Timide » et j'applique mon doigt sur mes lèvres. Ce qui donne, après quelques *(nombreuses)* répétitions, que maintenant, quand je dis à mon petit ange « Allons bon... tu es *Timide* » en appuyant mon index gauche sur ma bouche tout en penchant discrètement la tête, il imite mon geste en portant un doigt à son bec dans une posture des plus coquette, au grand bonheur de son public qui craque à tout coup ! Ici aussi, la demande demeure très claire puisqu'elle reproduit le comportement naturel du perroquet qui se chipote les ongles. Il faut garder présent à l'esprit que plus la demande est intelligible pour Coco, plus il lui devient facile de s'exécuter. Et rien de plus explicite pour lui que de mimer notre comportement... qui imite le sien propre, à quelques détails près.

- *Je suis d'un naturel timide.*

Même les grandes stars ont leur petit jardin secret...

Lorsqu'ils sont fatigués ou d'humeur câline, mes perroquets *(et les vôtres assurément)* ont tendance à se grattouiller le visage et la tête avec leur patte, un peu comme s'ils se caressaient eux-mêmes. Comportement tout à fait craquant sous notre regard tout anthropomorphique...

- C'est ma technique Casanova.

Quel génialissime play-bird je fais...

Ainsi, on se retrouve en début d'après-midi et mes oiseaux commencent tranquillement à s'installer pour leur sieste de mi-journée. Deux ou trois traînent par là et semblent *(encore)* alertes. De façon très opportune, je ne laisse pas passer l'occasion. J'en repère un qui me conte fleurette, je le considère... Oui, c'est bien ça, il porte sa patte à sa joue... Je détourne un peu la tête puis je repose mon regard sur lui... Ça y est... nous voilà partis pour une séance de gratte-moi un peu, juste ici, sur la bajoue... Yop pour moi, allons-y !

Je m'approche et je place une demande auditive sur le comportement « Pretty bird ». J'imite son geste sur le champ en posant la main sur ma figure, je formule le lien - (L) « Ouiii !!! » et je le récompense - (R) immédiatement *(par une caresse sur la pommette, évidemment)*. Je refais moi-même le geste de porter ma main à mon visage, qui deviendra ma demande visuelle, puis - (L/R) à mon Coco qui se minouche toujours la binette.

Je m'éloigne un peu et je regarde mon oiseau… il en redemande en se grattant plus intensément la face et je reprends mon manège. En fait, je recommence autant de fois qu'il m'en laisse l'occasion en un seul épisode. Puis, lorsque Coco cesse d'émettre ce comportement, j'essaie de continuer avec un autre qui n'a pas obtenu sa ration de papouilles et qui m'observe fixement en s'amignotant la pomme. Alors, sous l'œil de mon premier lardon, je refais les - Lien / Récompense *(+ cajoleries et cie)* au second perroquet en énonçant la demande « Pretty bird » tout en déposant ma main sur mon visage (demande visuelle). Ici, je me fie à la rivalité naturelle de mes voyous : si je porte un peu d'intérêt au second, je détiens presque l'assurance que le premier exécutera le comportement simultanément à l'écoute de la demande « Pretty bird » et de ma main sur ma figure. Si vous n'avez pas de second perroquet sous la main, votre conjoint ou votre plus vieux seront parfaits dans le rôle.

C'est ainsi que Pablo *(célébrissime opportuniste)* a rapidement compris les avantages liés à la demande « Pretty bird ». Dorénavant, quand il désire une attention particulière de ma part ou éviter une conséquence après avoir commis une de ses « pabloesques » bêtises, ce qui arrive de façon récurrente, il se recroqueville sur lui-même, penche légèrement sa tête sur le côté *(difficile de faire plus croquignolet)*, porte sa patte à sa joue et formule son désormais légendaire « Pwouèty beude » *(ce bougwe d'oiseau n'a jamais été foutu de pwononcer les « R » cowectement)*, comportement que tous mes perroquets savent émettre quand la situation le demande ou que moi je le sollicite… Top élémentaire !

Un ti-bisou

Quel jeu enfantin *(et sympa)* pour un perroquet que d'apprendre à consentir un bisou, à qui le mérite bien entendu. Donner un seul bisou s'enseigne rapidement. Après quatre ou cinq répétitions, Coco en aura déjà acquis les rudiments et saura à l'avenir se servir de ce précieux atout pour s'attirer nos bonnes grâces et nous soutirer par la même occasion quelques petits privilèges-tendresse.

- Un ti-bisou bien placé... et la glace est cassée.

La méthode commode consiste à utiliser son conjoint comme modèle ou un autre Coco qui maîtrise le jeu. Facile, on énonce la demande « Un ti-bisou » *(c'est ce que moi, je dis ☺)* à sa douce moitié qui s'exécute en déposant un bisou retentissant (Smack) sur nos lèvres, suivi des - (L/R). Ou on en fait simplement la demande à un oiseau qui connaît bien l'astuce : lorsqu'il s'accomplit (Smack), on rit fort, on rajoute le lien « Ouiii !!! » et on le récompense devant le perroquet spectateur. En trois coups de cuillère à pot, l'observant a saisi l'idée générale et se prépare à tenter le coup *(pourvu qu'il ait envie de ce genre de rapprochement avec nous).*

Si on n'a ni conjoint ni oiseau-modèle sous la main, pas de souci, on s'y prend d'une autre manière. Je commence par déposer une gâterie que le perroquet aime particulièrement entre mes lèvres, et une seconde, identique, dans ma main droite. Coco ne devra pas manger l'appât entre mes lèvres, la récompense offerte proviendra de ma main droite.

Je me penche vers mon galant ailé et lui adresse la demande « Un ti-bisou » *(avec la friandise entre mes lèvres, ça sonne « Un gni-gni-gnou »...m'enfin)*, tout en pointant l'index de la main gauche vers mes

- Celle-là, c'est aux bisous que je vais l'avoir !

lèvres et la gâterie qui s'y trouve. Puis, « j'onomatopise » exagérément le son d'un bisou avec ma bouche « Smack » - ce serait un beau bonus que Coco apprenne à émettre cette affectueuse sonorité en nous embrassant. Naturellement, il va s'étirer vers mes lèvres pour prendre la friandise. Dès qu'il touche mes lèvres ou l'appât avec son bec - (L/R). La récompense offerte est la gâterie provenant de ma main droite.

Important : Vous ne devez jamais laisser l'oiseau prendre la friandise (ou toute autre nourriture) directement de votre bouche : la salive humaine renferme beaucoup de bactéries contre lesquelles il n'est absolument pas immunisé (anticorps).

Je recommence immédiatement la manœuvre : demande « *Un ti-bisou - Smack* » ; pointe vers l'appât avec mon doigt ; il touche mes lèvres ou le « bonbon » - (L/R).

Lorsque Coco semble anticiper la demande dès qu'il me voit porter le « nanane » à mes lèvres, eh bien... je cesse de l'y mettre. À partir de ce moment, je reformule la demande « Un ti-bisou » en pointant mes lèvres de mon doigt, mais sans le « bonbon » entre celles-ci. Si le perroquet s'exécute et touche mes lèvres - (L/R). S'il ne procède pas, je reprends le tout avec la gâterie entre mes lèvres environ quatre ou cinq fois, puis je la retire et réitère ma demande.

Si Coco semble toujours souffrir d'indécision chronique, je remets ça avec la demande et pour l'encourager, je me penche vers lui *(très près)*. Dès qu'il touche mes lèvres avec son bec - (L/R).

C'est un jeu très facile pour un perroquet que de donner un bisou. Les miens ont tous appris en quatre ou cinq répétitions et le son « Smack », en différentes tonalités, s'ensuivit après un peu moins d'une semaine, et ce, pour toutes mes espèces de psittacidés. Nos amours sont des dragueurs impénitents, ils adorent tous ce genre de rapprochement et affichent toujours « présent » quand vient le moment de nous « bisouter » tendrement.

- Tu veux bien essayer un ti-bisou avec moi ?

- Pourquoi pas...

Ça marche fort avec les humains...

Ça me fera une répète !

Air kissing...

Certains de mes perroquets « people » refusent le bisou à l'hominoïde inconnu... et c'est bien normal. Ils ne le connaissent pas et n'ont absolument pas envie de « touchers intimes » avec ce dernier. Pour garantir l'intégrité de mes moustiques ainsi que la sécurité de mes invités *(une croquée est si vite arrivée)*, j'ai préféré initier mes oiseaux à l'approche on ne peut plus snobinarde de « l'air kissing » ; vous savez, ce double bisou dans le vide totalement dénué de sincérité qui somme toute correspond parfaitement à l'humeur de mes garnements vis-à-vis d'un gringo.

Pour que Coco apprenne « l'air kissing », il est impératif qu'il reproduise déjà le son du bisou, d'où l'importance d'émettre l'onomatopée « Smack » lorsqu'on lui enseigne la demande « Un ti-bisou », sinon ça gomme un peu l'effet.

Dans ce jeu, je remplace la demande du bisou par « Kissy-Kissy », demande « prosodiquement » très différente, et je simule le son d'un double bisou « Smack-Smack » en m'approchant un peu de l'oiseau tout en me penchant et en dodinant ma tête exagérément de droite à gauche de la sienne, mais sans le toucher *(mouvement qu'il restituera facilement par imitation)*.

Au début, il ne produira qu'un seul « Smack » puisque c'est ce qu'il connaît... Alors, je joue la sourde oreille à ce comportement, pas de lien ni de récompense et je réitère ma demande « Kissy-Kissy » avec un nouveau double bisou résonnant « Smack-Smack ».

Je répète cette manœuvre jusqu'à ce que Coco tente le coup en me répondant à son tour d'un double bisou « Smack-Smack »... À ce moment, « Ouiii !!! » - récompense et on s'octroie le droit de rire aux éclats *(c'est même suggéré)* !

Comme la demande se formule « Kissy-Kissy », il est facile, sans vendre la mèche, de demander à Coco : « Va mon bébé, fais *Kissy-Kissy*... à tante Rita. » Et « Smack-Smack » ... voilà-ti pas tatie Rita *(prononcez rapidement c'est rigolo)* complètement stupéfiée... - (L/R). Hé ! C'est pas beau la vie ?

Autres politesses... de la patte

Les jeux de pattes se prêtent bien au protocole mondain du perroquet « people ». Mes mousses emploient chaque jour ces mouvements naturels lorsqu'ils grimpent sur mon doigt, se grattent la tête ou empoignent de la nourriture ou un jouet. Les perroquets sont très agiles de leurs pattes et peuvent apprendre sans problème à jouer de la paluche à demande ou quand la bienséance le réclame.

- Allez, quoi... on joue ?

La papatte commence à me chatouiller !

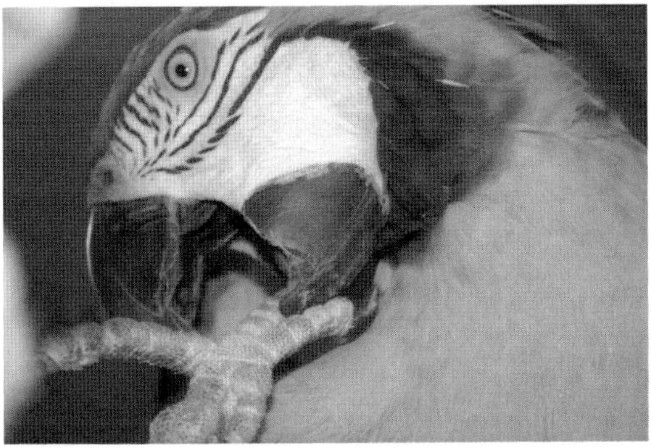

Pour rendre le geste plus évident à comprendre ou à imiter, je facilite la tâche de mon Coco : ma demande visuelle est faite de ma main qui fait face à la patte que je désire voir l'oiseau utiliser *(imitation miroir)*. Je me place face à lui : pour qu'il utilise sa patte droite, je recours à ma main gauche pour procéder à la demande - Capitch ?

Dans mes routines à moi, les salutations sans contact tels les « Bonjour / Au revoir » se font avec la patte droite de l'oiseau. Les civilités avec contact, tels le « Give me four » et le « Salut, poignée de patte » se font avec la patte gauche de l'oiseau, question de ne pas trop dérouter mon petit diable dans ses mouvements...

Compréhension claire pour le perroquet
Patte droite (de l'oiseau) = Aucun contact *Patte gauche (de l'oiseau) = Avec contact*

Faire un « Salut-Bonjour » (sans contact - patte droite)

Je vous propose, honnêtement, un des tours les plus élémentaires à apprendre pour un perroquet, un des plus faciles et certainement un des plus payants pour lui ! Simple : l'oiseau doit saluer en élevant sa patte droite. La plupart des miens en ont assimilé l'idée en un *(gros)* maximum de 10 - 15 minutes *(en ne se pressant pas)*. J'installe mon Coco sur son perchoir, bien face à moi. Pour le « Bonjour », j'effectue le mouvement de ma demande visuelle avec ma main gauche, celle qui fait face à la patte droite de l'oiseau. J'ouvre et referme le bout de mes doigts sur la paume de ma main un peu comme un petit enfant qui mime des « au revoir ». Attendu que mon perroquet est en mode « apprendre à apprendre », quand le type de jeu le permet, j'accompagne ma demande visuelle d'une seconde, auditive, puisque je sais qu'il y trouvera plus commodément ses repères. J'opte pour la demande qui me vient le plus spontanément : « Bonjour ». Notez qu'une fois mon choix arrêté, cette demande ne devra jamais varier.

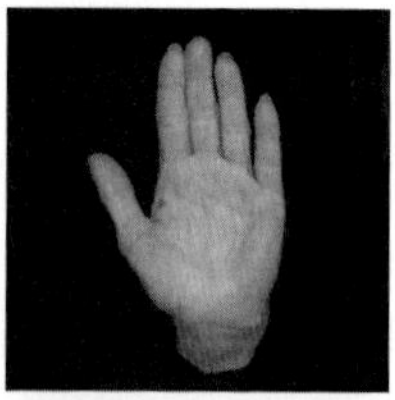

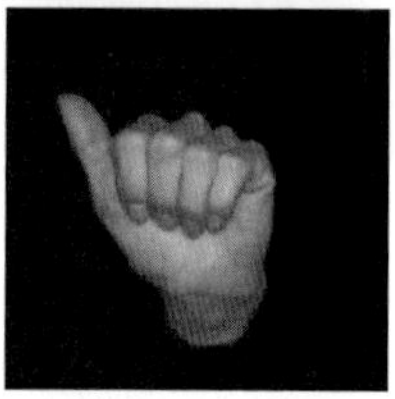

Naturellement, on évitera d'avoir recours à la demande « Hop » afin de ne pas induire Coco en erreur sur nos intentions. On y va ! J'étends ma main gauche vers la patte droite de l'oiseau comme pour l'y faire grimper *(tel un *« Hop », mais sans prononcer la demande « Hop »)* en positionnant bien ma main gauche vers sa droite *(à lui)*, de façon à m'assurer qu'il n'aura d'autre option que de lever sa patte droite, comme s'il voulait grimper sur ma main. J'ajoute la demande auditive « Bonjour ». Dès qu'il soulève, même un tout petit peu, sa patte droite, je lui balance ma demande visuelle et un lien enthousiaste « Ouiii !!! » et - (R) *(de ma main droite libre)*. Je ne le laisse pas agripper ma main ou y grimper. Si Coco semble dubitatif devant mes mimiques *(qui ressemblent à du chinois pour lui)*, je lui tapote légèrement les orteils. Normalement, il devrait soulever la patte et à ce moment précis - (L/R).

(*) Voir Le perroquet, touchers et manipulations

- Bien évidemment que je lève ma patte quand on me tape dessus.

Je remets ça autant de fois qu'il le faut, en reformulant mes demandes (visuelle et auditive). Après quelques répétitions, lorsque je constate qu'il commence à anticiper avidement le mouvement d'élever la patte pour recevoir sa gâterie, je ne lui offre plus ma main comme pour le « Hopper », mais je continue à émettre la demande visuelle avec ma main gauche *(refermer le bout des doigts sur la paume de la main)* jusqu'à ce qu'il élève sa patte droite à la simple vue de cette demande.

Après quelques essais où mon Coco lève allègrement sa patte droite pour me carotter de la cacahuète facile, j'approche ma main *(encore comme pour le « Hop »)*, mais cette fois-ci en la positionnant un peu plus haut pour lui indiquer une nouvelle hauteur. Normalement, puisque la bestiole est très observatrice, sa patte suivra ma main et alors - Yop ! - (L/R). À partir de ce moment, je ne rémunère que le « Bonjour » patte bien haute et je ne casque plus pour un « Bonjour » sans effort, c'est-à-dire, un « Bonjour » patte basse.

Laissez-lui sa chance. Règle générale, quand je suis certaine que mon perroquet a on ne peut mieux saisi qu'il n'a qu'à lever la patte contre rétribution, j'attends un peu pour lui offrir sa récompense. Souvent,

Raffinement aviaire

- Démonstration...

- Voilà... Facile...

- Mieux encore...

- Salut mon capitaine !

NDLR Ne recalez jamais les mouvements créatifs de votre oiseau...

c'est payant pour moi puisque pour me faire prendre acte qu'il a parfaitement accompli ma demande *(que sa patte est bel et bien « en l'air » et qu'accessoirement, il s'impatiente)*, Coco soulèvera sa patte un peu plus haut à mon intention. - c'est tiguidou - (L/R).

Il faut permettre les initiatives de l'oiseau lors d'un jeu. N'oubliez pas qu'il retiendra toujours mieux ce qu'il aura découvert par lui-même. À vous d'essayer maintenant. Allez-y joyeusement et faites exécuter un « Bonjour » de la patte (droite) à votre perroquet... Ne vous pressez pas pour moi, je vous attends...

- Ça va... j'attends toujours...
- Recommencez encore une fois, ce n'est pas tout à fait au point...
- D'accord... je ne vous regarde plus ...
- Alors... ça y est ?
- Un dernier petit coup que je vous voie...
- Un peu plus haut cette fois...

Bien voilà... Bravo ! Vous venez d'enseigner une superbe politesse à Coco *(vous avez fière allure)* et comble de l'extase, mine de rien, vous venez *(aussi)* d'effectuer votre première extinction partielle ! Vous avez su *(parfaitement)* ignorer le mouvement « lever la patte un peu » pour renforcer celui de « lever la patte plus haut »... Voilà, vous avez compris le principe... ! Maintenant, on recommence encore un peu jusqu'à ce que le perroquet, à chaque répétition, soulève sa patte droite le plus haut possible *(pour lui... pas pour nous)* et... après deux ou trois réussites, toujours par le stratagème de l'extinction partielle, on modifie à nouveau la séquence en ne le récompensant que lorsqu'il *(fatiguera)* abaissera sa patte. Dès que l'oiseau lève à la hauteur voulue et redescend sa patte droite - (L/R)... Là, on peut dire qu'on a un vrai « Salut-Bonjour ».

Vous renforcez quotidiennement le geste « *Salut-Bonjour* de la patte droite » lorsque vous entrez dans la pièce ou dans la maison et lorsque des amis viendront vous visiter. L'important est de continuer à répéter ce mouvement en diverses situations. Coco saura affiner ce comportement à sa manière, avec le temps et l'expérience.

Faire un Salut-Bye-bye / Salut-Au revoir (sans contact - patte droite)

Voici une autre forme du jeu de salutation. Dans cette adaptation, l'oiseau doit encore saluer, mais en remuant ses doigts. Pour le « Salut-Bye-bye », les demandes visuelles et auditives ne ressemblent en rien à celles du jeu précédent. Il est de mon devoir de coach d'aider mon pupille à plumes à parfaitement faire la différence entre les deux, soit le « Salut » à l'arrivée et celui du départ.

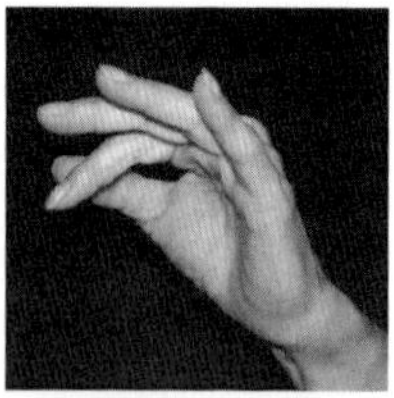

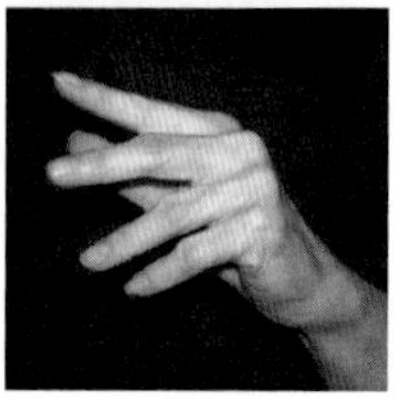

Pour ce faire, ma demande auditive devient « Bye-bye », à la québécoise, mais pourrait aussi se dire, de façon plus francophone « Au revoir ». Ce qui importe, c'est qu'une fois choisie, la demande auditive devra toujours demeurer la même pour cette variante du « Salut ». Ma demande visuelle consiste en : je soulève mon avant bras gauche qui fait face à la patte droite de l'oiseau, en gardant mon coude bien collé contre mon corps ; tout en formulant ma demande auditive « Bye-bye », je pianote des doigts dans le vide.

Laissez-lui sa chance. Lorsque l'oiseau soulève sa patte sur demande *(comme pour un « Salut-Bonjour »)* et que *(encore une fois)* on ne lui donne pas tout de suite sa récompense, il se peut que son exaspération l'amène à remuer les doigts pour nous notifier, avec plus d'insistance, qu'à son avis sa patte est levée correctement, c'est-à-dire très haute. À ce moment, on profite prestement de l'aubaine et Yop... les doigts ont bougé, on lui adresse nos demandes visuelle et auditive du « Salut-Bye-bye », et - (L/R). C'est ce qui s'est passé avec ma belle ara Quita : elle a su improviser elle-même cette version sophistiquée du « Salut-Bye-bye » et, forte de son innovation, l'utilise maintenant pour saluer quiconque prend congé de sa personne.

Morgane, ma choupinette cacatoès, de même que Peanut, mon amour de gris d'Afrique, ont rapidement appris ce mouvement simplement en observant mon geste *(pianoter dans le vide)* et le reproduisent presque à la perfection. Mais voilà, tous mes perroquets ne bénéficient pas d'un tempérament aussi fantaisiste que Quita ou « œil de lynx » que Morgane et Peanut.

Pour parvenir à mes fins avec mes autres oiseaux *(le gang des symbolistes)*, je dois ramer un peu plus. Je commence par la demande visuelle en remuant moi-même les doigts un peu comme si je jouais du « air piano », à laquelle j'ajoute d'un ton vraiment enjoué la demande auditive « Bye-bye ». Puis, je prends un crayon ou autre objet que Coco aime, et je le lui présente en le tenant légèrement hors de sa portée. Si vous remarquez bien, quand votre perroquet veut se saisir d'un bidule, il acte un genre de mouvement de tambourinement en refermant ses doigts presque un à un sur l'objet *(il pianote dans le vide)*. C'est cette gestique très naturelle que je mets à profit ; je feins lui offrir le crayon à agripper et lorsqu'il tend sa patte et rabat ses doigts pour l'empoigner... j'émets un lien - (L) tonitruant « Ouiiii !!! » en même temps que son action, juste au moment où il ramène ses doigts et paraît saluer de sa patte. Et je le récompense - (R).

Je le pratique souvent en éloignant graduellement le crayon ou l'objet, en redoublant de liens - (L) et de primes - (R) aux moments judicieux *(lorsqu'il replie ses doigts)*.

- Air piano... j'aime ça ! Le « Liberace » de la gent ailée !

En très peu de temps *(vous en serez sidéré)*, un seul signe de votre main *(air piano)* ou la demande « Bye-bye » deviendra amplement suffisant pour que Coco exécute cette élégante salutation de sa patte.

Ainsi, de sa patte droite, notre perroquet aura appris à saluer « Bonjour » et à saluer « Bye-bye / Au revoir », simplement en changeant les demandes visuelles ou auditives ou en laissant place à ses innovations.

Ne vous tracassez pas, votre Coco s'expliquera rapidement la distinction entre « Bonjour » et « Au revoir ». N'allez pas présumer à tort qu'il ne reconnaît pas une situation de quelqu'un qui arrive d'une autre où la personne quitte... vous feriez outrage à son intelligence !

Faire un Salut « Give me four » (avec contact - patte gauche)

Ce mouvement demande un contact physique *(entre la patte de l'oiseau et ma main)*. Conséquemment, il s'effectuera avec SA patte gauche. J'emploie exactement le même principe que le « Salut-Bonjour » à l'exception des demandes et de la patte utilisée qui différeront.

Avec ma main droite *(face à la patte gauche de Coco)*, je l'incite à lever bien haut sa patte gauche (comme pour un « Salut-Bonjour »). Dès qu'il s'exécute, j'appuie délicatement la paume de ma main *(droite)*

- *Et si moi je lui demande... je fais un « Give me four » ou un « Give me five » ?*

ouverte contre la plante de son « pied » étalé devant moi, en gardant ses doigts dépliés et en annonçant avec entrain « Give me Four », que je fais suivre rapidement des - (L/R). Je ne laisse pas mon perroquet agripper mes doigts ; un « Give me Four » n'est pas une poignée de patte !

Après quelques essais faciles utilisant la méthode d'un salut qu'il connaît déjà, il importe de changer diligemment la demande visuelle afin que l'oiseau ne se perde pas en conjectures. Dorénavant, ma demande visuelle devient : ma main ouverte comme pour un stop, doigts légèrement recourbés vers l'arrière, paume offerte, et allons-y pour un joyeux « Give me Four ».

Salut, poignée de patte « Comment ça va ? » (avec contact - patte gauche)

Cet autre mouvement avec contact ressemble au « Give me Four » et s'exécute aussi avec la patte gauche de l'oiseau. La variante cette fois-ci : Coco a la permission *(et doit)* d'agripper mes doigts.

Face à mon poulet, je lui offre l'index de ma main droite que je positionne vers sa gauche, de manière à ce qu'il doive utiliser sa patte gauche pour l'attraper et je lui adresse la demande « Comment ça va ? ». Dès qu'il empoigne mon doigt avec sa patte, je ramène un peu ma main pour la lui faire étendre vers moi - (L/R).

- Bien... moi, ça va.

Et toi, ça va aussi ?

Je recommence encore avec la demande « Comment ça va ? », en présentant mon doigt à l'oiseau. Dès qu'il l'agrippe, je dépose mon pouce sur sa patte et je la secoue tout doucement comme pour une poignée de main, en n'oubliant pas les - (L/R).

La demande visuelle ici n'est rien de plus que de lui offrir le doigt de ma main droite à agripper, et va de concert avec la demande auditive « Comment ça va ? ». C'est un des jeux favoris d'à peu près tous mes perroquets. Il ne demande aucun effort et est, au demeurant, pas mal payant !

Le baise patte (avec contact - patte gauche)

Je ne sais pas pourquoi, mais je n'enseigne ce jeu qu'à mes « perroquettes » filles. Je crois que je n'ai jamais fait le « Baise-patte » à un de mes mâles ; en fait, j'en suis certaine. Probablement que je cherche inconsciemment à ne pas heurter leur virilité...

- Celui-là, il me mange dans la patte !

Pour le baise patte, ma demande auditive est « Mademoiselle » *(c'est vrai que ça dissonerait pas mal pour un gars)* et ma demande visuelle consiste en : ma main droite tendue, paume vers le ciel, devant la patte gauche de ma « perroquette ». Ma main droite est alors positionnée un peu plus haut que son « pied » sur la perche.

Comme on reprend une demande avec contact, Cocotte s'exécute de la patte gauche et ma demande est formulée de ma patte... pardon, de ma main droite... Ici, la demande auditive « Mademoiselle » prend son importance puisque la demande visuelle ressemble en tout point à la demande « Donne » que nous verrons un peu plus loin, mais ce détail n'embarrasse pas trop ma belle oiselle, parce que dans les deux cas elle doit « Donne » soit sa patte ou l'objet requis.

Dans ce jeu, Choupinette est récompensée pour avoir déposé sa patte sur mes doigts, et je - (L/R) rapidement, avant qu'elle ne les agrippe *(mes doigts)*. Lorsque Cocotte a compris qu'à la demande « Mademoiselle » elle n'a qu'à poser sa patte sur le bout de mes doigts, je referme mon pouce sur sa patte et j'y plaque un bisou. Puis - (L/R).

Guili-guili : Je suppose qu'une version plus virile du « baise patte » pourrait prendre la forme de donner un bisou sur la « plante du pied » de mes garçons. À ce moment-là, on suivrait la méthode du « Give me Four » en changeant *(très important)* la demande auditive, qui pourrait devenir « Guili-guili le ti-pied » *(Bah ! C'est n'importe quoi mon affaire ! Ça ne fait pas viril du tout ! M'enfin...)*, et on appliquerait le bisou sous son pied *(qu'on souhaite bien propre)* plutôt que dessus...

Par la suite, on alterne (en situation) ces formules de politesse nouvellement acquises et on pourra s'enorgueillir de vivre avec un perroquet aux manières irréprochables avec lequel il nous plaira de pavaner dans les salons les plus cossus.

Toutefois, si Coco se montre récalcitrant à se laisser toucher ou « bisouter » par un étranger, n'insistez surtout pas. Il pourrait en concevoir une irritation qui s'avérerait peut-être malsaine pour l'intégrité du quidam en face de lui... Ouvrez l'œil.

Les bonnes manières à table

Quoi de plus agréable que de dîner en compagnie d'un petit compagnon à plumes bien élevé et démontrant d'excellentes manières à table ? Ça l'est beaucoup moins lorsqu'il joue au pique-assiette dans les plats de tout un chacun… ou pire encore, de mourir de honte en réalisant qu'il traverse la table pour venir nous rejoindre, en passant sans ambages les deux pattes sur le sandwich jambon-beurre de belle-maman. Embarrassant vous dites ?

- Bien quoi ? On m'avait dit que c'était à la fortune du pot et sans cérémonie...

Tout dandy qui se respecte se doit d'appliquer un minimum de décorum s'il veut continuer à être invité aux plus belles tables du royaume. Il doit apprendre à se tenir correctement en société !

Manger sur son napperon

S'il est à peu près impossible d'enseigner à Junior à manger proprement à table *(il ne faut pas rêver)*, on peut, raisonnablement, lui demander de faire ses saletés chez lui, en demeurant sur son napperon attitré, à tout le moins, les jours où belle-maman dîne à la maison. Ce n'est pas un concept difficile à inculquer à l'oiseau. Cependant, il peut être ardu de se mesurer à la volonté de fer de Coco... drôlement plus intéressé par le contenu de notre assiette que par celui de sa propre écuelle... Un exercice qui risque de mettre notre patience à rude épreuve. Alors, de deux choses l'une, soit on invite belle-maman à manger au resto, soit on s'y colle.

« La patience est une vertu qui s'acquiert avec de la patience », nous dit Morandotti. Ainsi, pour tenter d'inculquer quelques leçons de bonnes manières de table à Coco chéri, on aura besoin de deux choses :

1. D'un assez grand napperon, de couleur dissemblable à ceux de notre ensemble à nous *(frontière colorée et psychologique)*.
2. De notre flegme légendaire.

Prise I : J'installe mon chérubin près de moi à une place à la table qui lui sera dorénavant assignée. Je pose son écuelle sur SON napperon, celui de teinte contrastée, et mon propre service sur la nappe ou mon napperon... et j'attends, ce ne sera pas long ! Coco, malgré qu'il soit bien nanti de sa gamelle, ne peut tout simplement pas résister à l'envie de vérifier si mon plat ou celui de mon mari se composent du même frichti que le sien. En fait, il a la profonde conviction que ce qui le nargue dans nos assiettes est forcément plus savoureux que ce qui constitue sa pitance à lui.

Cher Coco part alors à la découverte de ma platée... Il hasarde quelques pas en ma direction, ce qui implique qu'il quitte les limites de son napperon. À ce moment, je prends mon délinquant à pleine main, comme pour faire un « Lapin qui saute » *(voir p. 351 - Eh, what's up, doc ?)* et je le repose sur son napperon, devant à son écuelle en lui formulant la demande « Tu restes *sur ton napperon* », sans le regarder dans les yeux et sans lui donner aucune forme d'attention. Je m'en tiens uniquement à la demande « Tu restes *sur ton napperon* ».

Bon, c'est sympa tout ça, mais Coco bien-aimé ne considère pas en avoir terminé de l'inventaire de nos assiettes.

Prise II : Il repart tout de go côté cour, direction mon assiette... Je demeure calme *(et retiens un rire qui risque de m'étouffer)*, je lui refais le coup du « Lapin qui saute » et le replace sur son napperon en lui répétant la demande « Tu restes *sur ton napperon* ».

Coco ne concède pas *(encore)* la partie. S'il ne peut aller dans mon assiette, qu'à cela ne tienne... il en visitera une autre !

- Dis, pourquoi t'as cessé de manger ?

Prise III : Sortie côté jardin, direction le plat de mon mari ! Avec une patience infinie, je reprends mon maraud et le dépose pour la troisième fois sur son napperon en réitérant de façon presque machinale la demande « Tu restes *sur ton napperon* ».

Il en sera ainsi pour toute la période du repas. Ce dîner deviendra une épreuve de force entre ma volonté et la sienne - à qui cédera le premier *(et ce ne doit pas être moi)*. Surtout, ne pas rire... J'aurai à le rattraper au bas mot une bonne vingtaine de fois avant que :

1. Soit, il se décide à manger à sa place assignée. Alors, je lui donne beaucoup, beaucoup d'attention pour son comportement exemplaire (*lire : j'y vais de tous mes éloges et félicitations les plus glorieusement apologétiques)*.

2. Soit, il s'envole *(frustré)* voir ailleurs s'il y est. À ce moment, je ne fais rien du tout et j'étouffe mon irrépressible envie de rire.

Bien, c'est déjà pas mal, je n'ai pas cédé et je ne lui ai pas donné d'attention... presque un exploit. Demain tout sera à recommencer, et après-demain et encore la journée suivante ; puis encore quand viendront des invités à la maison parce que, croyez-moi, il est plus que certain qu'il vérifiera si la règle vaut aussi pour l'assiette de belle-maman ou de cousine Noémie. Chaque fois, il me faudra revenir à la charge avec

- *Avec sa fourchette, elle ne pourra jamais se ramasser la sauce !*

le « Lapin qui saute » et les « Tu restes *sur ton napperon* ». Avec de la constance et beaucoup de patience... j'y arriverai ! Comme disait Jean de La Fontaine qui devait, à n'en pas douter, cohabiter avec un perroquet, *« Patience et longueur de temps font plus que force ni que rage. »*

Manger à la petite cuillère

Quand on veut se la jouer « dandy », on ne lésine pas sur les manières. Déjà que notre petite frappe a acquis une certaine prestance à table en apprenant à tenir sa place *(sur son napperon)*... Ne serait-il pas de bon ton de continuer un peu à jouer à Pygmalion en lui inculquant la façon élégante de se servir de son couvert *(sa cuillère)*, d'user de l'ustensile avec panache, histoire d'épater la galerie et rendre l'heure du repas plus rapicolante ? Le maniement de la cuillère ne sera certes pas trop difficile à lui enseigner.

En fait, c'est Coco lui-même qui concevra l'intérêt et la méthodologie de la gouverne de ce nouveau « jouet ». Par contre, certaines petites espèces qui se nourrissent au sol ne verront pas l'intérêt de se compliquer la vie avec nos fantaisies. Faire tenir une petite cuillère à une perruche calopsitte sera probablement le second plus grand acte de persévérance de votre vie *(mais je ne dis pas que c'est impossible)*. Mieux vaut ne pas insister et oublier toute l'affaire !

L'objet (la cuillère) est conçu sur le sens de la longueur. Ça tombe bien parce que les perroquets apprécient particulièrement cette forme ; il ne devrait pas y avoir de problème à la lui faire prendre dans son bec en lui laissant le soin de la placer lui-même dans sa patte. Je choisis une cuillère à café ou de format approprié à l'oiseau. Je tartine le fond d'un peu de beurre d'arachide, porridge épais ou tout autre aliment assez adhérent et j'offre l'instrument à mon commensal.

Au début de l'aventure, notre Beau Brummell se montrera fort malhabile et manœuvrera l'ustensile à la façon d'une sucette, en la retournant sens dessus dessous *(d'où la nécessité d'un aliment bien collant)*. Avec le temps viendra aussi l'expérience et, par des essais et quelques d'erreurs, il développera l'expertise très délicate du maniement de la petite cuillère *(sans tout renverser s'entend)*.

Étienne, mon amazone à front bleu d'un âge vénérable, mange pratiquement tous ses repas à table avec une cuillère. Il est d'un genre très « fancy », poussant le snobisme jusqu'à s'exécuter avec son petit doigt en l'air... C'est d'un chic fou !

Voilà, maintenant que mes oiseaux appliquent avec brio l'art de bien *(vraiment bien)* se tenir à la table, on peut sonner la cloche … le dîner est servi ! Pas banal le repas en si bonne compagnie.

Dandy débutant en société

- Je veux bien essayer.

- Pas trop nunuche le oiseau…

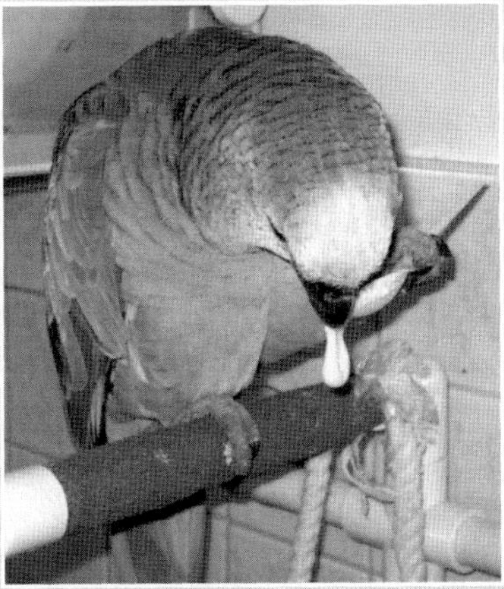

- Mais… ça dégouline ce machin !

- Ouach… pas envie de me salir moi !

Coco party animal... et ça balance !

- Let's party !

Tintin et Milou

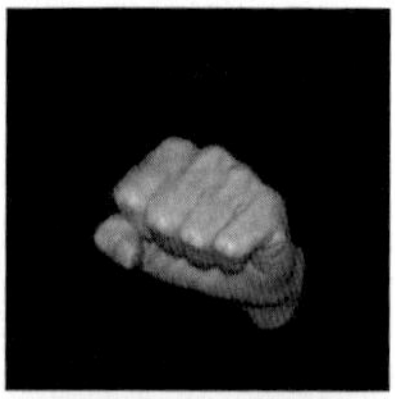

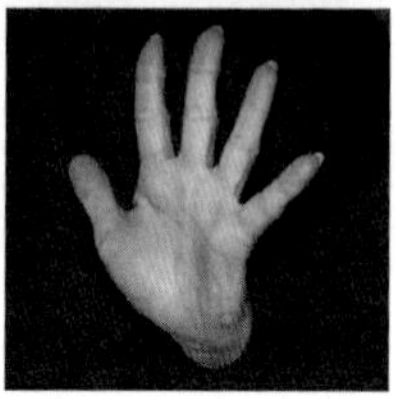

J'ai le bonheur de vivre avec trois filles cacatoès particulièrement expansives et l'expression de leurs émotions passe principalement par cette fascinante faculté d'ériger la huppe pour un oui ou pour un non. Alors, toujours en recourant à ma philosophie opportuniste, je me suis amusée à introduire une demande cocasse sur ce comportement. Ma demande auditive se dit « Tintin » *(hé oui...)* et ma demande visuelle s'effectue de la façon suivante : poing fermé, je déploie mes doigts bien ouverts vers le haut, comme pour indiquer le chiffre cinq. Ainsi, lorsqu'une de mes fifilles cacatoès dresse sa huppe, j'y vais de la demande « Tintin » en ajoutant des - (L/R) et en accomplissant le mouvement d'ouverture *(le cinq)* avec ma main. Avec le temps, Chichou et Morgane ont bien saisi l'astuce. Maria, la troisième du lot, n'a pour sa part toujours rien pigé à l'affaire... mais je garde la foi !

Pour le plaisir du « show », j'ai jumelé la demande « Tintin » avec une autre demande auditive que Chichou connaissait déjà « Chien », qui lui fait émettre la réponse « Ouah ! Ouah ! ». En enchaînement, ça donne « Où est passé *Tintin* ? » - Chichou dresse sa huppe - suivi de « Où est passé Milou le *Chien* ? » - et ma belle chouette de balancer son irrésistible *« Ouah ! Ouah ! »*... Tous croulent de rire au grand bonheur de Chichou qui adore faire son petit effet devant les foules. Pas très académique comme jeu, mais bon, on n'est pas là pour rupiner un doctorat ès tours de haute voltige ! On joue et on déconne. Y a pas de mal à se marrer... Soyons tout sauf sérieux que diable !

Les mots-demandes ici sont « *Tintin* » et « *Chien* ». Il serait souhaitable en début d'apprentissage que ces mots-demandes soient les derniers prononcés dans la phrase pour que l'oiseau y réagisse correctement.

- Oui mais...

Dis,
tu m'écoutes ?

Moi j'aimerais
mieux faire
Mille Sabords !

Note qui n'a (absolument) rien à voir avec le sujet ou plutôt si, un peu : La demande « Chien » m'apparaît encore plus drôle quand je me balade sur la rue en compagnie de Quita, revêtue de son harnais des grands jours. Je la fais déambuler par terre, comme un toutou en laisse, ce qui attire irrémédiablement l'attention des badauds qui s'exclament

« Mais c'est un perroquet ? » et auxquels je réponds : « Peut-être bien une nouvelle race de CHIEN ». Et ma Quita (qui connaît aussi la demande « Chien ») d'enchaîner *« Ouah ! Ouah ! »* à l'écoute de la demande « Chien »... La tête qu'ils font tous ces gens... Impayable ! Non, décidément, ce n'est pas triste de vivre avec un perroquet !

Coucou-caché

Le coucou-caché s'apprend facilement pour un perroquet... mais pour nous, ouf... Ça dépend si on arrive à le prendre en flagrant délit. En effet, il est malaisé de capturer ce mouvement ; il s'inscrit généralement dans une routine de toilettage pour l'oiseau, mais ne se manifeste pas à chaque occasion lors de ladite routine. Des fois ça y est, des fois Coco passe outre.

Pour atteindre les parties latérales de son corps ou le dessous de sa queue quand il s'adonne à ses ablutions, le perroquet soulève parfois une aile et s'y enfouit la tête... C'est sur ce comportement que je veux mettre le grappin. En conséquence, dans le cas présent, le mot patience est *(très)* faible ! Le « fin » de l'histoire demeure que je ne me considère pas comme un modèle en ce domaine *(la patience)*. Alors, devinez quoi ?

- Une petite de face... et une latérale pour qu'on me voie bien...

Je triche ! Eh, ça m'arrive... Chuuut ! Je glisse un petit morceau d'étoffe *(coton)* sous l'aile de mon oiseau et dès que ce dernier y plonge la tête pour l'attraper, tout de suite je-me-te-le - Lien / Récompense. *(Zut pour l'Académie française ! Comme je suis en plein délit de triche, j'ai le droit de « je-me-te-le » n'importe quoi !)*

Ma demande auditive se dit « Coucou-Caché » et ma demande visuelle - je relève un peu mon bras et je penche ma tête pour cacher mes yeux à l'intérieur de mon coude *(comme disons... pour me protéger d'une explosion),* mouvement qui reproduit *(du moins un peu)* le comportement de l'oiseau qui enfouit sa tête sous son aile. Je formule ma demande tout en couvrant mes yeux et j'insère la cotonnade sous l'aile de Coco. Dès qu'il la soulève pour y piquer la tête - (L/R) et rires à profusion. Avec le temps, plusieurs de mes oiseaux ont appris à répéter eux-mêmes la demande auditive « Coucou » ou « Coucou-Caché ». Ils se cachent la tête sous l'aile et surveillent ma réaction... il va sans dire que celle-ci ne se fait jamais attendre bien longtemps.

Variation sur un même thème : comme on l'a vu, les perroquets apprennent par observation à reproduire nos propres comportements, ce qui nous donne parfois des résultats imprévus. Quita, qui a pu m'observer à plusieurs reprises lorsque je couvrais mes yeux pour ce jeu, a tout bêtement décidé elle aussi de cacher son œil avec sa patte, tout comme moi (imitation). Ainsi, elle me dit « Coucou » en portant sa patte gauche devant son œil *(comme à peu près tous mes perroquets, elle est gauchère).* Elle a décidé d'interpréter ce jeu à sa manière et c'est bien parfait pour moi !

Tai-Chi

Au réveil, on joue et on chahute. Juste avant le petit déjeuner, lorsque mes oiseaux me voient préparer la boustifaille, ils se calment un peu et commencent à s'étirer tout doucement. Ils se mettent en condition pour le super-marathon « Indiana Coco » qui suivra sous peu. À cette occasion, je vous le donne en mille... bien oui, j'en profite *(encore)* pour peaufiner leur répertoire de mimiques « dandyesques ».

- Vous voyez mon problème...

...c'est que je suis décidément trop prévisible...

Lorsqu'un perroquet étend une de ses ailes, je peux très facilement anticiper qu'il fera de même avec l'autre. Alors, dès le premier étirement - (L/R), en y apposant la demande « Tai-Chi » et en reproduisant le comportement avec mon bras qui fait face à l'aile étalée (aile gauche - bras droit). Je reste plantée là à attendre *(patiemment)* le second étirement, celui de l'autre aile, qui ne se fait généralement pas trop attendre. Au moment où Coco amorce son déploiement, je formule la demande « Tai-Chi » en étendant mon autre bras en synchronicité avec son aile.

J'enchaîne le lien - (L) « Ouiii !!! », puis je lui offre une récompense - (R). Je recommence l'exercice chaque fois que je prends mon Coco à allonger ses ailes de la sorte. Après plusieurs répétitions *(beaucoup, beaucoup)* bien soulignées, l'oiseau répondra aisément à ma demande auditive «Tai-Chi » ou à ma demande visuelle - étirer le bras en l'éloignant de mon corps légèrement et en pointant vers le sol.

So you think you can dance...

C'est bien connu, les perroquets aiment les ego exubérants et démonstratifs... mieux encore, ils adorent les singer et les suivre dans leurs loufoqueries. Pour que le vôtre apprenne à danser sur invitation... vous n'avez qu'à ouvrir le bal !

Toutes les espèces de perroquets ont recours à un langage corporel non équivoque lorsqu'ils s'attendent à... ou quand ils désirent quelque chose. Ils savent faire comprendre leur excitation *(ou leur impatience)* en se dandinant de droite à gauche, en s'étirant, en avançant ou reculant leur corps ou leur tête et en « swingnant » de la tête tout en battant des ailes. Finalement, tous les ingrédients dont on a besoin pour se faire la java !

♪ *Dansez avec moi... le Achy Breaky Dance...*
Frappez des mains... Allez suivez les pas... - *Stef Carse*

Au centre de la pièce, bien en vue au milieu de mes oiseaux, je tape des mains et j'entame une chanson très enjouée. Bref, je les enflamme un bon coup, puisque je sais que leur exaltation produira les mouvements que je recherche. Lorsque l'effervescence se pointe, j'en remets encore en mimant les attitudes que j'aimerais que mes perroquets reproduisent : dodelinements de tête de bas en haut, « tourniquets », grandes moulinettes, théâtraux pas de danse, pattes en l'air, etc. Totalement épuisant, mais ça en vaut le coup ! À l'instant où mes petits rats commencent à gambiller, je récompense abondamment et ajoute ma demande auditive « On danse ». Ma demande visuelle consiste naturellement à chanter et... danser !

Je m'étonne toujours de constater que chacun des oiseaux jettera son dévolu sur un déhanchement chouchou pour me suivre dans ma chorégraphie - celui-ci lèvera sa patte, un autre « swingnera » de la tête, celui-là agitera son corps de gauche à droite et les exubérantes filles cacatoès, à défaut d'arrêter leur choix sur une seule figure de danse, préféreront s'inspirer de tous les mouvements à la fois pour improviser une bamboula d'enfer - battement d'ailes, swing de la tête, petits pas sur le côté, tourne à gauche, tourne à droite… et tout le monde balance et puis tout le monde danse !

Houla… Je suis à bout de souffle pour chanter… Qu'à cela ne tienne, je fais jouer un disque et on continueee…!!!! C'est bon pour le cardio… Il ne me reste plus qu'à fixer les comportements attrayants chez chacun de mes noceurs emplumés à grand renfort de liens fracassants « Ouiiii !!! » et, bien entendu, d'une tonne de caresses et de pistaches ! *(Excusez-la !)*

Shake it baby

Les perroquets se secouent les plumes très souvent dans une journée, mais une constante demeure, ils s'ébrouent toujours à la fin d'une satisfaisante séance de papouilles et câlins. Ainsi, après avoir passé plusieurs minutes à cajoler mon poulet, je termine l'épisode en le caressant à « rebrousse plumes »… Oui, oui… c'est ça… je le décoiffe

Dance lascive...

... mais qui ne cartonne pas...

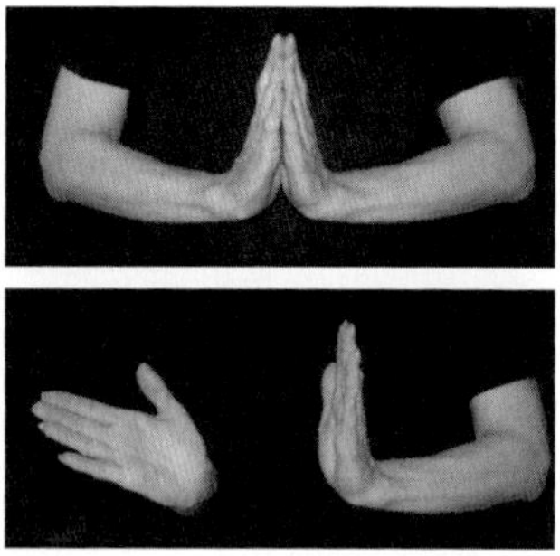

et j'obtiens ainsi la certitude qu'il s'ébrouera un bon coup au sortir de mes bras pour effacer toute trace de nos ébats.

Je suis prête, mes gâteries placées à proximité, alors je lâche tout. Comme je sais que l'oiseau s'exécutera immédiatement, je peux énoncer ma demande « Shake it baby » au moment même où il commence à se secouer les puces, accompagnée de ma demande visuelle - mains jointes bien droites comme pour une prière, et seulement ma main droite se dégage de côté, comme si je chassais une mouche. J'enchaîne avec les - (L/R). Après quelques *(nombreuses)* répétitions, plusieurs de mes marmousets ont appris à se « brasser la cage » à ma demande.

- *T'as fini la photo ?*

C'est pas facile à tenir comme pose...

Si on sait observer, voire juste un tout petit peu *(sinon, il faudra apprendre à le faire)*, on remarquera que Coco produit plusieurs de ces comportements dans des situations bien précises. C'est à nous de mettre à profit ces attitudes naturelles qu'il nous est facile de présager. Ces mouvements s'acquièrent aisément lorsqu'on peut formuler la demande au moment même où Coco agit. Je renforce aussi ce comportement « Shake it baby » au sortir de la douche *(ou dans la douche)* et chaque fois qu'une de mes bêtes à plumes se secoue, surtout quand je peux anticiper l'action.

Saute mon lapin

Tous les perroquets peuvent sauter. Cependant, ce comportement n'est pas également développé chez toutes les espèces. Si ça ne relève pas de l'exploit que de capturer ce genre de conduite chez les espèces énergiques tels le cacatoès, le caïque, le lori et certaines espèces de Molly... oups... aras, il en va tout autrement chez les espèces disons... plus « réservées ». Faire le pied de grue en attendant que son gris d'Afrique décide d'émettre de lui-même le comportement pour tenter de le cueillir pourrait vous demander tout votre lot de détermination *(quoiqu'impossible ne s'inscrit pas dans l'équipage du perroquet)*.

Avec Bilbo, mon chéri-caïque, heureux croisement avec une variété indéterminée de lapin domestique *(oryctolagus cuniculus)*, saisir ce comportement s'est opéré en criant... lapin ! Bilbo, gambadeur-né, ne vient pas vers moi, il bondit ! Alors, comblé que je lui en fasse la demande

- Appelez-moi Jeannot !

il nargue depuis *(avec ravissement d'ailleurs)* tous ces condescendants gris d'Afrique qui lui ont toujours pris la tête. Un à zéro pour Bilbo... !

- Ceux qui le disent, c'est eux autres qui le sont... Gna !

Pour ma demande auditive, je ne donne pas trop dans l'originalité. J'y vais d'un banal « Saute » et ma demande visuelle n'est pas plus novatrice : je tape *(pas trop fortement)* sur la table de jeu ou le plan de travail sur lequel mon lapin est posé, en un seul geste, ma main simulant le bond de l'oiseau qui saute.

Autant Bilbo fut facile à amener à s'exécuter sur demande, autant mes filles cacatoès, malgré leur talent inné à la caracole, furent « compliquées »... Les cacatoès bondissent naturellement quand ils cavalent sur le sol, mais il y a toujours plus intéressant à fureter que de me porter attention lors de mes *(vaines)* tentatives à leur inculquer les rudiments de ce jeu. Alors, je les incite à courir et bondir par des moyens retors : je me trémousse et file devant elles pour qu'elles me poursuivent *(ça, le cacatoès ne sait pas résister)* et dès qu'elles sautillent un peu - (L/R) en simulant un saut avec ma main sur le carrelage. Puis, je les fais courir de nouveau et au moment où je sens qu'elles vont s'élancer, je formule la demande « Saute » en tapant ma main sur le parquet et j'esclaffe un lien en riant « Ouiii !!! », suivi de la récompense. Ça marche, mais c'est long.

Je le confesse, mes lapines-cacatoès sont d'un naturel fort dissipé. Une de mes clientes a réussi le tour en un seul après-midi avec son cacatoès. Charlot serait *(paraîtrait-il)* plus discipliné que mes turbulentes « Blanche-neige »...

Eh, what's up, doc ?

Maintenant, pour les espèces qui n'ont aucune inclination « cuniculophile » et incidemment, moins douées pour les cabrioles, mieux vaut se référer à la méthode ci-décrite si on ne veut pas compromettre nos chances de réussites parce que Coco décide bêtement... de nous poser un lapin. *(Honnnn... ! Facile !)*

À la base, c'est un jeu de confiance qui consiste à démontrer à notre chéri qu'il n'y a rien à craindre de nous autoriser à l'empoigner de nos mains affectueuses. Pour que notre farouche compagnon se sente en sécurité, il nous faudra bouger très lentement et laisser le ton engageant de notre voix le rassurer. N'oublions pas que même élevé en captivité, la condition du perroquet demeure celle d'un animal proie et qu'instinctivement, se faire happer conserve toute sa connotation prédatrice. Gardons en tête que la bestiole risque à tout moment de réagir fortement si on manque un tant soit peu de tact et, à défaut de bondir, détaler comme un lapin *(re-Honnn...)*.

Je commence par inviter mon futur perroquet-lapin à s'approcher de moi, sur une surface plane (une table, un sofa, un lit, etc.). Il est placé de face ou il me tourne le dos, peu importe. Sur un ton vraiment badin, je formule la demande « Saute » et avec mes deux mains *(ça se corse)* j'empoigne doucement son petit corps, de chaque côté en recouvrant entièrement ses ailes, et mes doigts viennent se poser sur sa poitrine, comme si je tenais un ballon de football américain. Pour un mini-lapinou (perruche, calopsitte, touï, inséparable, etc.), je n'utilise qu'une seule main. Naturellement, je lui parle pendant toute la manœuvre d'une voix allègre en répétant souvent la demande « Saute ».

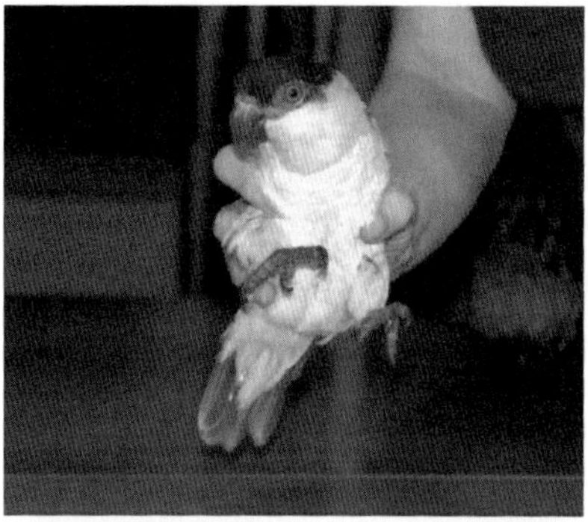

Je reprends plusieurs fois. Je soulève délicatement mon lapin en lui disant « Saute » et je le fais gentiment sauter sur la table. J'accompagne la manœuvre d'un lien « Ouiii !!! » tout en le déposant, puis je retire mes mains. Bien entendu, je le félicite chaleureusement pour son courage et je ne lésine pas sur la récompense.

Ce genre de jeu doit se passer tout en douceur. Il a pour but de développer sa confiance, pas de réveiller des craintes ancestrales ! Au début, si Coco ne semble pas à l'aise, il ne faut pas abuser de ce mouvement. On le répète deux ou trois fois et on cesse. Demain, on reprendra peut-être quatre fois et ensuite cinq à six fois. Bientôt, ce sera de lui-même qu'il réclamera ce jeu.

Lorsque je sens mon perroquet bien décontracté entre mes mains, toujours en me servant de la demande auditive « Saute », je sors le lapin du chapeau... *(Honnn, honnn...!)* J'ajoute simultanément la demande visuelle (taper sur la table) juste avant de le faire sautiller, et j'enchaîne lien et récompense... et je ris et ris et ris, haut et fort... C'est un jeu trèèès amusant... Pigé ?

Je répète plusieurs fois jusqu'à ce que Coco commence à s'amuser à me devancer, c'est-à-dire qu'il se prépare à s'élancer ou qu'il bondisse carrément à ma demande, avant que je ne le fasse sauter moi-même. Sous peu, je le sais, mon petit ange se métamorphosera en version emplumée de Bugs Bunny !

Fais voir ta (splendide) queue

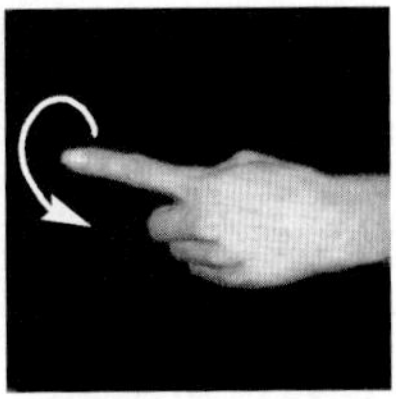

Le but de ce jeu consiste en ce que notre dandy nous présente sa superbe queue sans qu'on n'insiste trop. Il va sans dire que l'effet se révèle plus spectaculaire chez les espèces à très long appendice caudal (aras, conures, perruches, etc.), mais demeure néanmoins gentillet chez les variétés moins bien pourvues.

L'idée vise à inciter mon coquet chéri à tourner la tête, saisir une plume de sa queue avec son bec et la ramener vers l'avant comme s'il désirait me l'exhiber. Ce geste ne correspond ni plus ni moins qu'au mouvement naturel du perroquet qui procède au toilettage appliqué de sa queue. Ma demande auditive se dit : « Fais voir ta queue » et ma

- *La classe !*

Quand tu l'as, tu l'as !!!

demande visuelle se présente en une simple rotation de l'index de la main gauche pointant vers la droite. Je tiens l'appât dans ma main droite.

J'installe mon Coco sur son perchoir bien face à moi. Je glisse une friandise entre les plumes de sa queue avec ma main droite, et de ma main gauche je formule la demande visuelle *(rotation de l'index)* en verbalisant ma demande auditive « Fais voir ta queue ». Dès qu'alléché par la gâterie, le perroquet touche sa queue, même juste un peu - (L/R). Je recommence ce manège plusieurs fois jusqu'à ce qu'il atteigne sa queue à l'écoute ou au geste de la demande.

- Queue menue... élégance remarquable.

C'est tout moi, ça !

Puis, j'énonce à nouveau la demande « Fais voir ta queue ». Lorsque l'oiseau la touche, j'insère ma main dans les plumes de sa queue et, entre mon pouce et mon index, je fais délicatement glisser une des plumes vers l'avant, immédiatement suivi des - (L/R). Il se peut que Choucou attrape tout de suite sa plume et prolonge le mouvement en la ramenant vers la proue. À ce moment, j'intensifie mon lien « oui... oui... oui... oui... oui... oui !!! », de façon à ce qu'il comprenne qu'il a réussi à exécuter ce que j'attends de lui et - (R).

Je recommence jusqu'à ce qu'il ait bien saisi qu'il doit rabattre sa queue vers l'avant pour que je le contemple, jusqu'à ne

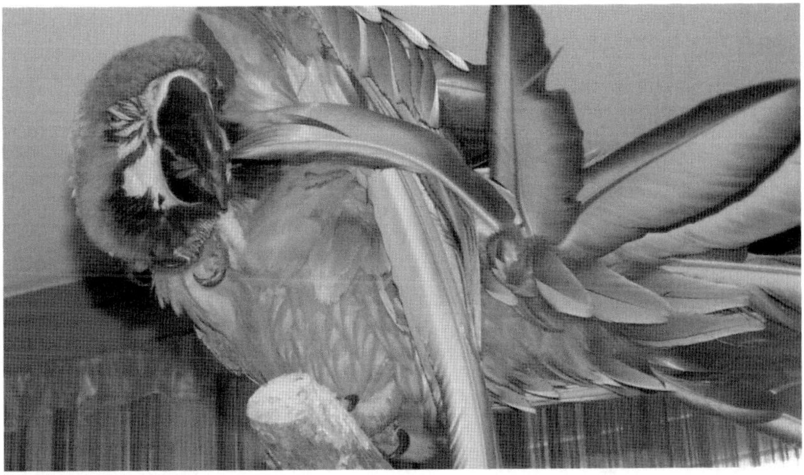

- Quesséça ??? Où est-ce que je me suis gouré ?

récompenser que le mouvement complet, qui étonnamment arrive très rapidement... Les perroquets sont si vaniteux !

Il va sans dire que vous renforcez ce mouvement chaque fois que vous le surprenez à toiletter sa queue, toujours en lui formulant la demande « Fais voir ta queue », suivi du lien et de la récompense *(si vous l'avez sous la main)*... Sinon, une exclamation, un bisou ou une caresse agiront à merveille !

Tourne un peu que je t'admire

Maintenant qu'on s'est intarissablement extasié devant sa somptueuse queue, on aimerait bien que Coco parade un peu sur lui-même pour qu'on puisse encore plus s'émerveiller.

Pivoter sur soi s'inscrit dans la liste des comportements on ne peut plus naturels et l'oiseau en saisit rapidement la demande *(ainsi que les bénéfices)*. Pour ce jeu, nous aurons besoin de nos deux mains, puisque le cou du perroquet peut vriller une rotation intégrale *(ou presque)*, sans qu'il ne remue un seul doigt pour suivre notre main. Le but de ce jeu consiste en ce qu'il déplace ses pattes pour toupiller une révolution complète sur lui-même.

Au début de l'aventure, afin que mon garnement ne s'embourbe pas dans ses propres pattes *(ne riez pas, ça arrive tout le temps)*, je le fais tourner sur un perchoir ou un dossier de chaise ; il aura ainsi moins d'étendue de « pied » à gérer. Lorsqu'il aura bien compris ce jeu, je le ferai pirouetter sur des surfaces planes : une table ou sur le parquet.

Ma demande auditive sera « Tourne » et ma demande visuelle - poing gauche fermé excluant l'index, et rotation de ce dernier pointé vers le bas. Je prends l'appât dans ma main gauche et je le maintiens à la hauteur du bec de mon perroquet de façon à ce que celui-ci le repère et en anticipe la dégustation. Je munis aussi ma main droite d'une gâterie. J'adresse la demande « Tourne » d'une rotation de l'index et j'attire mon oiseau, du moins j'essaie, en déplaçant lentement ma main *(la gauche, qui tient une friandise)* en cercle autour de lui en tentant de demeurer toujours à portée de son bec.

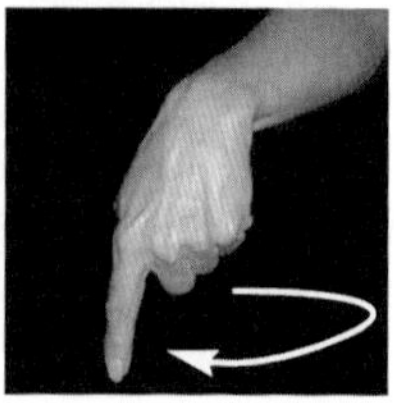

À ce moment, il sera normal que le perroquet ne décale pas ses patoches, mais qu'il se « dévisse » littéralement la tête pour suivre des yeux le « nanane ». Ma main gauche arrive maintenant à la hauteur

- *Quesse-tu veux dire... pas seulement la tête ?*

Peux-tu préciser ta pensée...

- Ouiii !!!
Bravooo !!

de son dos. À ce point, je fais une légère pause et j'éloigne doucement ma main et le « bonbon », afin que mon contorsionniste bouge enfin ses pattes pour tenter de rejoindre la gâterie. Lorsque Coco réalise un demi-cercle, avec ses pattes s'entend, je prends la relève avec ma main droite (qui tient aussi une friandise) pour attirer son attention et prolonger le mouvement jusqu'à le ramener face à moi sur la perche. Voilà, mon champion a accompli une boucle complète sur lui-même et il mérite sa récompense - (L/R).

Si l'oiseau ne tournoie pas ou n'exécute qu'une demi-rotation *(ce qui sera normal)*, je joue à la finaude en retournant simplement le perchoir d'un demi-tour... mon perroquet n'aura alors qu'à continuer le mouvement pour se remettre face à moi *(et la gâterie)*. Je le félicite et - (L/R). Au besoin, je recommence 3 - 4 fois en virant moi-même le perchoir ou la chaise, et en le récompensant copieusement. Par la suite, je n'offre la prime que si mon petit malin réalise un tour complet de lui-même, toujours en suivant l'appât.

Première moitié du cercle	➤	*main gauche*
Deuxième moitié du cercle	➤	*main droite*

S'il continue de demi-tourner, je l'encourage à persévérer en répétant le lien plusieurs fois sur un ton enjoué « Oui ! ... Oui ! ... Oui !!! », tout en agitant modérément la main qui tient la pistache *(ou autre)* devant lui.

Lorsque Coco a pigé le truc, je cesse de lui présenter la gâterie et ne lui soumets que les demandes (visuelle et auditive). Au début, j'exagère le mouvement de rotation de l'index afin de m'assurer qu'il remarque bien la demande « Tourne ». Puis graduellement, j'amenuise ma gestuelle pour ne terminer qu'avec une très légère rotation, dans le but que ma demande devienne *(presque)* imperceptible pour les éventuels spectateurs.

Souvent, pour rendre le jeu plus « visuel », je pivote sur moi-même tout de suite après que Coco ait exécuté le comportement *(même si ce n'est pas parfait)*. Il tourne... je tourne et on recommence... il tourne et je tourne encore en riant aux éclats de nos performances respectives. Nos oiseaux adorent qu'on les imite. Alors, pourquoi pas ?

Montre tes fesses... honnnn... !

Plusieurs de mes perroquets, les fifilles surtout, retroussent allègrement leur popotin lorsque je les frôle sur le dos, à la base de la queue *(notamment en certaines saisons... hum...)*. Alors, il devient facile de glisser une demande sur ce comportement puisque nous pouvons totalement l'anticiper.

- Hé ! Les indiscrets...

J'en vois qui matent par là !

Ainsi, je touche la base de la queue de Cocotte et... Oupselai, le petit croupion se soulève et le corps se penche un peu vers l'avant... Well, well... Avec une demoiselle particulièrement câline, on peut gagner en bonus que la tête s'étire vers l'arrière, sur le dos... Tout à fait charmant comme mouvement.

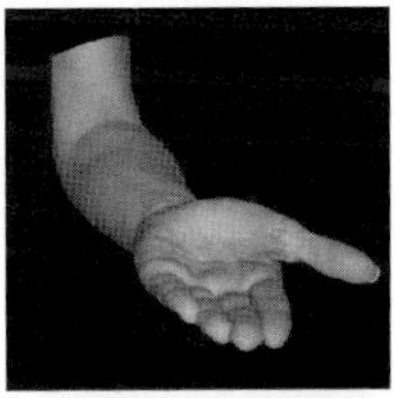

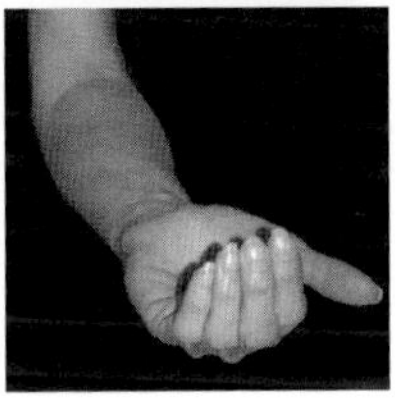

Donc, j'y ajoute ma demande auditive « Montre tes fesses » et ma demande visuelle - main ouverte en direction de l'oiseau et paume vers le ciel, je replie mes doigts sur ma paume comme pour fermer le poing. De ma main droite, je touche le bas du dos (base de la queue) de ma libidinale emplumée et lorsque la petite queue se soulève - (L/R). Par nécessité, en vue de représentations, je laisse rapidement tomber la demande auditive « Montre tes fesses » *(je ne la conserve que si le scénario le demande)* pour ne garder que la demande visuelle « doigts se repliant sur la paume de ma main ». Ainsi, dans ma routine, j'enchaîne les demandes « Non » et « Montre tes fesses », ce qui donne, pour les besoins du spectacle, que non seulement l'oiselle refuse de m'accorder quelque chose en secouant la tête « Non », mais de plus me montre ses fesses pour appuyer son opposition... Ce qui a normalement pour effet de déclencher l'hilarité générale de l'assistance... Ça alors ! Je vends tous mes « punchs » !

- Ben quoi...

...c'est pas désagréable...

Le bonheur a des ailes

Les ailes de notre perroquet, malgré leur apparente rigidité, lui permettent une foule de mouvements desquels il est facile de tirer profit, que ce soit pour communiquer avec lui ou simplement... pour en donner la très anthropomorphique impression - ce qui à coup sûr créera le ravissement des futurs spectateurs de notre idole.

Cet oiseau soulève ses ailes pour un tout et un rien, suivant l'humeur *(émotion)* du moment. Si vous savez observer, vous constaterez que Coco transmet beaucoup d'informations selon les diverses chorégraphies de ses ailes. Alors, nous allons nous amuser à faire plastronner notre perroquet, pour le plus grand plaisir de ses « fans ».

Déclencher des vivats chez son public en délire

Le but ici est de faire déployer ses ailes, sur demande à notre perroquet, tel un champion qui salue, en exhortant son public à l'acclamer après avoir remporté la coupe du bec d'or.

La demande auditive se formulera « Bravooo » et la demande visuelle - mains jointes comme pour une prière, j'écarte les bras vers l'extérieur en mouvement d'ouverture, un peu comme si j'essaie de représenter la longueur du poisson pêché ce week-end. Dans le jeu « Tu ne sais pas ? », seuls les index bougeaient, dans la demande « Bravooo », je distancie carrément les bras.

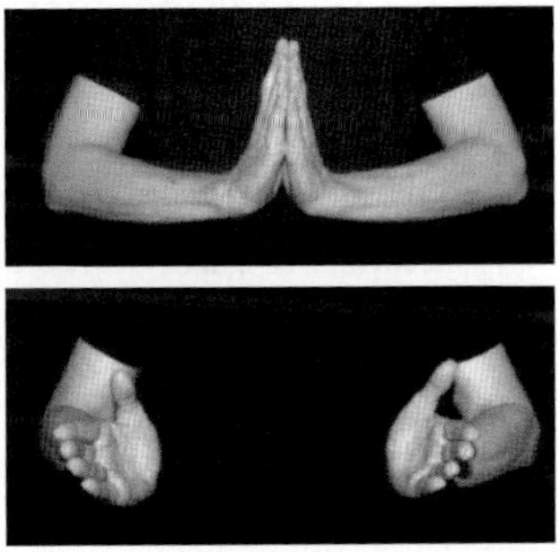

Coco se trouve face à moi sur son perchoir. J'émets la demande « Bravooo » et j'enfouis mes mains entières de chaque côté de son corps, sous ses ailes *(ou le bout des doigts si on a affaire à un « toutit »)*, puis je les soulève un peu vers l'extérieur de façon à ce qu'il n'ait d'autre choix que d'allonger ses ailes à son tour - (L/R).

Je répète l'exercice en haussant un peu plus mes mains *(et ses ailes)* à chaque essai en n'oubliant jamais de formuler mes demandes. Cette

- *Chuis encore petit... mais je sais que je vais y parvenir...*

extension doit se faire avec une immense douceur, il ne faut absolument pas déséquilibrer le perroquet. Au début, la norme veut qu'il ne lève pas beaucoup ses ailes. Néanmoins, il est important de récompenser chaque petit progrès jusqu'à ce que Coco accepte volontiers *(et avec confiance)* de dresser totalement ses ailes vers le ciel.

Souvent, pour aider mon bout de chou à ériger ses ailes le plus possible, j'étends mes bras en « V » et je porte mon regard au dessus de sa tête, comme si je regardais au point culminant de ses ailes, afin qu'il ajuste son élévation à la direction de mes yeux. Ne riez pas... ça marche. Coco nous observe intensément !

Lorsqu'il commence à anticiper lui-même le mouvement, je cesse de glisser mes mains sous ses ailes et je l'encourage à répondre à mes demandes visuelle et auditive, sans l'intervention de mes mains.

S'il semble « stagner », je lui donne un petit coup de pouce en le faisant venir sur ma main *(Hop)* et je le hisse à bout de bras au dessus de ma tête en formulant la demande auditive « Bravooo ». À ce moment, le perroquet étendra *(presque)* automatiquement ses ailes pour se rééquilibrer... Tout de suite - (L/R). Après quelques répétitions, il commencera à associer : ailes déployées = récompense. Et je reprends l'exercice en glissant mes mains sous ses ailes pour le confirmer.

Je renforce ce mouvement en le repérant et en défrayant de la gâterie chouchou le plus souvent possible, dans les contextes où

- Allez Hop... Cascade !

l'oiseau émet le comportement de façon naturelle et sans qu'on l'ait sollicité, et ce, peu importe la situation - quand il prend sa douche ; alors qu'il est excité ; lorsqu'on rentre à la maison ou dans son champ de vision. Pour valider mes attentes, dès qu'il étend ses ailes, j'énonce la demande « Bravooo » et j'écarte mes bras. Je clame mon fameux « Ouiii !!! » et lui balance sa friandise préférée *(si je l'ai sous la main)*. Sinon, mon attention et le lien « Ouiii !!! » feront le travail.

Version « Hustle » (une seule aile à la fois)

Lorsque Coco sait bien exécuter le « Bravooo », on peut, pour le sport, lui apprendre le « disco (*) Hustle ». Ça consiste en un mouvement de danse où l'oiseau ne déploiera qu'une seule aile à la fois... La musique d'ambiance parfaite pour ce jeu, « Staying alive » des Bee Gees, la chanson « Hustle » par excellence.

Pour le disco « Hustle », la demande auditive sera « Disco » et la demande visuelle - un seul bras tendu, mon index pointant vers le haut en utilisant le bras qui fait face à l'aile que l'oiseau érige. Pour garder son équilibre, le perroquet penchera un peu son corps du côté opposé à l'aile déployée ; alors, je ferai de même avec mon corps pour le confirmer dans son mouvement. Plus je lui fournirai de repères visuels, plus il comprendra facilement la demande.

- Deux ailes ou une seule ?

... Faudrait finir par trancher !

La leçon débute en le faisant simplement danser. Puis, quand il est bien « parti », je formule la demande « Disco », en dressant un seul bras vers le plafond, disons le gauche, devant l'oiseau et en inclinant

(*) Danse disco des années '70, popularisée par John Travolta sur la trame musicale « Saturday Night Fever » des Bee Gees.

- Je suis peut-être un créatif à mobilité réduite...

...mais au psitta-disco, je ne crains personne !

légèrement mon corps du côté opposé *(bras gauche levé = corps tanguant vers la droite)*. Je réitère la demande « Disco », puis de ma main, je soulève une seule de ses ailes. Il balancera automatiquement du côté contraire à l'aile levée et j'enchaîne les - (L/R). Je reprends jusqu'à ce que mon partenaire s'exécute en haussant son aile à la demande « Disco », ce qui peut se faire en une seule fois ou en plusieurs séances, selon que Coco percute rapidement ou lennnntemeeeent...

Lorsqu'il a bien compris le principe avec son aile droite, je répète ma demande en troquant de bras afin qu'il change aussi de côté. Ainsi, après plusieurs reprises, Coco se laissera guider dans sa danse en hissant l'aile face à mon bras.

J'ai dû mettre au point la version « Disco » des vivats pour Étienne, mon chéri amazone à l'aile handicapée. De cette façon, il ne se sent plus marginalisé de parader d'une seule aile puisque tous les autres oiseaux de la maison savent faire de même !

Encore plus de vivats : Battre des ailes

Plus spectaculaire encore, Chouchou sollicite les applaudissements de ses « fans » en battant joyeusement des ailes. Ma demande auditive se dira « Yèp ! » et ma demande visuelle - de la main gauche je frappe l'index et le majeur contre le pouce, comme pour imiter le canard qui fait coin-coin.

- Je finis de me toiletter et je suis à vous...

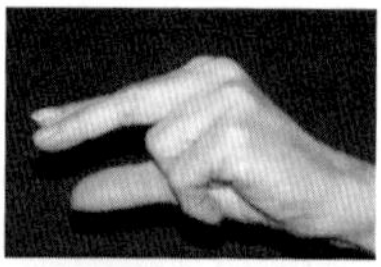

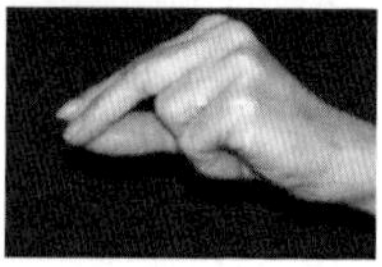

Voilà l'artiste à l'œuvre...

On applaudit !

Ça, c'est vraiment facile, surtout si notre vedette sait déjà saluer « Bravooo ». Je prends mon perroquet sur ma main en déposant mon pouce sur une de ses pattes pour le sécuriser. Si vous avez fait vos devoirs du livre « *Le perroquet, touchers et manipulations* », cet exercice passera comme une lettre à la poste.

Je formule d'abord la demande « Bravooo », puis lorsque les ailes sont bien déployées, j'enchaîne la demande « Yèp ! ». De ma main libre, je fais « le canard qui fait coin-coin » avec mes doigts, puis je bouge délicatement mon bras de haut en bas *(sur lequel l'oiseau est posé)*, juste ce qu'il faut pour qu'il ait à se rééquilibrer en battant des ailes - (L/R) sur ce mouvement *(battre des ailes)* et rire éclatant ! On répète encore et encore et encore...

En représentation, l'effet est fracassant : Coco commence par lever ses ailes bien hautes - « Bravooo » et lorsqu'il croule sous un tonnerre de « hourra » et de « bis », je lui clame un très naturel « Yèp ! » et ma star d'un jour se met à battre des ailes, comme si elle applaudissait elle-même son public... Succès assuré !

- Yèp ! Encore, encore, bis, bis... Tu es un public fantastique !

Coco joue les « filles de l'air » - Le vol

Je traite ici du vol comme une forme fantastique de jeu. Coco joue à voler ! Bien sûr, tous les perroquets savent voler et si on leur en laisse la possibilité tous s'exécuteront avec bonheur. Même en captivité, voler demeure le moyen ultime de locomotion de n'importe quel oiseau *(à moins que vous ne partagiez votre vie avec un pingouin)*. Nos

- Forcément, c'est plus rapide qu'à pied... et moins salissant aussi !

compagnons à plumes virevoltent joyeusement çà et là dans notre maison et se posent généralement où ils le désirent sans trop nous demander notre avis.

Ici, le jeu consistera à faire venir l'aviateur vers soi en volant, ou encore, à le diriger vers un endroit très précis qu'on lui désignera *(sa cage, son perchoir... ou le crâne tonsuré d'oncle Marcel)*. Ce sont des jeux amusants qui peuvent se révéler fort utiles pour nous dans plusieurs occasions de la vie quotidienne, entre autres, pour faire venir Coco à sa cage dans une situation d'urgence ou le rappeler à soi lors d'une fugue, ou plus simplement pour les besoins de votre nouveau numéro visant à impressionner la galerie.

Lance le bébé

Ce jeu qui vise l'apprentissage du « venir vers soi » requiert deux manipulateurs et un perroquet consentant - qui possède toutes ses plumes de vol bien entendu. Un opérateur lance l'oiseau tandis que l'autre l'attrape. Facile !

Lorsque je veux faire venir un Coco à moi, que ce soit à partir d'une station fixe, en marchant ou en volant pour qu'il grimpe ou se pose sur ma main, ma demande auditive demeure toujours la même - « Hop ». Dans les deux premières propositions *(immobile ou allant à pied)*, j'offre simplement mon doigt en guise de perche. Dans la dernière *(en volant)*, je présente le tranchant de ma main, pouce caché dans la paume. Suivant la localisation ou la hauteur du perroquet dans la pièce, mon bras est peu ou très élevé, mais le plus possible au niveau de l'oiseau afin que ce dernier repère bien cette demande visuelle.

- Premier vol dirigé de l'apprenti.

- Attention... Chaud devant !!!

- Oups ! Faut que je redresse, faut que je redresse...

- J'arrive papa...

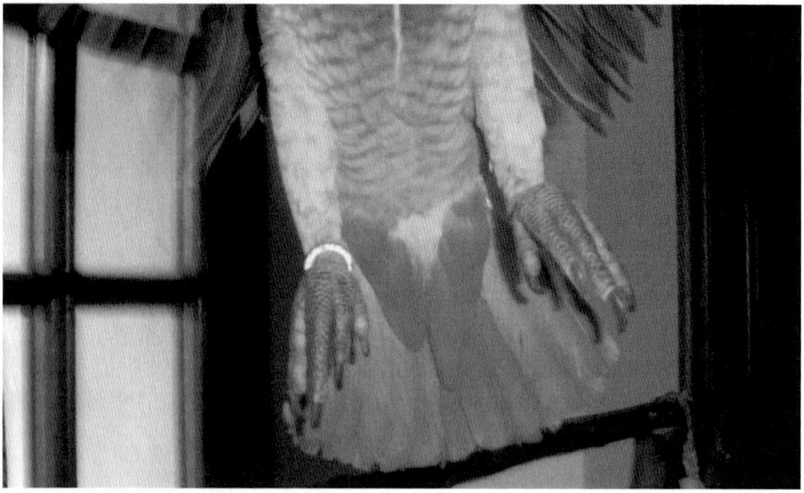

- Hé ! On a dit « Lance le bébé », pas « Catapulte le bébé »...

Si mon Coco est perché sur le dessus d'une porte ouverte, mon bras et ma main peuvent être brandis au-dessus de ma tête. Mais commençons par le début...

Les deux opérateurs se placent face à face, à très courte distance l'un de l'autre (40 cm environ). Le premier formule la demande « Hop » et celui qui tient le perroquet simule un mouvement, comme s'il s'apprêtait à le lancer, et va le déposer *(doucement)* sur la main de l'autre manipulateur. Dès que Coco est perché sur cette main - (L/R) et grands éclats de rire. - C'est trèèèèès amusant... Vu ?

Ensuite, le deuxième opérateur reprend la même séquence et par un geste identique renvoie la bestiole sur la main du premier manipulateur après que celui-ci ait émis la demande « Hop » - (L/R). On répète l'exercice plusieurs fois afin de mettre l'oiseau en confiance et lui faire la preuve par quatre qu'il se trouve devant une activité des plus réjouissante pour les deux manipulateurs. Si ça amuse le groupe *(humain)*, ça réjouira aussi Coco.

Lorsque le perroquet semble à l'aise avec ce mouvement et qu'il commence à l'anticiper en se projetant lui-même vers l'avant, on entreprend de le lancer réellement pour l'inciter à voler. On agit doucement sans gestes brusques et toujours à *(très)* courte distance (60 cm), sans négliger de rire de bon cœur. Ce jeu est hilarant, ne l'oubliez pas !

On répète plusieurs fois. Puis, on recule graduellement en élargissant la portée qui sépare les deux manipulateurs. Lorsque Coco paraît prendre beaucoup de plaisir à l'exercice et qu'il vient nous rejoindre sur une distance de plus en plus longue, on peut commencer à le faire voler de part et d'autre de la pièce si l'on vit dans un très grand appartement.

Sinon, il ne reste qu'à enfiler son harnais à notre as de la voltige *(ce qui ne devrait pas poser problème si on a fait nos devoirs du livre Le perroquet, touchers et manipulations...)* et on s'en va jouer dehors à « Lance le bébé » au bout d'une longue laisse. Mes perroquets raffolent de ce jeu et nous y épuisent de bon cœur...

Voler à demande

À présent que notre perroquet est informé que la demande « Hop » peut aussi s'effectuer à distance, on lui apprend à l'exécuter en le faisant venir vers nous, à notre signal et sans second manipulateur pour le « lancer ».

Coco est installé sur sa cage, son perchoir, le comptoir de cuisine ou autre *(en fait, peu importe)*. Je me trouve face à lui, à quelques pas *(vraiment pas loin au début)*. Je lui exhibe THE gâterie, vous savez, cette friandise pour laquelle il ferait des bassesses. Votre oiseau en a certainement une... choisissez celle-là. Puis, en présentant le tranchant de ma main, je lui formule d'une manière irrésistible la demande « Hop ».

Bon, j'avoue, 8 fois sur 10 ça ne fonctionne pas du premier coup ; contre toute attente, la bête résiste. Qu'à cela ne tienne, de deux choses, l'une : exécuter ce jeu devant lui avec un perroquet qui le connaît

- Hop ? Ça c'est pour moi...

- Allez, on dégage la piste...

Spitfire en approche...

bien et qui s'y adonne avec enthousiasme, détournant ainsi la récompense destinée à Coco *(sous son regard scandalisé)*. Je vous jure qu'au second essai, il se montrera beaucoup plus coopératif ! La deuxième option, lorsqu'on n'a pas d'autre psittacidé sous la main, consiste à venir plus près de lui, assez pour que d'une seule enjambée il puisse accéder à ma main. Je le « Hoppe » et dès qu'il se pose sur ma main - (L/R). Je recommence ainsi 2-3 fois, puis je me distancie juste un peu. Coco doit *(au moins)* sauter pour rejoindre ma main et recevoir son dû. Comme ça peut se poursuivre un certain temps, j'alterne les rapprochements et les éloignements jusqu'à ce que l'oiseau daigne s'élancer pour se saisir de la gâterie. Si la séance a duré, mieux vaut en rester là et terminer sur un succès. On ne peut pas encore appeler ça du vol, mais Coco a fait preuve de bonne volonté, je reprendrai demain. Allez, on ne lâche pas la patate !

Le lendemain, je recommence en laissant sa chance à Coco. Je m'installe à quelques pas de lui et formule la demande « Hop » en lui présentant ma main et THE friandise. Là, il se peut que ça aboutisse. Puisqu'hier, on a clos sur un succès, aujourd'hui, il saura à quoi s'attendre et s'exécutera plus facilement. En fait, j'ai rarement réussi ce jeu lors d'une première tentative, mais quand je reprends le jour suivant, allez comprendre pourquoi, ça fonctionne *(presque)* à tout coup. Un autre de ces grands mystères aviaires. Si ça ne marche pas pour vous, bien recommencez du début jusqu'à ce que votre chéri percute.

Puisque mon kamikaze paraît d'humeur, je continue le jeu en m'éloignant de plus en plus. La plupart du temps, je termine cette séance de jeu complètement à l'extrémité de l'appartement et tantôt même, dans une autre pièce. Plus je me distancie et complexifie l'affaire, plus il semble prendre plaisir à venir me rejoindre... Parfois, il en oublie la gâterie. Seuls l'écoute du lien « Ouiii !!! » et mon rire débordant suffisent à faire le travail.

Par la suite, je renforce le comportement en « Hoppant » mon perroquet quotidiennement et souvent d'une chambre de la maison à une autre. Une fois que Coco a compris l'astuce, voler vers moi à demande devient un jeu des plus stimulant. Ainsi, je peux appeler de cette façon presque chacun de mes oiseaux, et ce, peu importe la pièce dans laquelle je me situe, simplement en le hélant par son nom et en émettant la demande « Hop », en soulevant mon bras bien haut au dessus de ma tête en lui présentant le tranchant de ma main, et... il arrive. Je n'ai même pas besoin de lever les yeux de mon travail ! Mon Coco vient vers moi parce que c'est amusant, parce que je l'ai nommé, donc choisi parmi tous les autres perroquets, parce que la demande « Hop » sous-entend toujours quelque chose d'agréable en retour et surtout, parce que c'est ça l'astuce... pour que le vôtre ait envie de vous rejoindre, votre compagnie se doit d'être la plus chouette possible... Pas sorcier !

Diriger le Coco

Maintenant que mon poussinet a acquis une bonne maîtrise de son vol, je peaufine ! Je désire qu'il se pose en un point très précis de la pièce. A priori, il n'y a pas vraiment de raison de vouloir que mon oiseau aille à un endroit en particulier, mais pour le « sport » je considère ça comme... amusant.

Pour ce faire, ma demande auditive sera « Va » et la demande visuelle - pointer de mon index (ou baguette de ciblage) le lieu où se trouve l'appât. Bien oui, un autre jeu avec pâture... Je choisis un objet attirant pour Coco, en l'occurrence, une petite boulette de papier

- Attention !!! Super jumbo Airbus A-380 en amorce d'atterrissage !

chiffonné garnie d'une cacahuète à l'intérieur *(les boulettes de papier, ça marche très fort avec les perroquets).*

J'installe mon féal compagnon sur une table, j'insère la cacahuète à l'intérieur du papier bouchonné sous ses yeux concupiscents, je le taquine un peu avec cette boulette. Au moment où il la touche - (L/R).

La récompense devient bien entendu la cacahuète au cœur du papier. Puis, j'ajoute les demandes « pointer de l'index » et « Va » en éloignant d'une fois à l'autre la boulette de sorte qu'il doive se déplacer sur la table pour la rejoindre. Aussitôt qu'il commence à marcher (ou sautiller) en direction de la boulette, je l'encourage avec mon lien en crescendo

« Oui... Oui... Oui...Oui...Ouiii !!! »

tout en pointant la boulette avec insistance, et dès qu'il y touche « Ouiii ! » et récompense. Après quelques répétitions, j'arrête le jeu sur une réussite de l'oiseau et on passe à autre chose. C'est un jeu facile et je sais qu'il prendra plaisir à y rejouer un peu plus tard. En attendant, on s'en va se bouffer une glace... On a bien travaillé quoi !

La glace étant consommée, nous revenons au jeu, mais cette fois-ci, je débute avec la boulette très éloignée de lui sur la table. Je pointe la boulette, formule la demande « Va » et, tel que je l'anticipais… il s'y précipite… - (L/R). Je recommence quelques fois et lorsque j'ai la certitude que Coco comprend convenablement le but de ce jeu, soit de toucher la boulette de papier à l'écoute de la demande « Va », j'augmente la mise.

Je saisis la boulette de papier de manière à ce que mon oiseau me voie bien. Je vais la poser sur le comptoir-lunch situé à environ un mètre de la table, je la taponne un peu dans mes mains et je reviens vers lui. Je hasarde un « Va » en pointant de façon évidente *(au loin)* la boulette sur le comptoir. Au début, Coco semble perplexe et adopte la posture de celui qui voudrait bien décoller, mais qui n'est pas tout à fait déterminé *(accroupi légèrement et battements d'ailes)*. À ce moment, je « crescendise » mon lien pour l'encourager à continuer son mouvement « oui… oui... oui… oui... oui…oui !!! » Je répète *(plusieurs fois)* ma demande « Va ». Si le perroquet s'envole pour toucher la boulette… Alléluia !!!! Je suis bénie des dieux… il a pigé du premier coup ! Sinon… on travaille notre patience. Cent fois sur le métier remettez votre ouvrage… Ça veut dire : recommencer sur la table, et de la table au comptoir jusqu'à l'illumination de l'oiseau.

Une fois compris, ce jeu est l'un de ceux qui captivent le plus mes intrépides volatiles *(un rien les amuse)*. Je joue avec eux à déplacer la boulette de papier (ou carrément la lancer), et à la demande « Va », ils décollent pour ensuite se poser à l'endroit que moi j'ai désigné de mon doigt (*et avec la boulette…)*.

Avec le temps, je retiens uniquement la demande « Va » en pointant avec mon doigt ou, si c'est ça le jeu, je peux continuer à jeter la boulette. Lorsque l'oiseau atterrit au point désigné - (L/R).

Aujourd'hui on a conquis le comptoir-lunch, le sofa et la bibliothèque du salon - demain, on investit… le crâne d'oncle Marcel… Right on !

- Manœuvre parfaitement réussie et surtout... sans casse !

Je suis adroit de la main gauche
et je suis gauche de la main droite.
- Raymond Devos

Jeux d'adresse

Jeux avec accessoires

Note : Sécurité des accessoires et des jeux

À partir du moment où il peut les manier, beaucoup de jouets ou jeux pour enfants de niveau préscolaire peuvent être utilisés pour interagir avec son perroquet.

Cependant, soyez vigilant et ne permettez jamais à Coco de s'amuser sans supervision avec ces jouets de plastique, de bois peint, teint ou encore de métaux indéterminés. Aucun d'eux ne devrait être laissé à sa disposition lors de ses périodes de jeu libre pour servir de jouet à mâchouiller ou à détruire, ce qui inclut, et j'insiste, les baballes de plastique.

D'une part, vous les avez désignés pour des interactions spécifiques et si vous laissez votre chéri à plumes se les accaparer, il pourrait s'emmêler les pinceaux la prochaine fois que vous y aurez recours et compromettre ses apprentissages. D'autre part, en plus des risques d'intoxication (métaux lourds), ils n'offrent généralement pas de résistance en regard de la puissance d'un bec de perroquet et risquent de provoquer des blessures (petites pièces facilement détachables et ingérables (aspiration, suffocation et intoxication), écornures, ébréchures et éclats pointus). Le mot d'ordre : vigilance ! ☺

Touche - Prends - Donne - Dépose - Apporte…
… et Va chercher !

Les « Touche - Prends - Donne ou Dépose et Apporte » représentent le b.a.ba d'une quantité effarante de jeux pour votre perroquet et le « Va chercher » sera toujours utile à l'humain paresseux qui n'a pas envie de couvrir les jeux de « catapultage » de Coco. Les « Touche - Prends - Donne ou Dépose et Apporte » s'inscrivent dans une séquence qui nous semble aller naturellement de soi *(et ça l'est)*, mais qui pourtant, demande à être enseignée une seule action à la fois. Il ne sert à rien de brûler des étapes. Ici, l'oiseau se situe toujours dans le protocole « apprendre à apprendre », la base de pratiquement tous les jeux qui commandent un ou plusieurs accessoires.

Les premiers jeux avec accessoires qu'assimilera Coco demeureront très marquants dans ses modes de fonctionnement et influeront sur ses apprentissages ultérieurs. C'est pourquoi l'ordonnance des demandes « Touche - Prends - Donne ou Dépose - Apporte » doit toujours être respectée lors de l'initiation à un jeu ou l'introduction d'un accessoire. Avec l'expérience, cet enchaînement finira par devenir naturel pour l'oiseau et il passera directement du début à la fin d'une série sans que vous ayez à reprendre toutes les étapes en entier à chaque fois.

- Par souci de professionnalisme, je trimballe toujours mes petites affaires pour jouer.

Il est de pratique courante chez le perroquet de déplacer des objets d'un point à un autre avec son bec et le but de cette première séquence consiste à enseigner à Coco à prendre quelque chose dans le sien et à venir le déposer, à notre demande en un point bien précis - que ce soit dans notre main ou dans des ailleurs non encore définis. Nous verrons plus loin comment lui apprendre à transporter un objet vers un endroit que nous lui indiquerons. Mais une chose à la fois et on se démarre en douceur...

Touche

On amorce le jeu en demandant à notre psitta-chéri-d'amour de bien vouloir toucher un objet désigné. Disons dans le cas présent qu'on se servira d'une petite balle adaptée à sa taille. Il est à noter qu'il ne doit rien y avoir sur la table à l'exception dudit objet, afin de ne pas confondre l'oiseau inutilement.

La balle devra être moulée à vide, délicate et percée de trous *(balle d'entraînement de golf ou baseball en plastique léger qu'on trouve dans les boutiques de sport)*, afin que Coco puisse aisément la saisir avec son bec. Pour l'intéresser, si on a un perroquet d'un naturel inquisiteur, il ne suffit que de placer cette petite balle près de lui sur la table de jeu - la balle et rien d'autre. Je formule la demande « Touche *la balle* » en mettant l'accent sur le mot « Touche » et en touchant moi-même cette balle avec mon index ou la baguette de ciblage. Comme il n'y a aucun objet sur la table hormis cette balle et que j'ai pris la peine de la lui indiquer, il y a fort à parier que mon fouineur s'approchera et touchera la baballe par lui-même. À ce moment précis … - (L/R).

Si mon perroquet semble indifférent à la balle, j'ai recours au modèle « l'autre » : un autre oiseau qui connaît la demande « Touche » ou mon conjoint, qui théoriquement devrait comprendre « Touche ». Je reprends la demande « Touche *la balle* » en récompensant abondamment mon top-modèle *(oiseau ou humain)* suite à l'exécution de la demande. Bien entendu, je peux agir moi-même en tant que modèle en m'adressant la demande « Touche *la balle* », action que j'accomplis

- De la concentration...

... ne pas croquer la baguette...

... ne pas croquer la baballe...

... mais que c'est donc tentant !

du bout des doigts, en avançant joyeusement le lien « Ouiii !!! » sous le regard ébaubi de Coco. Ensuite, je fais rouler la balle tout doucement vers lui jusqu'à la hauteur de ses pattes en reformulant mes demandes visuelle (doigt ou baguette de ciblage) et auditive « Touche *la balle* ».

Je recommence autant de fois qu'il le faut, jusqu'à ce que Coco, peut-être par exaspération, touche la balle du bout de son bec *(même si c'est pour la balancer)*. Immédiatement j'interviens d'un flamboyant lien « Ouiii !!! » et je récompense.

À ce moment, l'oiseau semble perplexe, il ne sait pas *(encore)* pourquoi il s'est mérité cette récompense. Je reprends donc du début, jusqu'à ce qu'il s'exécute aussitôt après avoir reçu la demande « Touche *la balle* » pour récolter son salaire. L'important pour l'instant demeure qu'il « Touche » cette balle et qu'il en soit payé de retour. Rapidement, il en arrivera à la conclusion que c'est un moyen bête comme chou de se faire de la gâterie facile et il en usera et abusera.

Quand je commence à être saturée des abus de mon Coco, c'est qu'il est temps d'augmenter la mise *(sinon, je ne m'en sortirai pas).* C'est-à-dire qu'à partir de ce moment, toucher la balle ne sera plus suffisant pour obtenir le jackpot : Coco devra dorénavant prendre la balle avec son bec. *(Hé, hé… !)*

Prends

Je formule la demande « Touche *la balle* ». Coco s'exécute et j'enchaîne immédiatement avec la demande « Prends *la balle* », en mettant une bonne intonation sur la demande « Prends ». L'oiseau, n'écoutant rien de ce que je dis et sûr de lui, touchera la balle et attendra naturellement sa récompense. Je ne la lui donne surtout pas ! Je répète patiemment la nouvelle demande « Prends *la balle* » jusqu'à ce qu'exaspéré de ne pas recevoir son dû, il s'en empare pour la jeter. Yeesss ! … Dès qu'il saisit la balle dans son bec - (L/R). Je viens ici de pratiquer une extinction partielle de la demande « Touche » dans le

- Je touche la baballe...

... pis je prends la baballe.

T'es contente ?

but de la remplacer par la demande « Prends ». Je n'ai maintenant plus besoin de la demande « Touche » puisque pour réagir à la demande « Prends », mon champion doit forcément toucher l'objet (balle).

Je persiste jusqu'à ce que l'oiseau en arrive à associer la récompense à l'action de s'emparer de la balle dans son bec. Il me faut éviter d'attendre le catapultage de la balle pour émettre le lien - (L), sinon Coco pourrait s'imaginer être félicité parce qu'il a dardé la balle. Je répète plusieurs fois la demande « Prends *la balle* ». Lorsque j'ai la certitude que mon élève commence à considérer le jeu quelque peu élémentaire, je relève encore un peu la sauce : il devra dorénavant, en plus de prendre la balle, me la remettre en main…

Donne

À ce point, je fais face à une légère difficulté : je sais qu'en aucun cas mon Coco ne me donnera la balle s'il n'a pas appris à le faire préalablement. Le perroquet, sauf exception, n'est pas prêteur… c'est là son moindre défaut... Il m'incombe donc, délicatement, d'aller chercher la balle avec ma main directement dans le bec de l'oiseau en

- Maintenant que je m'amuse... il faut que je la remette !

lui répétant gentiment la demande « Donne *la balle* ». Si le perroquet n'est pas prêteur, il n'est pas chamailleur non plus : il me cédera la balle rapidement et attendra la suite du jeu. Il lâchera prise sur la balle que je saisirai dans ma main. Dès qu'elle est déposée *(par mes bons soins)* dans ma main, immédiatement - (L/R).

Je refais le jeu plusieurs fois en retirant moi-même la balle de son bec et en énonçant à chaque répétition la demande « Donne *la balle* ». Ensuite, je lui laisse sa chance en ne tendant que ma main bien ouverte en réitérant la demande « Donne *la balle* ». S'il ne s'exécute pas, je re-saisis encore la balle et je recommence du début. S'il pose lui-même la balle dans ma main... je lui déchaîne tout un carnaval... Il l'a drôlement mérité ! Je remets ça jusqu'à ce qu'il ait bien compris la demande « Donne *la balle* » dans ma main.

Le jeu « Donne » est une clé importante de l'apprentissage de plusieurs autres jeux. Vous devez être certain que Coco en comprend bien le rudiment avant de poursuivre dans ce livre. Avec ce jeu, vous lui enseignez que lorsque vous tendez la main vers lui, il doit vous « Donne » quelque chose. C'est déjà un grand pas de franchi.

À partir du moment où l'oiseau pose automatiquement la balle dans notre main à la demande « Donne *la balle* », on peut passer à l'étape du « Apporte ».

Apporte

Pour la demande « Apporte », Coco devra transporter la balle dans son bec pour « l'Apporte » directement dans ma main, à partir d'un endroit plus éloigné de moi sur la table de jeu. Disons qu'il doit fournir un petit effort supplémentaire pour arriver à ses fins. Je place la balle ainsi que l'oiseau sur le coin de la table de jeu qui me fait opposition et je lui formule la demande « Prends *la balle* ». Ça, il sait le faire. Puis, je tends ma main bien ouverte sur la table (paume vers le haut) devant lui en hasardant la demande « Apporte *la balle* ».

Comme Coco vient tout juste de réussir la demande « Donne » et parce qu'il n'est pas bête, en voyant ma main tendue vers lui sur la

- O.K. Ça va...
Je te fais « Apporte ».

- Je te fais « Donne », mais tu me la rends tout de suite après !

Promis ?

table, il reproduira le dernier jeu appris qui utilise ce repère visuel, soit « Donne *la balle* » : il attrapera la balle dans son bec et s'avancera *(probablement)* vers moi dans le but de la « Donne » dans ma main.

Lorsqu'il arrive à la hauteur de ma main, j'utilise la demande connue « Donne *la balle* », ce qui le confirme dans mes attentes. Il s'exécute et escompte la récompense annoncée par la réussite du jeu « Donne *la balle* »... que je lui offre avec le plus grand enthousiasme. Coco apprend ainsi à « Apporte » vers moi un objet qui n'est pas à ma portée. Je répète ce jeu plusieurs fois et ... une de plus encore.

Vous mettez en pratique les acquis des jeux « Apporte » et « Donne » le plus souvent possible dans diverses activités quotidiennes. Les perroquets adorent se balader avec des trucmuches dans le bec ; jouez-y souvent en lui demandant de vous « Apporte » les objets les plus variés, même en dehors des périodes dévolues au jeu. Faites-le se sentir indispensable !

Maintenant que notre génial petit compagnon à plumes sait « Prends / Donne - Apporte / Donne », il ne reste plus qu'à lui enseigner « Va chercher », ce qui, à ce point, ne sera qu'un jeu d'oisillon pour lui.

Va chercher

J'installe mon surdoué près de moi sur la table de jeu et je fais doucement rouler la balle assez loin de lui en émettant la demande « Va chercher *la balle* » ... en tendant encore une fois ma main ouverte sur la table. Mon Coco comprend bien maintenant que cette demande visuelle lui indique qu'il doit me « Donne » quelque chose et puisqu'il n'y a que la petite balle qui roule sur la table... dans la circonstance ça doit être le bon objet.

- On me la fait rouler au bout de la table et c'est encore Bibi qui doit aller se la chercher...

Alors ici, de deux choses l'une : ou il pige immédiatement le jeu, « Va chercher *la balle* », me « l'Apporte » et la « Donne », ou je dois *(encore)* me farcir un colloque sur le sujet avec lui !

Dans la seconde proposition, celle où Coco ne saisit pas le but du jeu *(ça arrive)*, je devrai à nouveau servir de modèle en reprenant ma panoplie de demandes à partir du début : faire rouler la balle, émettre la demande « Va chercher *la balle* » en faisant marcher ma main *(mes doigts)* sur la table en direction de la balle, m'auto-demander « Prends et Apporte *la balle* », « Donne *la balle* » en déposant la balle dans ma main, le tout suivi d'un retentissant lien « Ouiii !!! » et je me bouffe ma cacahuète... C'est bien vu ? Le zoiseau devrait décliquer à ce moment... Et je reprends le jeu du début.

1. Coco et la balle sont près de moi.

2. Je fais rouler la balle doucement devant l'oiseau et je formule la demande « Va chercher *la balle* » en tendant ma main sur la table.

3. Lorsque l'oiseau s'élance en direction de la balle, je clame mon lien « Ouiii !!! ».

4. Lorsqu'il arrive à proximité de la balle, j'y vais de la demande « Prends *la balle* », suivi du lien « Ouiii !!! » dès l'exécution de la demande, mais je ne récompense pas *(pas encore)*.

5. Lorsqu'il a la balle en bec, je fais la demande « Apporte *la balle* » et je tends ma main sur la table, en bougeant les doigts comme incitatif. Dès qu'il vient en ma direction, un autre petit lien pour la route « Ouiii !!! ».

6. Il arrive maintenant à ma hauteur *(ouf... on y est presque...)*, je lui présente ma main et lui dis « Donne *la balle* » ... il s'accomplit et... Alléluia... Un gros lien bien fort « Ouiiii !!! » et des papouilles et des cadeaux... Coco a merveilleusement travaillé et je suis un exemple de patience et de constance... Allez, une autre p'tite cacahuète pour moi aussi. Dans ces moments-là, on ne regarde pas à la dépense...

7. Je recommence le jeu plusieurs fois en déplaçant ma main ouverte à différents points sur la table pour que mon héros comprenne qu'il doit me « Donne » la balle, peu importe la localisation de ma main.

Dépose

Maintenant, il ne reste qu'un tout petit pas à franchir pour que mon volatile apprenne à prendre et déposer sa balle à un endroit précis que je lui indiquerai à l'aide de mon index ou de la baguette de ciblage. Tout comme dans le jeu de vol où l'oiseau devait atterrir en un point désigné, on peut enseigner au perroquet à « Va chercher » - « Apporte » et « Dépose » la balle à un emplacement déterminé.

1. La balle est placée près de Coco sur la table et je lui dis « Prends *la balle* »... suivi d'un petit lien - « Ouiii !!! ».

2. À l'aide de la baguette de ciblage ou de mon index, j'indique un point de la table et je formule la demande « Apporte *la balle* ». Coco tout fiérot « Apporte » sa balle à l'endroit désigné par la baguette ou mon doigt... et je lui claironne un lien d'enfer « Ouiii !!! ».

- Tu la veux ici ?

- Mais décide-toi à la fin !

3. Lorsque Coco doit poser l'objet (balle) ailleurs que dans ma main, je remplace la demande « Donne » par la demande « Dépose *la balle* ». S'il s'exécute, n'oubliez pas les - (L/R).

4. S'il ne semble pas comprendre la nouvelle demande, je lui répète « Dépose *la balle* » et délicatement, je la lui retire du bec pour la poser sur la table, à l'endroit que je viens de lui indiquer et j'enchaîne un lien expressif « Ouiii !!! ». Puis je le récompense.

5. Je reprends le jeu de « Dépose *la balle* » autant de fois qu'il le faudra. C'est un apprentissage majeur pour ce qui va suivre ; aussi important que le jeu de « Donne ». L'oiseau apprend ici à faire la différence entre « Donne » qui implique qu'il me remet l'objet dans la main et « Dépose » qui veut dire de déposer l'objet à chacun des points, autres que ma main, que je lui désignerai.

6. Je récapitule avec lui les exercices « Apporte *la balle* » et « Dépose *la balle* » plusieurs fois jusqu'à ce que le principe soit assimilé par ma bête. Puis, j'incorpore le concept du « Va chercher » pour rendre l'affaire encore plus stimulante.

Maintenant, à vous de jouer. Reprenez tous les mouvements depuis le début, puis, quand votre petit ange comprend bien le jeu, vous commencez à l'exercer en changeant souvent d'objet et d'endroit pour y jouer.

Choisissez des objets de formes, de tailles et couleurs contrastantes, en alternant différents emplacements de vos mains sur la table pour le « Donne » ou lieux précis pour le « Dépose » et pourquoi pas en divers points de la maison ou même par terre. Ceci a pour but de faire en sorte que l'oiseau s'explique bien que ces jeux ne sont pas rattachés qu'à la simple balle, et qu'il soit en mesure de généraliser les demandes « Touche - Prends - Apporte - Donne ou Dépose - Va chercher » à divers objets et jeux, et ce, peu importe le moment ou l'endroit où vous vous y adonnerez.

Jouez souvent afin que votre perroquet ne perde jamais ce précieux apprentissage, c'est la base de jeux hyper-stimulants et très valorisants pour lui. C'est un cadeau précieux.

Les jeux d'extraction et d'insertion

Des jeux bébé lala *(lire faciles, faciles, pour le moment)*

On extrait

Maintenant que Coco peut exécuter « Va chercher », « Prends », « Donne » ou « Dépose » divers objets qui traînent ou roulent sur la table, ce serait géant s'il pouvait extraire un objet d'un autre pour ensuite venir nous « l'Apporte » et nous le « Donne » en main propre. Alors, pourquoi pas ? Après tout, n'est-il pas épatant notre petit chou ?

Pour ce jeu, j'utilise sa balle et je me déniche un petit bol. En premier lieu, devant l'oiseau, j'insère sa balle dans le récipient *(bol)*, ni trop grand ni trop haut afin qu'il puisse y accéder facilement.

- *Je ne suis pas aveugle...*

Je vois bien que la baballe est au fond du bol !

Avec mon index ou la baguette de ciblage, j'indique l'objet à l'intérieur du contenant (la balle) et lui formule la demande « Va chercher *la balle* » en posant ma main ouverte sur la table. Avec cette demande visuelle (Donne - *main ouverte sur la table*), il sait qu'il doit me « Donne » quelque chose... Il fera donc rapidement la déduction par lui-même.

Je peux lui apporter mon aide au début avec les demandes « Prends *la balle* » lorsqu'il s'approche du récipient, « Apporte *la balle* » quand il l'a bien en bec et « Donne *la balle* » tandis qu'il revient vers moi. Avec un peu de pratique, les simples demandes « Va chercher » et ma main ouverte deviendront suffisantes.

On insère

Tous les perroquets aiment insérer des machins à l'intérieur de divers objets. C'est un jeu naturel pour eux. On vise ici à lui apprendre à s'exécuter à notre requête et avec le contenant choisi.

Puisqu'il sait retirer un objet du récipient à demande, notre prodige saura bien déposer un gadget à l'intérieur dudit récipient. Pour ce faire, je place sa balle sur la table, à proximité de lui, et le petit bol dans ma main ouverte sur la table *(vous me voyez venir avec mes gros sabots)*. Bien oui, vous avez raison, je formule la demande « Donne *la balle* » et mon petit futé n'a d'autre choix que de « Donne » la baballe dans le contenant qui repose dans ma main... Et voilà, le tour est joué !

- Ben quoi...

Retire ce bol si tu veux que je te « Donne » la baballe !

C'est la prémisse au jeu de « basket-ball » et autres jeux du même acabit que nous explorerons plus loin. Pas malin, pas sorcier, mais amusant comme tout pour l'oiseau. N'oubliez pas les - (L/R). Je répète le manège plusieurs fois, puis je retire ma main de sous le bol. Ce dernier est déposé directement sur la table, et ma main est... ailleurs.

Maintenant, je replace l'objet (la balle) à proximité de Coco et du récipient et, à l'aide de la baguette de ciblage ou de mon index, je tapote doucement sur le petit bol en lui faisant les demandes « Apporte *la balle* » et « Dépose *la balle* », ce qui ne devrait pas prendre long à comprendre à mon *(de plus en plus)* futé perroquet. S'il ne pige pas,

- Ho ! Tu la veux « Dépose » dans le bol ?

Excuse-moi, je ne suivais pas...

je joue encore une fois au modèle : il m'observera, il allumera, il opérera et je récompensera ! ☺

Je continue en corsant l'affaire, soit en déposant la balle un peu plus loin de l'oiseau ou en la faisant rouler, de manière à ce qu'il doive se déplacer pour aller la « Va chercher ». Alors, j'enchaîne avec la demande « Va chercher *la balle* » en la lui désignant avec mon index ou la baguette de ciblage, suivi de la demande « Apporte *la balle* » et « Dépose *la balle* », en pointant le petit bol sur la table. Il aura peut-être besoin que je lui rejoue un peu la scène du modèle pour procéder *(ce qui semble déjà arriver moins fréquemment)*, mais il navigue encore dans le mode « apprendre à apprendre » et cette étape peut durer un moment. Il doit prendre de l'expérience et c'est normal.

Je déplace le petit bol sur la table et je recommence le tout. Lorsqu'il semble comprendre le principe, je change de récipient et d'objet à insérer avant de poursuivre. Par la suite, on s'amusera avec diverses babioles et tout autant de pots, de bols, de tasses ou de jattes. La diversité dans le jeu... c'est ça le bonheur pour un perroquet !

Il est important que Coco ait bien saisi l'affaire afin de lui éviter des frustrations inutiles. S'il ne semble pas prêt pour la suite, continuez ces exercices. Chaque oiseau étant différent, respectez son rythme et vous en sortirez tous les deux gagnants... N'oubliez pas les - (L/R).

On transfère

On peut par la suite improviser un jeu facile, qui demeure néanmoins un des plus captivants pour la plupart de mes perroquets. Il s'agit *(bêtement)* de transférer des balles d'un bol à un autre. Ce jeu utilise les deux concepts : l'extraction d'une balle d'un premier bol pour ensuite l'insérer dans un second.

Je commence par une seule balle déposée dans le premier petit bol. Je formule la demande « Prends *la balle* », en lui indiquant la balle dans le bol avec le doigt ou la baguette de ciblage. Puis, toujours avec mon doigt ou la baguette, je tapote légèrement sur le deuxième bol, placé à côté du premier, en faisant la demande « Dépose *la balle* ». Lorsqu'il s'exécute - (L/R). Si le bébé ne pige pas, je rejoue *(encore)* le

- Bon voilà. Plus qu'une seule maintenant...

modèle et je reprends le tout avec lui. Si on a accompli les précédents exercices dans l'ordre et correctement, Coco ne butera pas longtemps sur ce jeu.

Ce jeu est très élémentaire et payant pour lui. Il se renouvelle facilement, simplement en recourant à des manipulations qu'il connaît déjà. Ainsi, je peux accroître le nombre de balles ou autres objets à transférer d'un bol à un autre ; je peux modifier le jeu en éloignant les bols l'un de l'autre et alors utiliser les demandes « Va chercher » et « Apporte ». Mon perroquet prendra plaisir à mettre en œuvre ses nouvelles connaissances. C'est très valorisant pour lui et ça peut servir d'activité ou de jeu dirigé.

Je propose régulièrement le jeu des balles et du bol, quand je suis occupée, pour diriger *(sans nécessairement être tout près)* une activité de mes perroquets avec les demandes « Va chercher », « Prends », « Dépose », etc. De plus, ce jeu offre la possibilité d'ajout d'interactions plus avancées que nous verrons plus loin, tel que sélectionner des balles *(ou objets)* de couleurs ou formes différentes.

Jeux dirigés : je peux conduire le jeu à distance avec mes oiseaux, en utilisant des demandes qu'ils connaissent bien, ainsi que différents concepts qu'ils ont appris au fil du temps. Cette fois-ci, je me servirai de petites pièces de bois que je nommerai « billes ». Un jeu dirigé avec mes perroquets ressemble en gros à ceci.

1. J'avise mon partenaire ailé du jeu choisi, ex. « Coco on joue aux billes ». Je place deux bols sur la table de la salle à manger et mets quelques billes de couleurs dans l'un des deux.

2. Je dispose mes bols à chaque extrémité de la table, question que Coco se magne un peu, et le jeu peut commencer… pendant que moi, au même moment, je vaque à d'autres occupations *(disons que je prépare le dîner)*. Je n'aurai besoin que de ma voix pour qu'on s'amuse comme des petits fous.

3. Le jeu débute : Coco, « Va chercher *une bille rouge* ». « Dépose la

bille rouge » dans le bol… - (L/R). *(On explorera le concept des couleurs un peu plus loin.)*

4. Coco, « Va chercher *une bille verte* » et « Dépose *la bille verte* » dans le bol… - (L/R).

5. Et ça dure et dure…

C'est un peu gneugneu comme jeu, mais mes perroquets peuvent s'amuser à ça des heures durant. Ils adorent choisir eux-mêmes les billes à transférer, que ce soit par simple goût ou par couleurs. Parfois, ils s'y prennent à deux ; quelquefois, le jeu est dirigé par moi ; à d'autres moments, ils y jouent seuls. Certains de mes plus bavards savent s'intimer des demandes à eux-mêmes. En fait, ils adorent imiter le son de ma voix et mes demandes.

- Où sont passées les baballes ?

- Des billes ?

Bon, je vais faire avec !

On peut modifier les demandes à loisir, selon une situation ou un objet bien précis. Ainsi, une de mes demandes préférées en ce qui concerne les jeux d'insertion demeure « Range *tes jouets* », demande amusante et fort à propos à la fin d'une séance de jeu avec son bout de chou. Cependant, je n'utilise cette demande très ciblée qu'avec le coffre à jouets de l'oiseau, et uniquement avec celui-ci. Puisqu'on substitue à la demande « Dépose » *(qui constitue la demande tout-terrain des jeux d'insertion)* la demande « Range *tes jouets* », cette dernière ne devra être associée qu'au coffre à jouets du perroquet.

Pour ce faire, on n'a qu'à suivre le processus déjà décrit, mais en se servant du coffre à jouets *(à la place du bol)* et des petits jouets et accessoires appartenant au petiot, en employant la nouvelle demande « Range *tes jouets* ». De toute manière, pour Coco, la simple vue de son coffre à jouets deviendra un stimulus environnemental *(voir p. 262)* et après quelques répétitions il saura rapidement ce qu'il faut y faire sans même que j'aie à le lui demander. Succès assuré auprès de vos invités ou spectateurs ébahis !

Voilà ! Chouchou a maintenant appris à insérer et extraire un objet d'un autre. Un monde de possibilités vient de s'ouvrir devant vous *(tous les deux)*. Il saura désormais jouer à une foule de jeux avec vous et il découvrira *(n'en doutez pas)* comment en improviser pour son propre compte.

Souvent, j'entends mes oiseaux s'auto-demander « Va chercher » pour ensuite s'accaparer d'un trucmuche et, brillamment, le loger dans un récipient quelconque tout en se formulant la demande « Dépose ». C'est ainsi que mon grille-pain qui, comme tout grille-pain qui se respecte, traînait négligemment sur le comptoir de la cuisine, s'est un jour trouvé farci de petits morceaux de papier essuie-tout et autres babioles. Pablo, gris d'Afrique loquace et volubile, jouait à verbaliser des demandes « Va chercher » et « Dépose », en imitant à la perfection la prosodie de ma voix, tandis que Morgane, ma fille cacatoès, répondait complaisamment aux demandes de Monsieur… en bourrant le grille-pain de bouts de papier et autres bidules éparpillés par là. Et le pire de l'affaire, la démone n'exigeait aucune rémunération en retour… Avec moi, elle n'en finit plus de faire des histoires… Mademoiselle chipie me prend la tête à chacune de mes demandes, ce qui se termine pratiquement toujours par des négociations salariales *(en câlins, bisous et co.)* dignes d'un syndicaliste *(grr...)*. Ces oiseaux jouaient pour... jouer et s'organisaient très bien sans moi. Quelle vie d'orgie... !

Mettre des pièces dans sa tirelire

Le but de ce jeu est d'enseigner à son élève préféré comment introduire des pièces de monnaie dans une toute petite fente. Coco connaît déjà ce type de jeu d'insertion, mais celui-ci lui demandera un peu plus de dextérité et de précision *(mais s'il peut le faire avec un grille-pain...)*.

On commence bien entendu par nettoyer et désinfecter les pièces de monnaie, dans le cas où on utilise de vrais sous. Mais mieux encore, il existe une quantité astronomique de modèles de tirelire jouet *(pièces-jouet incluses)* qui peuvent tout à fait s'adapter aux besoins de notre banquier à plumes.

Je laisse d'abord l'oiseau manipuler et jouer tranquillement avec les pièces quelques minutes, question qu'il s'en approprie la forme et la minceur. Je place la tirelire et les pièces sur la table de jeu, puis je permets à la curiosité naturelle de mon perroquet de faire son œuvre, des fois qu'il m'étonnerait en introduisant lui-même les sous dans la tirelire *(n'en doutez pas, ça arrive parfois)*.

Pas de surprise ? Bon. Alors, on se met en branle ! Le procédé est exactement le même que celui des jeux d'insertion avec billes et bol. Ce jeu doit s'enseigner en réalisant deux étapes distinctes et séparées : « Prends *la pièce* » et « Dépose *la pièce* ».

Pour la demande « Dépose *la pièce* » dans la tirelire, je dispose de plusieurs options selon ce qui colle le mieux avec le tempérament de CE perroquet *(maintenant, je crois qu'on commence à y voir plus clair dans le mode de fonctionnement de Coco)*.

. *Première option* : je fais moi-même l'exercice plusieurs fois devant lui *(je modèle)*.

. *Deuxième option* : à l'aide de mon index ou de la baguette de ciblage, je lui indique la fente de la tirelire dans laquelle il doit « Dépose » la pièce.
. *Troisième option* : comme pour le jeu des billes et du bol, je tends ma main bien ouverte sur la table et j'y place la tirelire, suivi de la demande « Donne *la pièce* ».
. *Quatrième option* : lorsque l'oiseau a répondu à la demande « Prends *la pièce* », j'empoigne gentiment son bec du bout de mes doigts et je le guide vers la fente de la tirelire. Ce qui va pas mal plus vite à comprendre pour un premier essai...

Plusieurs choix, mais toujours le même objectif : mon financier en herbe doit « Dépose » la pièce dans la petite fente de la tirelire. Pas si facile à exécuter pour lui. Je me montrerai *trèèès* expansive et généreuse !

Au début de cet apprentissage, j'offre les pièces une à une à mon phénix afin qu'il ne décide pas de se manigancer lui-même un de ces tortueux jeux à plusieurs jetons. Les perroquets donnent très fort dans l'improvisation, surtout lorsque le jeu initial leur semble un peu trop laborieux.

Lorsque Coco réussira bien, je laisserai tomber la demande « Donne » et n'utiliserai que les demandes « Prends » et « Dépose ».

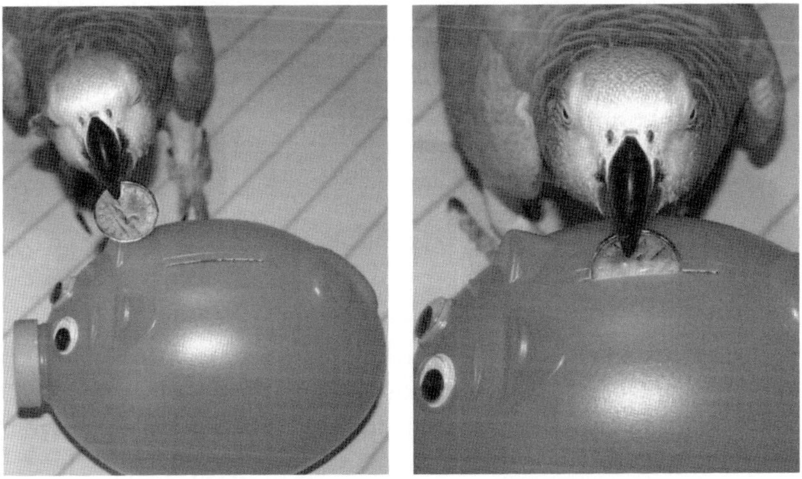

- Cependant, je préfère capitaliser sur les pistaches !

Ce sera à lui dorénavant de choisir parmi toutes les pièces que j'aurai disposées sur la table *(il y en aura plusieurs)*. C'est vraiment fou l'application que mes oiseaux mettent à choisir LA pièce à employer, même si elles sont toutes identiques. Naturellement, tout le processus est accompagné de - (L/R) à chacune des étapes.

À partir du moment où l'oiseau sait insérer un objet dans un second à notre demande, notre imagination deviendra notre seule limite et il en ira de même pour le perroquet. Plus que les sous dans la tirelire, on innovera avec des boîtes gigognes *(qui s'emboîtent les unes dans les autres)*, remplir un panier d'épicerie, introduire son courrier dans une mini-boîte aux lettres ou tout ce que notre fantaisie peut concevoir, et ce, en n'usant que des demandes « Prends », « Donne » ou « Dépose ». Avec la contribution judicieuse de notre main ouverte et tendue, notre index ou la baguette de ciblage, tout nous est dorénavant envisageable… ou presque !

Dans les pages qui suivront, je vous proposerai toute une gamme de ces jeux d'insertion, de ceux que mes perroquets adorent, qui passeront de très accessibles à plus complexes, puis on les combinera à divers apprentissages plus « experts ». Coco ne sera pas en reste et vous serez stupéfait des endroits inusités où il s'amusera à insérer ses jouets et autres menus objets qui traînent ici et là *(objectifs qu'il visera de son propre chef)*. Sécurisez tout de même votre grille-pain… au cas où !

Bien entendu, vous pouvez en tout temps adjoindre à ces jeux la demande « Va chercher » en éloignant les pièces de la tirelire ou des jouets cibles.

Enfilade d'anneaux

Pour ce jeu, vous avez besoin d'un accessoire composé d'un ou de plusieurs piquets et de quelques anneaux *(bagues / disques perforés)* de taille concordante. On le bricole soi-même *(facile comme tout)* ou sinon, on en retrouve dans les magasins à grande surface dans le rayon des petits ou chez les détaillants de jouets spécialisés pour perroquets. Les anneaux se trouvent facilement dans les boutiques de bricolage.

Du simple jeu d'enfilade d'anneaux au plus complexe à formes géométriques et couleurs, à vous de voir les préférences de Coco.

On retire les anneaux (extraction)

On commence par la partie facile du jeu, soit retirer les anneaux. Je place le jouet sur la table de jeu, bien à la vue de Coco et j'enfile moi-même le ou les anneaux sur le ou les piquets.

Pour ce jeu, règle générale, je n'ai rien de particulier à exécuter, sauf peut-être titiller la curiosité naturelle de l'oiseau en tripotant les anneaux du bout de mes doigts. Normalement, à ce stade, il sait qu'il doit faire quelque chose avec ce jouet, puisqu'il a toujours eu à manipuler ceux que je lui présentais à la table de jeu. Alors, il devrait s'en approcher et chercher par lui-même *(si on lui en laisse l'opportunité)* quel peut donc être le but de ce jeu. Il y a fort à parier que tout ce qu'il pourra en déduire sera d'extraire quelques anneaux du ou des piquets... À ce moment, je saute sur l'aubaine et - (L/R).

Si ce scénario idyllique ne correspond pas au tempérament d'un de mes perroquets, je reprends le programme connu du « Touche - Prends - Donne » que j'effectue en premier lieu devant mon chéri à plumes avant de le rentamer par la suite en requérant sa participation. Ce n'est pas un jeu difficile, loin s'en faut. Toutefois, certains individus *(très)* conservateurs n'aiment pas trop déroger à la routine habituelle et préfèrent attendre les demandes. L'important c'est le résultat et on n'oublie pas les liens - (L) et les gâteries - (R).

Donc, allons-y pour la version conservatrice : j'insère un anneau sur le piquet, puis j'avance la demande « Prends *l'anneau* ». Doucement, devant un Coco attentif, je remonte l'anneau en le glissant jusqu'au haut et par-dessus le piquet. Je me formule la demande « Donne *l'anneau* » alors que je le dépose dans le creux de ma main ouverte sur la table en m'auto-gratifiant bien fort et en riant...

Au tour de Coco maintenant... Je remonte l'anneau, mais seulement jusqu'à mi-piquet en le soutenant des doigts de ma main gauche et tout en le secouant légèrement contre le piquet. Puis, je fais mes demandes en partant du début : « Touche *l'anneau* ». Dès que l'oiseau le saisit avec son bec, j'enchaîne la demande « Prends *l'anneau* » en hissant l'anneau vers le haut du piquet *(le bec du zoizeau y est toujours accroché)*. Sitôt que l'anneau est retiré, j'y vais de la demande « Donne » en tendant ma main ouverte et Youpelai... - (L/R). Je recommence la routine plusieurs fois en maintenant l'anneau un peu plus bas sur le piquet à chaque essai, pour finalement en arriver à ce qu'il repose tout au bas et que mon pirate aille l'y prendre et le dégage sans mon aide.

Voilà une bonne chose de réglée. Coco sait maintenant que l'anneau est mobile et qu'il s'insère ou se retire du piquet. On peut poursuivre.

On enfile les anneaux (insertion)

Après avoir réalisé l'exploit de mettre ses pièces dans sa tirelire, enfiler des anneaux sur un piquet se révélera jeu d'oisillon pour notre piou. Il en comprendra d'autant plus rapidement les rudiments, puisqu'il a réussi avec mention le retrait des anneaux du piquet. Voilà ce que moi j'appelle un jeu-récompense, du moins, si on a bien suivi l'ordre de présentation des jeux de ce livre. C'est un jeu si facile qu'il amènera Coco à se démontrer plus qu'enthousiaste à récidiver avec diverses autres variantes des jeux d'insertion.

J'initie le jeu, encore une fois, en commençant par exhiber mon propre savoir-faire à Coco, en m'exécutant moi-même à l'écoute des demandes « Prends - Dépose *l'anneau* » sur le piquet.

Puis, on arrive au tour de l'oiseau de briller d'une autre prouesse. Je peux lui donner un coup de pouce en me servant de la baguette de ciblage ou de mon index ou encore, en utilisant la demande « Donne », en glissant mes doigts, paume vers le ciel, de chaque côté du piquet de façon à ce que Coco loge l'anneau sur le piquet en tentant de le « Donne » dans ma main. Il y retrouvera *(plus)* facilement ses repères. Après deux ou trois essais avec ma main, je change rapidement la demande

« Donne » pour la demande « Dépose », afin que le jeu devienne indépendant de ma main. Je suis les étapes ci-devant mentionnées pour les pièces dans la tirelire. C'est exactement le même jeu d'insertion, seule la forme des accessoires diffère. Une fois que mon perroquet a « embrayé », rien ne m'empêche de relever le jeu en éloignant les anneaux des piquets et en rajoutant les demandes « Va chercher », « Apporte » et « Dépose ». Je me réserve *(encore)* le droit de déterminer ce que je veux… Na !

Pour rendre le jeu toujours plus stimulant, pourquoi ne pas se métamorphoser soi-même en piquet… en faisant enfiler des anneaux sur nos doigts, la main bien ouverte comme pour indiquer le chiffre cinq (5). C'est plus drôle et on peut y jouer n'importe où en utilisant nos jolies bagues ou nos bracelets. Jeu facile et agréable pour tuer le temps dans la salle d'attente du vétérinaire…

- Le truc ? C'est de commencer par les grosses pièces en premier...

Maintenant que le moujingue connaît tout à fait les demandes « Prends » et « Dépose » en différentes variations *(puisque vous avez répété tous les jeux de ce chapitre plusieurs fois)*, vous êtes tous les deux fins prêts à éprouver tous les jeux d'insertion qui existent sur le marché du jouet pour perroquet ou mieux, dans votre débordante imagination. Et encore, allez trotter en direction du rayon des jouets d'éveils pour enfant dans les grandes surfaces, c'est la caverne d'Ali Baba par excellence pour se procurer des heures de plaisir avec Coco. Gardez en tête que chaque accessoire inconnu requerra son petit rodage. Ne brûlez pas d'étapes et reprenez les séquences du début si l'oiseau en démontre le besoin.

Idéalement, vous commencez une séance proposant un nouveau jeu d'insertion par un jeu que votre joueur connaît et qu'il maîtrise très bien ; toujours en utilisant les demandes de base « Prends - Donne ou Dépose », en agrémentant le tout d'un « Va chercher » et « Apporte », question de le mettre dans l'ambiance et dans de bonnes dispositions. Ainsi, Coco passera chaque fois par une petite répétition générale avant de s'initier à un jeu d'insertion requérant un accessoire inédit. Pour ma part, je vous donnerai d'autres échantillons de jeux d'insertion tout au cours de ces pages, en pimentant un peu plus les exercices, à seule fin que Coco y trouve son compte. Au fur et à mesure de la progression dans des jeux différents ou plus complexes, il gagnera en expérience, en dextérité et bien entendu, en confiance. Il ne craindra plus les accessoires inexplorés et, lors de la présentation de ceux-ci, il sera enjoué et enthousiaste puisqu'il s'attendra à apprendre des formes de manipulations novatrices et de fabuleux divertissements. Il sait qu'il aura dès lors, toute votre attention et très certainement des gâteries en bonus ; tout ce dont a besoin le perroquet normalement constitué pour s'encourager à s'investir plus à fond dans de nouveaux savoir-faire. On ne s'ennuiera pas…

Jeux de société

Quoi de mieux qu'un bon vieux jeu de société pour se divertir et relaxer entre amis ? Sur ce point, Coco n'est pas en reste, il est partant pour tout ce qui implique une interaction avec autrui, et plus fantastique encore si autrui... c'est vous ! Voici une série de jeux *on ne fait pas plus simple dans le domaine,* qui n'ont d'autre but que de rigoler un coup avec son moutard à plumes. Vrai, vrai, je le jure... rien d'autre !

Poker Polly

Ce jeu utilise la curiosité naturelle du perroquet qui le pousse à prendre dans son bec tout ce qu'on lui présente. Je n'ai besoin que d'un *(ou plusieurs)* bon vieux jeu de cartes à jouer classique. Il y a sur le marché plusieurs choix de formats de ces jeux de cartes qui peuvent aussi bien convenir à la taille du mini-inséparable *(jeu de voyage)* qu'à celle du gigantesque ara. Vous trouverez certainement celui qui correspond parfaitement à la carrure de votre espèce.

Quand je joue « aux cartes » avec mes garnements *(qui sont tous gagas de ce jeu vraiment neu-neu)*, la principale difficulté réside dans le fait de réussir mon « Donne *la carte* » en présentant ma main ou « Dépose » sur la table par l'oiseau... sans *(ou avant)* qu'elle ne soit totalement réduite à rien... ! Généralement, pour lui enseigner ce jeu, il me faut plusieurs jeux de cartes, enfin au moins deux, que Coco ou Cocotte démolira complètement. Le but ici *(en plus de s'amuser comme des petits fous)* sera d'inculquer au perroquet la dure notion de « ne-mets-pas-en-pièces-tout-ce-qui-te-passe-par-le-bec ». À ce titre, je conclurai en prétendant que c'est un jeu d'apprentissage à... la délicatesse. Cela vous servira beaucoup ultérieurement, vous me bénirez. ☺

J'installe mon oiseau sur la table de jeu, bien face à moi. Je prends six ou sept cartes en main que je déploie en éventail, comme pour réellement jouer aux cartes. J'avance ma demande « Prends *la carte* » en plaçant l'éventail sous le bec de Poker Polly qui ne saura en aucune façon résister à une telle invitation.

- Je relance...

Full par les as !

Lorsqu'il tire sa carte, j'annonce prestement la demande « Donne *la carte* » en lui présentant ma main ou « Dépose *la carte* » en tapotant sur la table, suivant que je choisis une donne dans la main ou une donne ouverte sur la table. Si je n'ai pas été assez rapide et que mon gros bec a réussi à poinçonner la carte *(ce qui honnêtement est inévitable)*, mine de rien, je continue à jouer normalement en présentant tout de même les - (L/R).

Je recommence ce manège quatre ou cinq fois en annonçant « Doucement » *(p. 197)* et, à partir de ce moment, je ne récompense que les cartes remises intactes, c'est-à-dire, non perforées. Bon, avouons-le, cela nécessitera certainement plus que quatre ou cinq cartes… Soyons beaux joueurs ! Je poursuis jusqu'à ce que Coco me « Donne » ou « Dépose » la carte vitement et sans la démolir pour recevoir son gage.

Maintenant qu'il sait se saisir d'une carte et la déposer *(sans la ruiner)*, le vrai jeu peut démarrer… J'initie le jeu en donnant le coup d'envoi « Go » et c'est parti…

- Je prends une carte et je la dépose sur la table.
- Je tends l'éventail de cartes à mon « gambler » qui en « Prends » une et la « Dépose » sur la table.
- Je tire une carte et je la mets sur la table.
- Je lui présente encore la palette de cartes, il en « Prends » une et la « Dépose » sur la table.
- Je puise une autre carte et la pose sur la table.
- Et c'est le tour de mon partenaire.
- Mon tour.
- Son tour.
- Mon tour.
- Son tour...

... ainsi de suite et de plus en plus vite, comme si on jouait à « la bataille ». Mes perroquets deviennent fous avec ce jeu et se montrent terriblement compétitifs. Chichou, ma fille cacatoès, joue en claquant des petits pas de danse à chaque carte qu'elle réussit à déposer plus rapidement que moi ; elle s'excite, trépigne et s'emporte, et moi je ris aux larmes quand on déconne comme ça… C'est vraiment jouer pour

- Les jeux calmes... c'est pas dans ma nature !

jouer. Ça ne sert à rien *(je vous l'ai dit)* et il n'y a aucun but autre que de s'éclater totalement *(à part bien sûr le truc de la délicatesse, mais ça, Coco n'a pas à le savoir)*...

Avec le temps, mes oiseaux ont appris à donner eux même le signal « Go » du début du jeu et ils essaient tous de ruser avec moi. D'un air stratégiquement innocent, ils regardent ailleurs, se toilettent, rongent leurs ongles et m'observent. Alors, je feins de braquer les yeux autre part et presque immédiatement, j'entends le signal « Go » et ma canaille commence à jouer avant moi... C'est de la triche, et de la triche de perroquet, pour moi, c'est tout à fait recevable. De toute façon, tricherie ou non, je les laisse toujours gagner... sinon, ils ne jouent plus ! Les perroquets ne sont rien que des mauvais perdants...

Jeu de ©Puissance 4

Procurez-vous un jeu de « ©Puissance 4 » au rayon des jouets d'une grande surface, adapté à la taille de votre perroquet. Encore une fois, il est facile d'en trouver de différents formats, même des jeux de voyage de grandeur idéale pour nos petites perruches ondulées, calopsittes, touïs et inséparables. Le principe est le même que celui d'insérer les sous dans la tirelire, sauf que ce jeu présente plusieurs

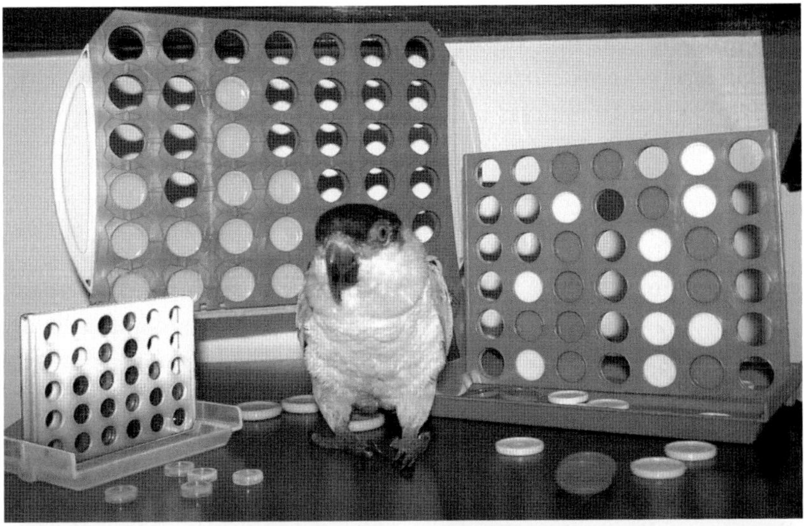

fentes... On joue encore rien que pour jouer... Pas d'apprentissage, que du plaisir !

Ici, je ne me casse pas trop la nénette... j'y vais de la routine qui plaît à mon partenaire ailé. Avec certains tempéraments, on joue en alternance : son tour, mon tour, son tour *(comme pour une vraie partie)* ; avec mes plus compétitifs, on joue de vitesse, on joue à celui qui « Dépose » le plus de pièces dans le plus court laps de temps en commençant à la demande « Go ». Ici, c'est le goût de l'oiseau qui dicte le jeu. Avec mes plus « bollés », j'ajoute une variante en intégrant la notion de couleurs *(le jeu vient généralement avec des jetons de deux teintes - jaune et rouge)*. Nous nous intéresserons aux jeux de discrimination de couleurs plus loin dans les pages de ce livre.

Jeu de poches

Bien oui… pourquoi pas ? Tout ce dont vous avez besoin est un petit jeu de poches *(bricolage maison facile, facile)* adapté à la taille de Coco. Naturellement, pour des raisons plus qu'évidentes, je ne saurais trop vous conseiller de préférer des poches bourrées de tissus ou de fèves à celles remplies de sable…

Coco ayant maintenant acquis une très bonne idée du principe des jeux d'insertion, il ne prendra pas longtemps à piger l'astuce d'une nouvelle version de ce même jeu qu'il connaît désormais si bien. Souvent, une simple démonstration est amplement suffisante.

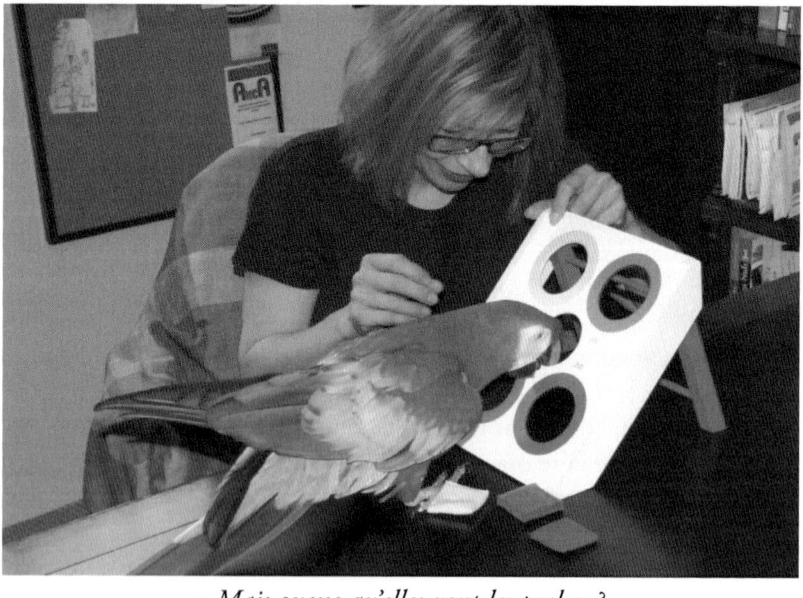

- Mais ouesse qu'elles vont les poches ?

- Vise le centre, c'est plus payant !

Cependant, si le zoizeau semble attendre quelque chose de moi, je lui formule la séquence « Prends - Dépose *(en pointant un des alvéoles avec l'index ou baguette de ciblage)* » ou « Donne » s'il a encore besoin que j'utilise mes mains pour comprendre le but du jeu. Dans cette proposition, je place ma main derrière la planche de jeu et je remue mes doigts par l'un des trous en avançant la demande « Donne »... À ce point, je sais qu'il saisira rapidement.

Puisque mon jeu de poches est décoré d'éléments de couleur *(rien ne vous empêche de peindre le vôtre)*, je rajoute *(pour mes grosses têtes)* le petit complément « discrimination des couleurs »...

- « Dépose dans *le rouge* ».
- « Dépose la poche *verte* dans *le rouge* ». Etc.

Il n'en devient que plus stimulant !

Tic-tac-toe et on insère encore...

Voilà un de ces jeux d'insertion qui ne tourne *(encore une fois)* à rien d'autre que de s'amuser avec son perroquet. Il est certain qu'il ne comprendra pas du tout le principe du jeu, du moins pas comme nous le concevons. Alors, avec mes petits, nous ne jouons qu'à déposer les « X » et les « O » sur la planche de jeu en rivalisant encore de vitesse,

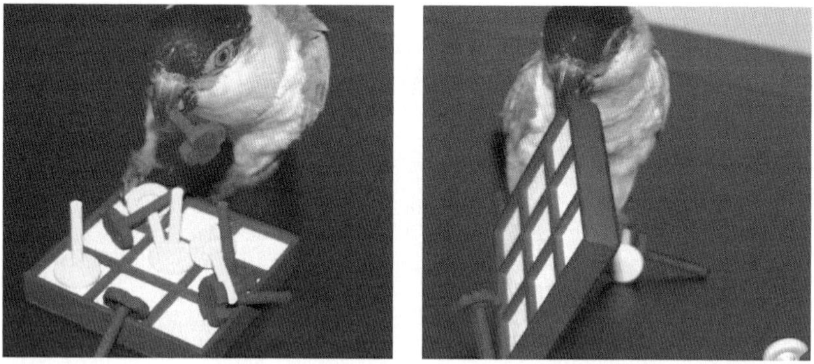

- Ce jeu n'est décidément pas de mon goût...

soit celui qui, de l'oiseau ou moi, arrivera à placer le plus de ses pièces avant l'adversaire - vous savez, un de ces jeux où je ne gagne jamais.

Pour jouer, vous aurez besoin d'un jeu de Tic-tac-toe *(ou quelque chose qui y ressemble bricolé par vos mains habiles)* adapté pour votre perroquet *(fouillez sur Internet, le jeu existe pour perroquets)*. Les séparateurs de cases de la planche de jeu seront en relief afin que mon challenger tout en plumes puisse y poser ses pions sans que ces derniers ne se déplacent, tout dépendant de sa dextérité. Les pièces doivent se manipuler facilement par le bec. Un autre jeu de délicatesse...

Au début, je laisse choisir à mon oiseau lesquels, des « X » ou des « O », il préfère en lui présentant les deux modèles et en reprenant la demande « Touche » - (L/R) lorsqu'il s'exécute. Dès qu'il a arrêté son choix, je place tous les jetons de la forme sélectionnée devant lui et ceux qui restent, de mon côté. Puisque mon Coco connaît déjà ce type de jeu *(on peut tout de même procéder à une répétition générale pour s'en assurer)*, on commence à jouer quand l'un ou l'autre donne le coup d'envoi « Go » *(d'ordinaire le perroquet)*. Et c'est parti mon kiki...

- L'oiseau « Dépose » un « X »...
- Je place un « O »...
- Il « Dépose » un second « X »...
- Ainsi de suite...
- De plus en plus vite...

- Le tout est une question d'attitude !

- Ça alors ! Mais... il me prend de vitesse...

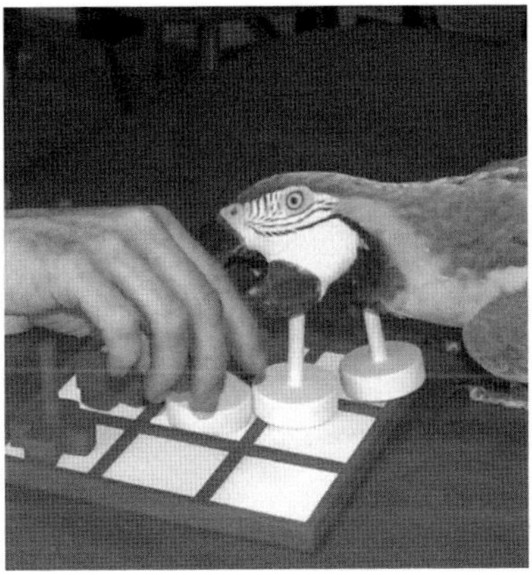

- Perrok stratégie... 'tension, les doigts !

- Cette fois... il me laisse gagner !

Je suis toujours étonnée, lorsqu'on joue à ces jeux interactifs à deux *(parfois plusieurs)*, de voir ô combien ils peuvent ruser pour me distraire en lançant une pièce par terre *(une des miennes évidemment)* et pendant que je me penche pour la ramasser, continuer à « Dépose » rapidement les leurs sur la planche de jeu et rivaliser de vitesse contre moi. Le jeu, c'est sérieux et ils ne démontrent aucune flexibilité. Souvent, ils me donnent l'impression qu'ils jouent réellement pour gagner !

On peut complexifier ce jeu gnangnan en se bricolant des petites pièces de forme ronde, percées en leur centre afin qu'il puisse les manipuler avec son bec, que Coco insérera dans une planche de jeu à mortaises rondes *(malaisé à décrire, référez-vous à l'image).* Pour les grands perroquets, ce jeu existe en version « jeu d'éveil » pour enfant dans les boutiques spécialisées ou sur Internet.

- Beaucoup de pièces, mais pas de quoi en faire tout un plat !

La difficulté viendra de la dextérité demandée au perroquet pour réussir à introduire ses pièces sans déranger le jeu : les pions seront placés très près les uns des autres dans les alvéoles appropriés... pas évident pour lui *(au début, un Coco-éléphant dans une boutique de porcelaine).* On peut rendre la tâche encore plus épineuse pour notre champion en peignant les pièces aux teintes qu'il connaît et en annexant la discrimination de couleurs au jeu... Là, on parle vraiment de haut niveau ! Ce ne sont pas tous mes loupiots qui y arrivent ; étonnamment, c'est ma petite G.I Joe d'Afrique qui y excelle ????

Si, comme moi, vous avez un bon bricoleur sous la main, il vous sera facile de créer une multitude de jeux d'insertions en y rajoutant la petite touche « société », qui vous raviront autant que votre perroquet. Sinon, différents modèles de jeux sont disponibles dans les grandes surfaces au rayon des jouets pour bambins, accessoires ou jeux de voyages, ou encore, dans les animaleries spécialisées pour perroquets. La prochaine fois que vous irez « magasiner », ouvrez l'oeil ! ☺

- *Des carrés, des ronds,*
des bleus, des rouges...

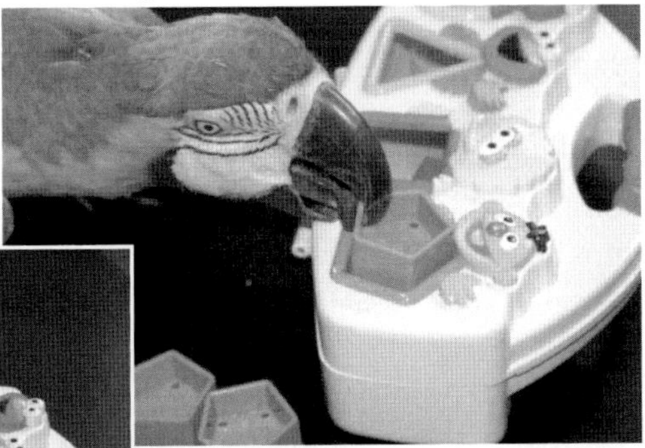

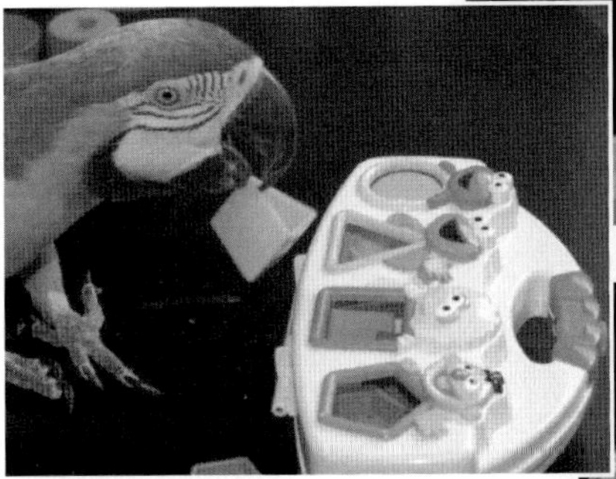

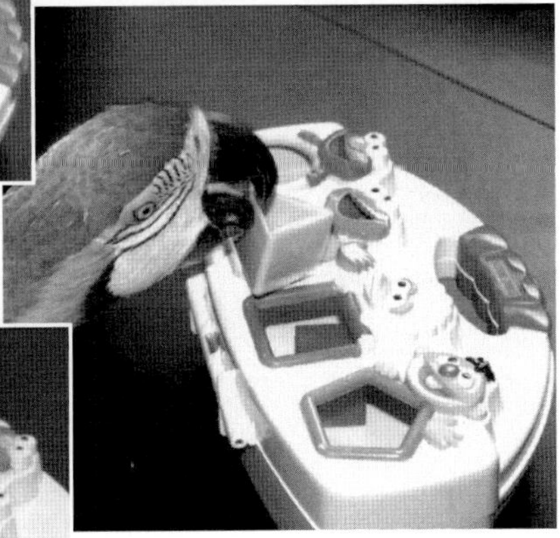

... J'aime bien faire
étalage de
mes talents !

Marabout..bou..bou...
tintamarre, tintamarre, tintamarre...re...re...

Hé, oui ! Contrairement à nos animaux familiers *(chiens et chats)*, le perroquet adoôore littéralement le tohu-bohu. Tous ces bruits qui attirent son attention, qu'il peut reproduire, recréer, réinventer... Faire du ramdam demeure sans conteste un des plus grands plaisirs du psittacidé moyen ; tirer des sons d'un jouet le rend encore plus fanatique et si en plus on se met de la partie... le bonheur atteint son apogée. Jouer à déchaîner du tintamarre avec Coco est la manière par excellence de se défouler un bon coup, et ce, autant pour lui que pour nous. Regardez bien les yeux de votre perroquet lorsqu'un gadget émet un n'importe quoi d'acoustique... le paroxysme du délice....

- À vot' bon cœur m'sieurs dames... Pis j'vous en pouss' une aut'...

Au rayon des jouets des magasins à grande surface, vous trouverez une quantité astronomique de ces joujoux sonores, résonants et retentissants ; tout ce qu'il faut pour régaler Coco et accessoirement... rendre votre conjoint(e) complètement maboul... ☺

Tirelire musicale (Piggy Bank)

Un de ces jeux tapageurs qui rend complètement foldingues mes grands perroquets *(cacatoès et aras)* est le « ©Piggy Bank » de la société Fisher Price. Je ne cherche pas à faire de pub et je n'en tire aucune redevance... c'est juste trop génial pour passer ça sous silence. Cette

- Mon cochon qui grouine...

... il se nomme « Patouch » !

réjouissante tirelire émet des commentaires ou petites ritournelles chaque fois qu'on y insère une pièce. Faut voir la tête de mes oiseaux lorsque celle-ci réagit à leur action... c'est à s'étouffer de rire. De plus, ce mignon cochon nous est offert avec plusieurs pièces de tailles et de teintes différentes, ce qui en bonus permet des jeux de discrimination de couleurs, et pourquoi pas de formats *(voir p. 516)*.

La méthode d'enseignement demeure la même que celle déjà apprise avec la tirelire simple, à la différence que c'est la tirelire babillarde qui effectue le lien - (L). Pour enhardir le zoizeau, il ne nous reste plus qu'à l'approvisionner en récompenses et gratifications de notre cru... Très rigolo comme jeu !

Sonnez les matines ding, dang, dong

Est-il vraiment nécessaire d'enseigner à un perroquet comment faire résonner une cloche ? La réponse qui s'impose est OUI ! Mieux vaut lui montrer à s'exécuter sur demande ou pour exprimer un besoin particulier *(et non pas en tout temps)*, du moins si vous ne désirez pas devenir complètement « grelot » avant la fin de la journée...

Cet apprentissage est tout bête. On veut simplement que Coco, par le biais du jeu, apprenne à faire retentir sa cloche plutôt que de hurler à tout venant pour nous communiquer sa pôvre détresse émotionnelle face à... tout et n'importe quoi !

Moi, j'utilise la cloche comme substitut d'appel de liaison, entre autres avec Bilbo, mon petit caïque, qui présentait la fâcheuse habitude de tonitruer aussitôt qu'il me voyait porter quelque nourriture à ma bouche *(je sais que vous connaissez ça aussi)*. Ainsi, plutôt que de hurler, Bilbo sonne dorénavant sa cloche et arrive à de bien meilleurs résultats !

On trouve différentes formes de clochettes à suspendre dans les animaleries. Évitez toutefois les grelots *(fabriqués au rabais en n'importe quoi)* et les cloches dont la fixation du battant n'est pas soudée *(notre fouinard pourrait le retirer et l'avaler)*. Le modèle conçu spécialement pour les perroquets, verticalement et d'une bonne longueur demeure encore le choix le plus judicieux puisque l'oiseau ne peut atteindre le marteau de la cloche *(voir p. 116)*.

On y va. J'ai préalablement placé la cloche de Bilbo sur son gym à la cuisine. C'est là qu'il s'installe généralement pour quémander à la force de ses poumons. Je commence par la faire résonner en donnant une pichenette dessus. Immédiatement, je fais le lien « Ouiii !!! » et j'offre une gâterie à mon coquin. Puis, répétition de la manœuvre une seconde fois, puis une troisième. Bilbo, n'écoutant que sa gloutonnerie *(notoire)*, se rapproche tranquillement de la clochette-miracle que je fais tinter de nouveau pour le confirmer dans sa démarche et - (L/R). Le processus est enclenché.

Lorsqu'il se trouve assez près de la cloche, j'y vais de la demande « Touche *ta cloche* » *(il connaît bien la demande « Touche »)* mais ... il ne bouge pas ! Délicatement, je prends son bec entre mes doigts et je la

- Ça fait 10 minutes que je sonne...

Y'a plus de service !

lui fais toucher du bout du bec. Celle-ci résonne timidement ... ding... et youpelai... - (L/R). Les pupilles de Bilbo se dilatent... enfin une réaction. Je réitère ma demande « Touche *ta cloche* » et eurêka ! N'écoutant que son courage *(et son ventre)*, il frappe la cloche de son bec et ding... - (L/R).

Je reviens à la charge avec la demande « Touche *ta cloche* ». Yahouuu !!!, il s'y colle... - (L/R). On joue encore un peu à « Touche *ta cloche* » que je te récompense, puis lentement, répétition après répétition, je retire la demande « Touche » pour ne garder que « Ta Cloche ».

Pour parfaire l'apprentissage, je le provoque en mangeant les nourritures qu'il aime par-dessus tout... devant lui. Lorsqu'il s'apprête à hurler *(ça se remarque)*, j'interviens tout de suite avec la demande « Ta Cloche », que je répète inlassablement jusqu'à ce qu'il s'en aille, d'un pas décidé, frapper sa cloche. Immédiatement, je lui fais le lien « Ouiii !!! » et lui donne une becquée de la portion convoitée.

Avec le temps *(et une tonne de récidives)*, Bilbo a fini par comprendre que s'il voulait quémander un bout de pain, il ne lui servait à rien de s'égosiller, mais qu'il était très avantageux pour lui *(et ô combien pour moi)* de faire résonner sa cloche... Maintenant, cet oiseau ne piaille plus, il sonne...

La cloche de service (pas moi... une vraie)

Idem avec la cloche de service, qui porte bien assez bien son nom *(du moins, dans ma relation avec mon patronat à plumes)* et qui est aussi placée sur le comptoir de la cuisine. Même processus d'apprentissage et demande identique ; la seule différence réside dans le fait que mes directeurs du personnel *(le petit personnel, c'est moi)* ont dû apprendre à faire retentir cette cloche en frappant sur le bouton situé sur le dessus.

En réalité, je n'ai vraiment rien eu d'autre à faire que de servir de modèle à mes Coco et ensuite laisser leur curiosité toute « psittadiaire » faire le reste. Je sonne la cloche devant l'oiseau trois ou quatre fois en me clamant le lien « Ouiii ! ». Je lui offre une gâterie chouchou et je vais voir ailleurs si j'y suis *(je m'éloigne un peu).*

Je n'ai qu'à scruter ses prunelles pour comprendre que ma petite démonstration a fait mouche... Dès que j'ai le dos tourné, le perroquet s'approche de la cloche et j'entends un tintement... ding ! Voilà, mon poisson a mordu ! Rapidement, je reviens vers lui et lui tends une autre délicieuse friandise pour lui confirmer qu'il a bel et bien réussi à faire ce que j'espérais de lui.

- Quand on utilise la bonne cloche, on obtient un excellent service.

Depuis que Bilbo et le reste de ma troupe savent faire sonner des cloches, plus jamais ils ne hurlent pour quémander de la nourriture... Mais par contre, ils sonnent... Bonyenne qu'ils sonnaillent ! Certains carillonnent même à heures fixes - matin - midi - et soir, quand ils considèrent qu'ils ont été assez patients et qu'il est *(impérativement)* l'heure de becter. Bilbo, entre autres, est passé maître dans l'art de la clocloche... On le surnomme dorénavant « Big Ben ».

Maracas, hochets et tambourinades

Tout ce qui peut servir à faire briller l'œil de Coco est bon à prendre et les jouets bruyants possèdent cette fascinante particularité de rendre notre oiseau tout content, surtout si on fait de la « musique » avec lui... Alors, allons-y hardiment, et pourquoi ne pas inviter toute la famille et les autres perroquets de la maisonnée à jouer ? Plus le « band » est gros, plus Coco se donne à fond dans ses interprétations.

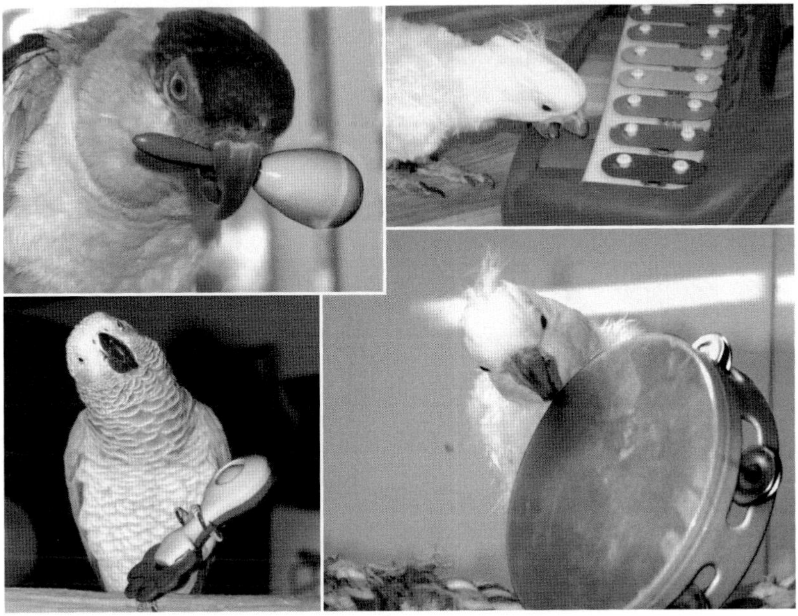

Avec le BBB *(Big Birds Band)*, moi je tiens le « beat » en rythmant l'action avec un petit tam-tam - Boum - Boum - Boum - tandis que mes diablotins s'investissent dans l'orchestre avec leurs mini-instruments préférés : maracas, hochets et autres. De plus, ces oiseaux adorent frapper avec leur bec sur tout ce qui résonne fort et creux : tambours, bongo, conga, casseroles, contenants de plastique vides, etc... Chichou *(mon éblouissante cacatoès)* sait même maintenir le rythme *(enfin, si on n'est pas trop mélomane)* en tenant une baguette dans sa patte et en frappant sur son tambourin ! Servez de modèle et laissez votre perroquet vous emboîter le pas. Le résultat est certainement cacophonique, mais le bonheur de mes oiseaux dans ce genre de jeu sonne tellement doux à mes oreilles...

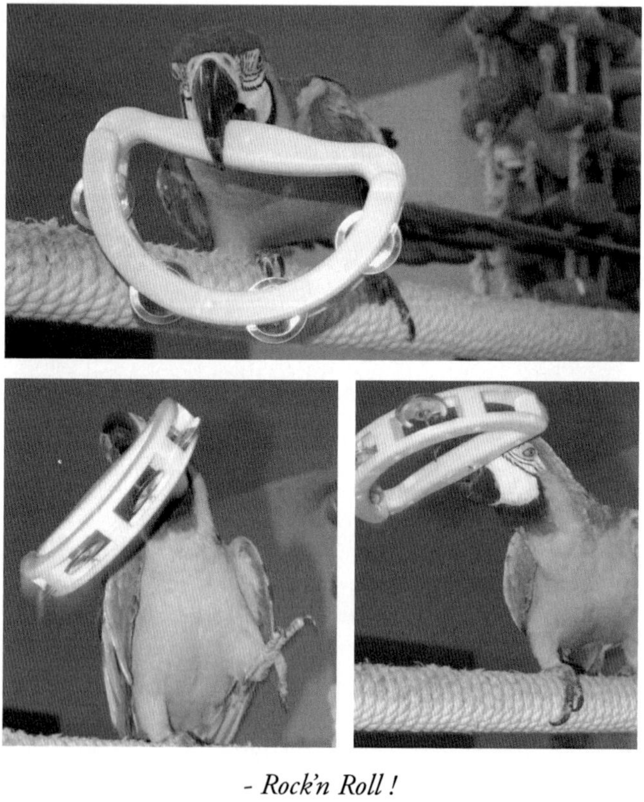

- Rock'n Roll !

Les jouets sonores

Il existe sur le marché une variété impressionnante de jouets sonores (musiques ou électrisantes onomatopées) qu'on peut facilement actionner par simple pression d'un bouton. La firme Vtech, entre autres, se démarque dans le genre et *(probablement sans le savoir)* nous offre des jouets super-géniaux pour nos tapageurs compagnons.

♪ *« Viens faire des bull's, des WIP ! Des CLIP ! CRAP ! des BANG ! des VLOP ! et des ZIP ! SHEBAM ! POW ! BLOP ! WIZZ ! »* - *S. Gainsbourg*

Nos turbulents porte-plumes les apprécient grandement, surtout lorsqu'après qu'ils aient enclenché la musique on leur fait l'honneur de danser avec eux sur la mélodie qu'ils viennent de démarrer. Fous rires garantis...! Mes oiseaux peuvent *(honnêtement)* jouer des heures avec ces différents jouets interactifs bruyants et hauts en couleur. Par contre, ces cacophonies répétitives risquent de venir à bout du plus zen des « parents » de perroquet. Ces derniers, eux, ne s'en lassent jamais et apprennent même à nous étourdir en reprenant vocalement les

- Encore... Oui !!! Encore... Oui !!! Encore... Oui !!!

comptines ou la bacchanale de sons à tue-tête lorsque le jouet n'est pas disponible. Si vous avez des nerfs d'acier, foncez. Sinon, ne passez pas GO, ne réclamez pas 200$ et jouez à autre chose. La méthode d'apprentissage demeure la même qu'avec la cloche de service et est dorénavant dérisoire de facilité pour nos oiseaux. ☺

Note : Ne laissez jamais les jouets musicaux conçus pour les enfants, surtout ceux munis de piles, à portée du bec de l'oiseau sans surveillance. Ils sont certainement sécuritaires pour les touts petits, mais pas du tout prévus pour le robuste bec de Coco. On n'est jamais trop prudents !

Don't shoot the pianist, he is doing his best. - Oscar Wilde

Coco pianiste de concert ? Faut pas rêver... Mais Coco virtuose de notre cœur, ça oui et de façon magistrale. Pour réaliser ce fantasme, vous n'aurez besoin que d'un mini-piano pour enfant, adapté pour lui de par la forme et la sensibilité de la table d'harmonie. Les mini-synthétiseurs *(claviers électriques ou à piles)* conçus pour les bambins sont munis de touches très sensibles, si bien que même votre calopsitte peut prétendre à laisser s'épanouir sa maestria. On peut, si on se montre patient *(et qu'on dispose de beaucoup de temps devant soi)*, enseigner une ritournelle à notre interprète en herbe en se servant des touches de couleurs dont sont pourvus la plupart des pianos destinés aux jeunes enfants. Couleur par couleur, on arrive à tirer une charmante comptine *(très simple)* du bec de notre perroquet. Mais, au départ, le but du jeu vise à ce que Coco fasse retentir au moins une note de son petit piano. Une seule note et on saute de joie... on devient intarissable ! Les musiciens ont de ces ego...

Pour ce faire, je commence par attirer l'attention du maestro en frappant une première note, juste pour voir sa réaction. Si ses pupilles s'activent, c'est *(presque)* gagné d'avance. Il s'aventure vers le piano, je fais résonner une autre note. Ce faisant, je lui indique les possibilités de ce nouveau jouet et mon rire et mes acclamations rendent la chose très attrayante *(vous aurez compris que notre attitude doit démontrer un entrain à tout rompre)*. Après plusieurs répétitions, comme il a acquis pas mal d'expérience, il y a fort à parier que mon oiseau s'approchera et cherchera à tâter du piano... Sur le fait - (L/R).

Il frappe une touche, mais ne sait pas encore d'où proviennent ces notes qui l'électrisent de plus en plus. On le voit bien à ses pupilles qui se dilatent, vitesse « grand V ».

Si le perroquet regarde ailleurs pendant ma petite démonstration, j'éveille son intérêt en collant une gourmandise, avec du ruban gommé pour enfant *(non toxique)*, sur une des touches du piano, afin qu'il ne puisse s'en saisir sans avoir fait résonner la note. Inévitablement, il en

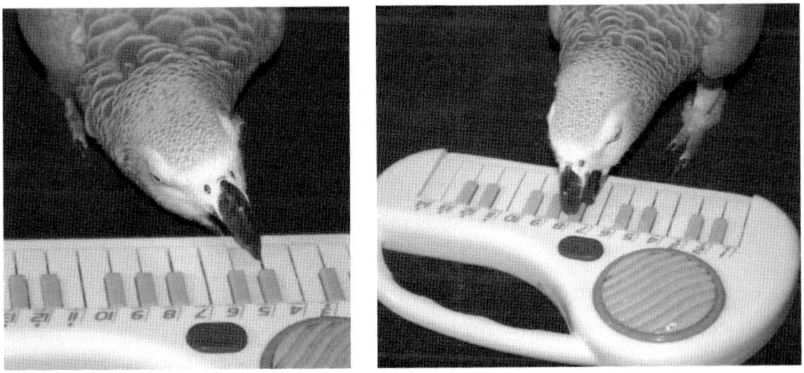

- Petite musique de chambre à un bec.

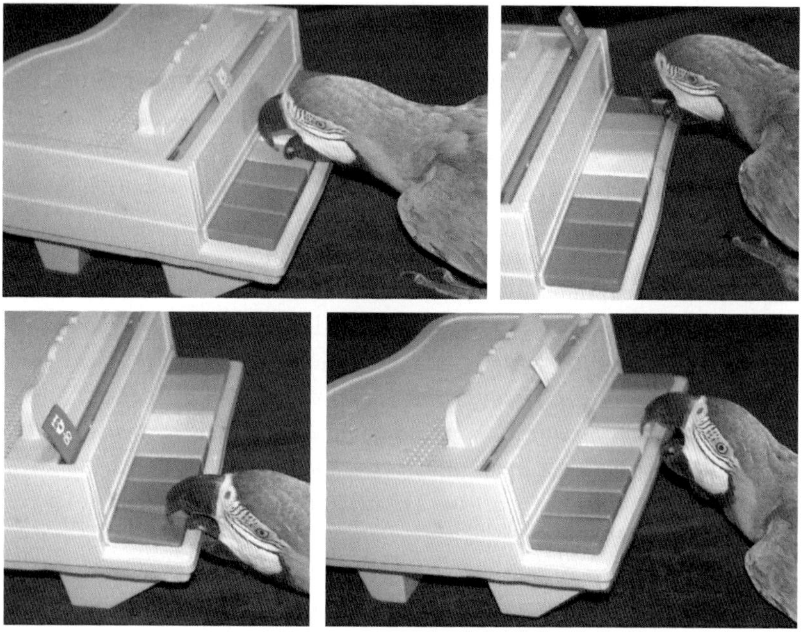

- Grande symphonie... bec et langue !

fera retentir une en essayant de dégager la friandise. Tout de suite, j'interviens avec mon plus beau lien « Ouiii !!! » et je le récompense d'une gâterie autre que celle *(bien)* scotchée sur le clavier. Néanmoins, j'aimerais que mon Coco réussisse à extraire d'autres notes de l'instrument... je ne suis pas au bout de mes peines. Jo patience !

Je répète plusieurs fois ce manège avec le « bonbon » scotché en insérant dans la routine la demande « Touche *la note* », en faisant à chaque essai résonner moi-même une note. Lorsque j'ai l'impression que mon petit bonhomme commence à me devancer en touchant l'appât *(qui fait vibrer la note)* sans tenter de le saisir, mais plutôt en me regardant pour recevoir sa commission suite à l'émission de ladite note, je peux continuer l'apprentissage sans l'aide de la nourriture scotchée. Je la retire tout simplement.

Je reprends le jeu en reformulant ma demande « Touche *la note* », tout en exécutant la demande moi-même ; et je ne rémunère Coco que lorsqu'il « Touche » la note assez fort pour que je l'entende clairement. Après plusieurs, plusieurs, plusieurs, plusieurs, plusieurs et encore plusieurs répétitions, quand mon psitta-pianiste a finalement compris le principe de LA note, je complexifie l'affaire en faisant résonner deux notes et en ne le récompensant que s'il en fait aussi retentir deux à son tour. Je deviens roublarde !

Je me joue mes deux petites notes une à la suite de l'autre, et je demande à Coco « Touche *la note* ». Il fait chanter sa note unique parce qu'évidemment, il ne portait pas attention... Dans ce cas-là, je ne rétribue pas ; je rejoue mes deux notes et je réitère la demande « Touche *la note* ». Souvent, je prête main-forte à l'oiseau en empoignant délicatement son bec entre mes doigts et en l'aidant à claquer ses deux notes, l'une à la suite de l'autre. Dès que je les entends, je verbalise mon lien « Ouiii !!! » et je le récompense abondamment. Puis, je recommence l'exercice depuis le début et on y va joyeusement de plusieurs, plusieurs, plusieurs répétitions.

J'arrête là pour l'instant. On a bien travaillé... arrive l'heure de la collation. Deux notes, c'est amplement acceptable pour aujourd'hui. On s'y remettra demain en ajoutant graduellement d'autres notes : trois, quatre, cinq... Quita me fait cinq notes *(quand elle pète le feu)*, toutefois c'est la seule de mes perroquets à en jouer autant. Généralement, à quatre notes, mes oiseaux considèrent qu'ils méritent une étoile pour leurs efforts... Alors, je n'insiste pas : quatre notes, ce n'est quand même pas rien !

Une musique haute en couleur

Si mon oiseau sait déjà discriminer les couleurs *(sinon ça viendra sous peu)*, je pense dès le début de l'apprentissage à une ritournelle que je désire lui enseigner. Je commence par lui faire « Touche *la note* » par laquelle il devra toujours démarrer pour me jouer son concerto. Bien évidemment, j'opte pour une musique très simple. Moi, j'ai arrêté mon choix sur l'intro d'une chanson du groupe Queen : « Love of my life » ; sept (7) petites notes faciles *(et accessoirement, les seules que je connaisse et que je peux compléter pour mes oiseaux)*. N'oubliez pas notre devise - KISS !

- Comptine... C'est le mieux que je puis avec seulement quatre notes.

Coco installé tout près du piano, je formule ma demande « *Rouge* Touche *la note*», en mettant fortement l'accent tonique sur le mot « Rouge » et en effectuant le mouvement moi-même sous le regard épaté du zoizeau. Puis, je réitère la demande « *Rouge* Touche *la note* ». Dès exécution... - (L/R). Bon, j'avoue que pour l'instant le poulet n'a pas parfaitement pigé le truc, mais ça viendra. Alors, je colle à nouveau une friandise sur la touche que je désire voir mon virtuose en herbe interpréter et je recommence l'exercice : « *Rouge* Touche *la note* », en désignant la note rouge et en pianotant légèrement cette touche pour que l'instrument émette le son. Coco s'approche et je lui fais un lien « Ouiii !!! » pour qu'il comprenne qu'il est sur la bonne voie. Je reprends la demande « *Rouge* Touche *la note* » et, au moment où il essaie de dérober le « bonbon » et que la note résonne, j'annonce « Ouiii !!! » et je le récompense avec une gâterie similaire que je tiens dans ma main *(jamais celle sur le piano)*.

Je répète et répète l'exercice plusieurs fois, jusqu'à ce que l'oiseau commence à « allumer » que lorsqu'il « Touche *la note Rouge* », le piano produit un bruit et que c'est pour ce son particulier qu'il perçoit ses honoraires. Pour m'assurer qu'il a saisi, je retire l'appât collé sur la note désignée et je lui adresse la demande « *Rouge* Touche *la note* ». S'il s'exécute, c'est qu'il maîtrise l'idée générale *(Alléluia)* et on le refait, encore et encore, jusqu'à ce que ce soit devenu trop facile pour lui.

Sinon, s'il pianote n'importe où, je recommence tout le bazar avec la friandise scotchée sur la note de départ, jusqu'à ce qu'il pige... Je retire souvent l'appât, question de vérifier l'état d'entendement de Coco par rapport à ce niveau du jeu avant de m'engager dans une étape plus complexe. N'oubliez jamais que le but premier demeure de couler du temps de qualité avec Coco. On passe aux paliers avancés uniquement si la bestiole maîtrise avec facilité les précédents et seulement, si elle continue à démontrer de l'inclination pour ce jeu. Autrement, on change de crémerie et on joue à autre chose.

Ainsi, Coco est encore dans la « game » et semble en apprécier l'idée générale, en plus d'en comprendre de mieux en mieux les rudiments... Parfait, j'enchaîne une autre note ; préférablement une située juste à côté de la touche rouge... d'où l'intérêt de la chanson « Love of my life » *(procurez-vous la partition, vous verrez bien)*. Sinon, on peut y aller du simple Do-Ré-Mi-Fa-Sol-La-Si *(les notes vont croissantes sur le clavier)*.

Je place la friandise sur la deuxième touche, soit la « Jaune », mais j'incite le perroquet à attaquer par la note déjà acquise, soit la rouge : « *Rouge* Touche *la note* ». Il s'exécute facilement puisqu'il connaît cette partie du jeu. Je clame prestement le lien « Ouiii !!! », mais je ne récompense pas et j'enchaîne immédiatement avec la seconde note « *Jaune* Touche *la note* » ; je la fais retentir moi-même... - (L/R) pour Coco. Je recommence du début avec la note « Rouge » et je poursuis avec la « Jaune » jusqu'à ce que l'oiseau comprenne qu'il doit d'abord taper

- *Pis les comptines ne font pas partie (non plus) de ma nature...*

la note « Rouge » puis la « Jaune » pour mériter son gage. On répète plusieurs fois et +++. Puis, je retire la friandise de la note jaune.

Je reprends le jeu en émettant successivement la demande « *Rouge* Touche *la note* » en premier lieu, suivi de « *Jaune* Touche *la note* » toujours dans la même séquence : Rouge - Jaune. Quand mon instrumentiste exécute bien et dans l'ordre les deux notes apprises *(ne vous étonnez pas, nous sommes presque deux semaines plus tard, parce qu'on ne joue pas qu'à ça)*, je rajoute une troisième note à l'enchaînement en utilisant la même méthode. Je travaille ces trois notes avec Coco, puis j'en remets une quatrième, et ainsi de suite... si ce jeu l'intéresse toujours.

Avec les perroquets, il n'y a pratiquement rien d'impossible. Si votre Mozart à plumes peut extraire une note de son piano, il pourra en sortir plusieurs ; et quand il en tirera plusieurs, et dans une combinaison précise, vous savourerez le talent d'un pianiste à *(vraie)* queue qui prendra son pied à éblouir la galerie en jouant sa petite « tune » en duo avec vous *(vous compléterez les dernières notes de cette symphonie à un bec et deux mains)*. Votre orgueil pourra éclater ! Cependant, ne tentez pas de voir trop grand ; un « concerto à un bec », oubliez ça ! Passé cinq notes, vous perdrez votre virtuose. Mieux vaut avoir des visées plus modestes, mais réalisables. Je sais qu'à ce stade Coco ne discrimine pas trop ses couleurs, puisqu'on ne verra cela que plus loin dans cet ouvrage, mais gardez tout de même l'idée générale en tête pour plus tard.

- Bien quoi... On appelle ça de l'ambition !

Le tire / pousse

Jouer à tirer ou pousser un petit chariot, ça, j'en conviens, c'est un mouvement qui peut nous sembler un peu moins naturel pour notre amour emplumé. Toutefois, en forêt, il n'est pas rare que le perroquet doive tirer ou pousser pour dégager un aliment ou aménager son nid. Même si notre volatile ne vit pas dans la jungle et que dans nos maisons, les gestes de tirer ou pousser ne relèvent pas d'un réel besoin de survie, et ce, malgré qu'on ait mis en place un parcours « Indiana Coco », il adorera reprendre un peu du service tout en s'amusant à trimbaler ses menus objets personnels.

Comme on a déjà enseigné à Coco les demandes « Prends » et « Apporte », nous garderons l'affaire simple en utilisant ces deux demandes. On commence le jeu par sa partie la plus délicate : tirer.

On tire

Vous aurez besoin d'une petite voiture (ou autre jouet à roues), pas trop lourde et, bien sûr, adaptée à la taille de votre oiseau. Le but ici est d'enseigner à Coco à tirer cette voiture qui deviendra la sienne. On lui aura peut-être déjà appris à y « Apporte » et « Dépose » ses jouets.

Je me procure un petit bâton de bois rond *(quelques centimètres - lisez jusqu'à la fin, vous comprendrez)* et je commence par les demandes « Prends » - « Apporte » et « Donne *le bâtonnet* ». Je les répète plusieurs fois pour que mon perroquet comprenne qu'il ne reçoit récompense que lorsqu'il m'apporte ce bout de bâton.

Après plusieurs reprises, il sait dorénavant qu'il doit m'apporter CE bâtonnet lorsque je lui demande « Apporte *le bâtonnet* ». Il est avisé de mes intentions et comme d'habitude, j'épice un peu le jeu. Ça aussi il commence à connaître. Quand ça devient trop facile, il se doute bien qu'autre chose suivra !

Rusée, j'attache le petit bâton à la poignée de la voiturette et je reviens à la charge avec la demande « Apporte *le bâtonnet* » en pointant le bâtonnet (ficelé à la poignée) de mon index ou avec la baguette

- Je sais bien que la voiturette va venir avec...

Maintenant, je l'ai compris ton truc des séquences !

de ciblage. Coco s'approche et hésite, je réitère ma demande « Apporte *le bâtonnet* », en continuant de lui indiquer l'objet. Il prend en bec le bâtonnet, et accessoirement la poignée de la voiturette... Tout de go, j'y vais d'un lien dithyrambique « Ouiiii !!! », mais... sans casquer *(pôvre Coco)*, ...et je tends la main en répétant la demande « Apporte *le bâtonnet* ». En tentant d'apporter le bâtonnet attaché à la poignée, il traîne aussi la petite voiture... Je re-lien « Ouiii !!! » et là... je récompense, et fort à part de ça ! Après quelques essais réussis, je change le mot « bâtonnet » pour l'énoncé exact de ce jeu « Apporte *ta voiturette* » et plus tard : « Va chercher *ta voiturette* » suivi du « Apporte *ta voiturette* ». Après quelques essais réussis, je retire le bâtonnet.

On peaufine l'apprentissage en jouant à « Apporte *ta voiturette* » en différents endroits de la maison. À ce point, pourquoi ne pas lui demander d'aller la porter à un point précis qu'on lui désignera ? Vous savez comment vous y prendre maintenant !

Pour joindre l'utile à l'agréable, après le petit déjeuner, je fais chercher sa voiturette à mon oiseau - « Va chercher *ta voiturette* ». J'enchaîne avec les demandes « Apporte » et « Dépose » divers de ses jouets, qu'il choisit lui-même de préférence, dans la voiturette. Puis je poursuis avec la demande « Apporte *ta voiturette* » en direction de mon bureau où *(enfin)* je pourrai travailler en paix puisque mon perroquet a rempli sa voiturette de tout ce dont il aura besoin pour passer une matinée fort occupée. Soyez imaginatif !

- C'est quand même pas une vie...

... que d'avoir à trimballer tout ce fourbi !

- En voituurree...!

- Allez hop ! Au travail... et dans la bonne humeur !

On pousse

Maintenant que Coco a appris à tirer une voiturette à partir de la demande « Apporte » et du bâtonnet, on reprend ledit bâtonnet pour lui enseigner à pousser un petit chariot d'épicerie *(tellement mimi - j'ai trouvé les miens sur Internet. Si vous cherchez bien, vous trouverez plusieurs modèles de différents formats).*

- *C'est pas drôle tous les jours d'avoir à composer avec les jouets des grands...*

- *À chaque fois, je suis obligé de faire des efforts d'adaptation... Y en a marre !*

- *Je crois qu'on m'a finalement entendu et j'ai reçu ce chouette petit panier... à ma taille !*

Je recommence le jeu du « Apporte *le bâtonnet* », ce qui au demeurant est très facile pour mon perroquet puisqu'il connaît déjà. Puis, j'attache le bâtonnet avec de la corde de coton sur la poignée du chariot et je demande sans affectation « Apporte *le bâtonnet* ».

Normalement, il serait plus aisé pour l'oiseau de pousser le petit chariot que de le tirer. Mais bon, certains de mes ovipares n'ont pas saisi l'astuce et se sont empêtrés les paturons à essayer de le tirer. Pour ceux-ci, j'ai rejoué le modèle en poussant le petit chariot. Ils ont tous immédiatement pigé la manœuvre. Après plusieurs répétitions et réussites, je change le mot « bâtonnet » pour « chariot » et l'affaire est dans le sac !

Il arrive que je doive donner un petit coup de pouce à certains de mes protocolaires ailés, en poussant délicatement le chariot au moment où leur bec y est accroché. Avec certains caractères, il faut toujours y mettre *(scrupuleusement)* les formes ! Par la suite, on peut proposer à Coco de remplir son « chariot » de menus objets avec les demandes « Prends », « Apporte » et « Dépose » en indiquant l'intérieur du chariot avec notre doigt ou la baguette de ciblage. Amusant et facile !

♪ *« I went to the market with mon p'tit panier... » - G. Vignault*

Un après-midi au parc

Un après-midi au parc avec Coco... dans nos rêves seulement ? Oui, si on parle d'un terrain de jeu extérieur où il nous faut harnacher notre perroquet, ce qui *(pour sûr)* sucrerait beaucoup de spontanéité à

ses jeux. Mais un après-midi au parc intérieur que deviendra notre parquet ou table de salle à manger... tout à fait envisageable et faisable. On n'aura besoin que de quelques accessoires, ainsi que de la franche volonté de passer une journée agréable à s'amuser en compagnie de notre joyeux compagnon. Des versions similaires des accessoires de jeu présentés dans les pages qui vont suivre se trouvent aisément sur Internet et sont offertes en différents formats adaptés à la taille de Chouchou *(voir p. 527)*. ☺

Le tunnel

Jeu enfantin s'il en est un, que mon escadrille apprécie au plus haut point, tant par sa déroutante facilité que par les complaisants pourboires qu'il rapporte. On peut se procurer un tunnel conçu spécialement pour perroquets en animalerie, sur Internet ou en construire un soi-même en utilisant un carton cylindrique de type « sonotube » ou une modeste boîte de carton. Il faut que l'oiseau puisse y passer aisément. Pour y jouer, rien de plus simple : la plupart du temps, il ne me suffit que de placer mon chéri à l'entrée du tunnel pour que celui-ci, tenaillé par une curiosité indécrottable, s'y engouffre instantanément et que mon apport ne se résume par la suite qu'à - (L/R) le Coco.

- Bon ! Finalement, il n'y avait rien là-dedans...

Autrement, je l'appâte en déposant une friandise à l'extrémité opposée du tunnel *(où mon oiseau n'est pas)*. Mais souvent, ce genre de stratagème fait rigoler Coco-qui-ne-veut-pas-pénétrer-dans-le-tunnel et qui, d'un pas allègre, le contournera bêtement pour faire patte basse sur la gâterie… à mon grand dam… ! Ce sont les aléas de travailler avec un animal pas trop nunuche !

Ainsi, mieux vaut que j'attire mon chéri en tenant la gâterie du bout de mes doigts à l'intérieur même du tunnel en lui formulant la demande « Viens ». Dès qu'il y engouffre la tête - (L/R). Puis, je continue en récompensant toujours le petit « pas » de plus, c'est-à-dire, lorsqu'il s'avance jusqu'aux épaules dans le tunnel ; puis, quand il y pose un pied, deux pieds, le corps en entier, qu'il s'aventure à mi-tunnel et finalement, lorsqu'il le traverse entièrement. À ce moment, je suis très, très démonstrative.

Un petit pas pour moi, mais un grand pas pour Coco chéri ! Par la suite, il nous sera facile d'incorporer l'étape du tunnel à notre parcours « Indiana Coco » ; notre aventurier ne l'en appréciera que davantage.

Balançoire à bascule

Houla ! Voilà un objet bien inquiétant pour l'oiseau que cette grosse balançoire qui refuse de demeurer en place lorsqu'il essaie d'y grimper… Dur… dur !

On trouve sur Internet différents modèles et formats de balançoire à bascule.

En premier lieu, je n'aurai pas le choix que de familiariser Coco avec la chose. Ce qui, je le confesse, se réalisera soit en un tournemain ou soit en... « je-sens-qu'on-va-encore-y-passer-la-semaine », tout dépendant du tempérament du principal intéressé.

Lorsque celui-ci, dorénavant attiré par l'attrait de la nouveauté, s'approche de la balançoire sans crainte, je le prends en « Lapin qui saute » et tente de l'y déposer en lui formulant la demande « Grimpe » *(pour la forme)*. Je prends soin de maintenir l'équilibre afin que la balançoire n'oscille pas trop au moment où l'oiseau cherche à s'y percher. Après plusieurs répétitions, suivant la nature de notre chéri, il devrait s'y hisser de lui-même à l'écoute de la demande « Grimpe ». Une fois notre joli cœur bien campé sur la balançoire - (L/R). Il ne faut pas être trop pressé parce que quand ça remue, Coco devient fort hésitant.

Puis, passée l'étape du « n'aie-pas-peur-si-ça-bouge-et-grimpe-quand-même », je fais tanguer la balançoire tout doucement avec ma main, en riant et le félicitant abondamment tout au long de l'exercice, et je clôture par une récompense à la mesure de son courage. On arrive, je crois, au moment de la pause tendresse.

- Une fois qu'on a compris le principe, c'est assez divertissant !

Maintenant qu'on s'est bien reposés, je reprends là où l'on avait terminé, en faisant grimper le moineau sur la balançoire. Je l'attire gentiment à l'une des extrémités de l'objet avec sa gâterie la plus briguée, en formulant la demande « Viens ». En tentant de rejoindre la friandise, il portera son poids plus devant, ce qui devrait faire osciller la balançoire. Au moment même où la balançoire se déplace, tout de suite - Lien et Récompense *(avant qu'il ne saute en bas de cet instable perchoir)*. Puis, toujours en ayant recours à un appât pour lequel il ferait des folies, je continue en le faisant basculer un peu plus vers l'avant - (L/R). Et je le fais revenir sur ses pas *(vers le centre)*, ce qui ramènera la balançoire en position initiale. Ouf… !

Je reprends le jeu une petite étape à la fois, pour en arriver à ne récompenser que les mouvements complets, c'est-à-dire, quand il fait bercer la balançoire de la proue vers la poupe. Pour ce faire, j'utiliserai la demande « Berce-toi ». Une fois qu'il aura compris le jeu, il y passera de lui-même beaucoup de temps. Lili, ma petite amazone, adore tout ce qui balance et qui berce. Elle prend plaisir à se ballotter doucement sur son jouet à bascule en imitant ma voix lorsque je câline mes petites bestioles sur ma chaise berceuse à moi… « Haaa-ha… Haaa-ha… Haaa-ha… » Et ça dure loooongtemps….

Grimper à l'échelle

On n'enseigne pas à un vieux singe à faire des grimaces et on n'apprend pas non plus à un perroquet à grimper… ce comportement va de soi pour à peu près tout ce qui arbore un bec crochu. Coco se servira de ses pattes et de son bec pour escalader quasiment n'importe quelle surface qui lui offrira la moindre prise *(mes mouftons s'amusent à pratiquer l'ascension des briques de mon foyer, alors une petite échelle… pffttt!)*. Toujours et encore plus haut, telle est la devise du perroquet *(where no bird has gone before)*. Alors, il sera parfaitement naturel pour lui de grimper à l'échelle si on lui en laisse l'occasion ; a fortiori s'il est payé pour réaliser l'exploit. L'idée n'est donc pas de montrer à grimper à son oiseau, mais qu'il s'accomplisse lorsqu'on le lui demande.

Le perroquet est par nature un « monteur » et non pas un « descendeur ». Ainsi, bien souvent, le simple fait de le placer au pied d'une échelle l'y fera grimper tout en haut, et ce, avec une aisance déconcertante. Je n'ai alors qu'à faire la demande « Grimpe », tout juste avant qu'il s'y engage. Dès qu'il entame le premier échelon, je lui indique qu'il fait bien par un lien retentissant « Ouiii !!! » et idem quand il atteint le sommet de l'échelle, un autre lien « Ouiii !!! » accompagné d'une agréable récompense qui confirme ma félicité. Bien entendu, le format de l'échelle doit s'accorder avec la taille de l'oiseau... l'espacement et le diamètre des barreaux seront adaptés à la foulée de la toute menue perruche ou de l'ara balèze.

J'encourage un Coco récalcitrant à grimper à l'échelle en l'appâtant avec sa friandise préférée que je dépose tout en haut. Parfois, un petit incitatif à l'effort... ça ne nuit pas.

- On a déjà vu plus compliqué comme jeu, mais si ça lui fait plaisir...

Il ne monte toujours pas ? Il a besoin de consignes plus claires ? Qu'à cela ne tienne, je place mon appât tout en haut de l'échelle et j'installe mon loupiot sur le premier ou second échelon et je tapote le dernier barreau, où se situe la gâterie, en l'exhortant avec la demande « Grimpe ». Si ça ne va pas, je fais grimper moi-même le perroquet d'un autre échelon et je continue de même jusqu'au haut de l'échelle en répétant chaque fois la demande « Grimpe ». Une fois Coco arrivé tout en haut de l'échelle *(par mes bons soins)*, je lui balance un lien admiratif « Ouiii !!! » et je le récompense copieusement.

On recommencera jusqu'à ce qu'il comprenne qu'il lui faut gravir l'échelle à la demande « Grimpe » pour mériter sa friandise. C'est un jeu très facile.

Grimper à la cordée

Grimper à la cordée n'est pas plus sorcier que de gravir une échelle et les étapes d'apprentissage du jeu demeurent absolument identiques. Dans la plupart des cas, je préfère débuter avec l'oiseau déjà agrippé à mi-cordée pour ensuite l'inciter à poursuivre l'ascension en l'appâtant avec la friandise que j'agite tout au haut de la corde *(la corde pendouille généralement de la table jusqu'au sol)*. Le but du jeu consiste à le faire grimper pour venir me rejoindre à la table. Je joue aussi à l'escalade de la serviette... ils adorent. Je laisse pendre une serviette *(que je tiens fermement, il va sans dire)* de la table jusqu'au plancher et

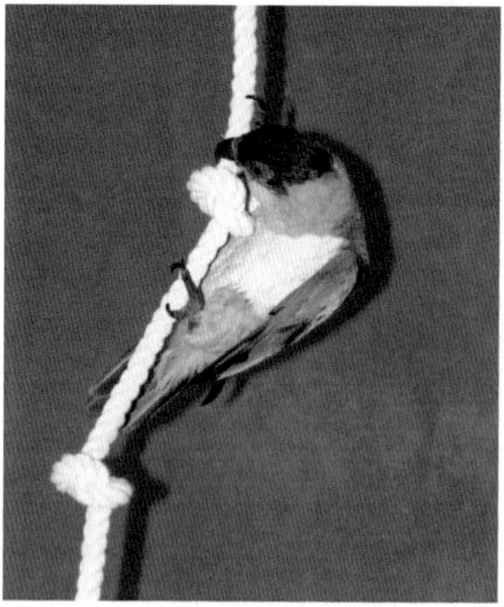

- Oh ! Hisse, oh ! Hisse !

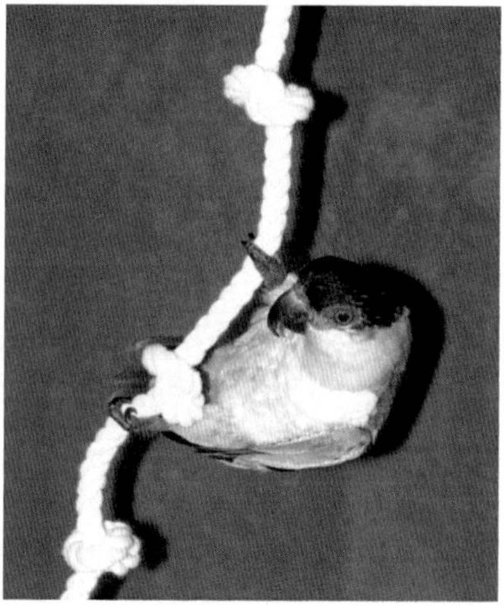

- L'escalade, c'est mon dada !

je formule la demande « Grimpe ». Ils se hissent ainsi jusqu'à la table, prêts à s'attaquer à de nouveaux jeux.

Note : On ne permet pas (jamais) au perroquet de jouer avec une corde qui pend sans supervision afin d'éviter tout risque d'étranglement. Pour ce jeu, votre présence est indispensable.

On peut également procéder à la manœuvre inverse en appâtant l'oiseau vers le sol avec la gâterie. Coco est juché tout en haut d'une perche ou sur la table et on lui demande de descendre ou de venir nous rejoindre sur le plancher. J'utilise alors la demande « Descends ». S'il a su monter à la demande « Grimpe », la descente sera rapidement concevable pour lui.

J'applique une variante avec Quita qui raffole des serviettes-éponges et des grosses cordes de coton : celle-ci consiste à me promener en tenant une serviette (ou une corde) qui pendouille sur le sol. Quita descend d'elle-même sur le carrelage pour s'amuser avec l'objet. Elle la mordille, y embarque, s'y cache et s'empêtre dans le tissu. Quand elle y est bien cramponnée, je commence à me déplacer et le jeu devient alors une sorte de psitta-luge ou de ski-parquet. Un jeu neu-neu à ne plus finir !!! Puis, je diversifie l'activité en soulevant complètement la serviette (ou la corde) avec ma Quita agrippée à celle-ci. Je la fais bondir et virevolter un bon coup et on reprend le ski-parquet. Quand Quita décide qu'on a assez glissé et qu'elle a envie de voltige, elle me dit « Encore » et là, l'étoffe décolle du sol… c'est parti ma Quiki ! On s'amuse vraiment de n'importe quoi !

Bat-Coco

J'utilise une tige de bois *(très bien polie)*, de métal ou de plastique rigide, de petit diamètre pour y faire grimper mes oiseaux et ensuite les faire descendre en se laissant glisser. On joue alors à Batman qui descend vers la Bat-cave pour régler le sort des vilains *(je n'y peux rien, mes références culturelles sont américaines)*. Évidemment, on s'assurera qu'il n'y a aucun risque d'éclisse ou d'écharde pour notre super-Bat-héro sur le Bat-poteau que nous lui aurons choisi. Bat-Coco blessé par des Bat-échardes, ça ne fait pas très sérieux.

J'utilise les mêmes Bat-étapes et Bat-demandes que dans le jeu précédent pour faire grimper Bat-Coco à son Bat-poteau. Lorsque mon Bat-Coco arrive tout en haut de son Bat-poteau, je lui fais exécuter une spectaculaire Bat-descente... que pour le plaisir.

Ainsi, Coco Wayne se prélasse dans sa maison quand il est soudainement demandé à la Bat-cave par Robin *(ça, c'est moi)*. On

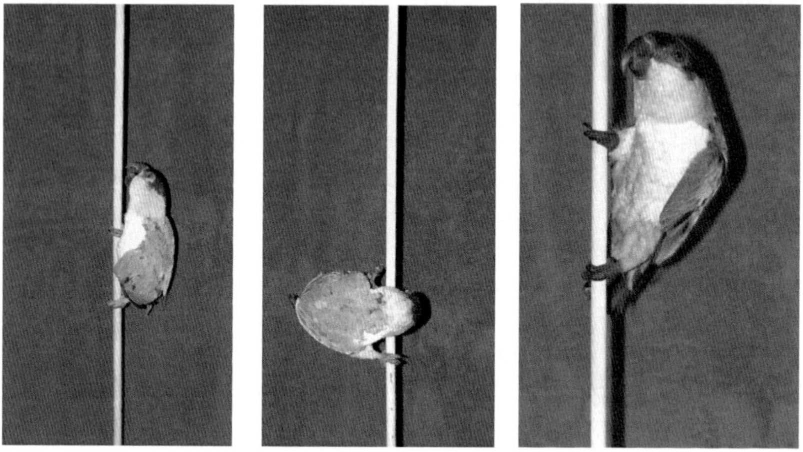

- C'est Molly qui fait le Joker !

jouera à dire que le haut du poteau est la résidence de Coco Wayne et le plancher *(ou la table si on joue avec un Bat-lilliputien)*, la Bat-cave. Je vous l'ai dit, c'est concombre de jouer avec des perroquets, on acte vraiment n'importe quoi ! Juste pour le « fun » !

Dans ce jeu, je n'ai pas vraiment besoin de faire quoi que ce soit d'autre qu'appâter mon super-héros avec sa friandise *(Bat-pot-de-vin)* tout au bas du Bat-poteau : il viendra. Par contre, Bat-Coco n'est pas bête *(c'est ce qui lui confère sa puissance)*, il commencera à doucement se laisser glisser, puis il sautera ou s'envolera directement à la Bat-cave sans y mettre de Bat-manières... ça, ce n'est pas du jeu ! Il doit descendre jusqu'à la Bat-cave en demeurant sur le Bat-poteau. Alors, je reprends, mais en le plaçant à mi-poteau et je lui adresse la demande « Descends ». Il glisse jusqu'en bas - (L/R).

Je recommence en positionnant Bat-Coco un peu plus haut sur le Bat-poteau et je refais la Bat-demande « Descends ». Manœuvre réussie - (L/R). On répète ainsi jusqu'à ce qu'il me fasse un « Bat-sans-faute ».

Puis je reprends du début : ...on va dire que Coco Wayne est dans sa maison et que Robin lui demande de venir le rejoindre à la Bat-cave ...*and so on*... Coco est vraiment le super poulet de la maisonnée ! *(N'en déduisez pas pour autant que vous pouvez lui confier la protection de la télécommande...)*

Le toboggan

Ça c'est amusant, du moins quand on est un oiseau téméraire et qu'on en a compris le principe. Le jeu ici consiste à faire grimper Coco à l'échelle (ça, il sait faire) tout au haut d'un toboggan *(adapté à sa taille bien entendu)* et de l'y faire glisser comme on y jouait gamins. Au début, je dois avouer que la plupart des perroquets ne sont pas trop chauds à l'idée de se laisser glisser comme un sac de maïs. Toutefois, après quelques répétitions, presque tous mes moutards à plumes y grimpent de leur propre chef pour s'y laisser couler avec délectation. Seuls mes psitta-cérébraux conspuent. Bof, tant pis... je jouerai avec les sportifs !

Je vous suggère de vous procurer *(ou fabriquer)* un toboggan d'un modèle pas trop haut et dont l'angle (ajustable) de la glissière ne se présente pas trop abrupt, ce qui ferait descendre le lardon beaucoup trop rapidement et, accessoirement, risquerait de l'effrayer au point qu'il refuse d'y remettre les pattes. On aura donc besoin d'ajuster le toboggan de manière adaptée et acceptable pour l'oiseau.

En premier lieu, je désensibilise Coco en plaçant le toboggan presque à plat sur la table de jeu et je l'appâte de manière à ce qu'il marche sur toute la longueur de la glissoire en position horizontale - (L/R). Puis, j'incline légèrement le toboggan et je refais promener le perroquet sur la glissière que je fais suivre des - (L/R). Jusqu'ici, on donne dans l'élémentaire et le très payant pour l'oiseau qui ne voit pas tout à fait clairement l'utilité d'un pareil équipage, simplement pour se balader sur une table. Mais il se prend du pourboire facile, alors il concède.

Maintenant qu'il passe hardiment sur le toboggan à faible obliquité, je le surélève encore et Coco devra marcher sur une surface de plus en plus en déclive. S'il hésite, je l'encourage à fond ; s'il me semble réellement craintif, je décline le tout pour revenir à l'étape précédente. Coco n'est pas encore prêt pour les hauteurs.

Il est important de ne hausser que très légèrement le toboggan à chacune des gradations. Après que Coco a bien franchi cette transition et qu'il accepte une inclinaison moyenne, je tente le grand jeu, soit la pente maximale.

Je commence le jeu en appliquant le principe du « grimper à l'échelle » ; il me faut amener l'oiseau à monter jusqu'en haut du toboggan. Comme il n'a pas affaire à son échelle habituelle *(celle qui est connue)*, il peut opposer une certaine résistance. Qu'à cela ne tienne, je ne regarde pas à la dépense, je double la cagnotte et ne lésine pas sur les dithyrambes !

La négociation a bien fonctionné et Coco est maintenant juché tout en haut du toboggan. Bravo ! On devient fin renard avec l'expérience ! À présent, il doit valeureusement se laisser glisser. Je l'incite en agitant sa gâterie chouchou tout en bas de la glissoire et j'y vais de mes plus stimulantes exhortations. Il hésite et c'est normal. Alors, je lui apporte mon concours pour sa première descente, en le poussant *très légèrement* sur le dos, tout en le tenant au corps de ma main libre. Dès qu'il arrive au bas du toboggan - (L), rires et récompenses à profusion !

Naturellement, lorsqu'il tentera de lui-même sa première glisse, celle-ci risque de se faire plutôt en marchant qu'en glissant. L'oiseau a besoin de prendre un peu d'assurance. Mais après quelques répétitions et beaucoup, beaucoup d'encouragements, il commencera à réellement se laisser glisser et avec le temps... le vôtre adorera tout autant que les miens !

- Où est la piscine ?

Auto-récompense

On n'est jamais mieux servi que par soi-même, nous dit le proverbe, et parfois c'est vrai. Notre Coco adore avoir la satisfaction de s'auto-récompenser quand il a l'impression d'avoir bien fait. Les jeux qui suivent sont des jeux-récompense, c'est-à-dire qu'ils remplacent la récompense que j'offre généralement pour souligner ses efforts ou une réussite. Ces jeux amusants comme tout ne demandent qu'un bon sens de l'observation ou de déduction de la part de Chéri. Notre rôle en sera essentiellement un de modèle. Il continue à apprendre à observer.

Bubble gum machine

Pour ce jeu comique, et surtout très, très rémunérateur pour l'oiseau, on a besoin d'une simple machine distributrice de boules de gomme pour enfant, de celles qu'on retrouve en vente dans les grandes surfaces. On remplacera les boules de gomme par des gâteries mieux adaptées pour notre perroquet : graines de tournesol, pistaches, arachides écalées, etc. Naturellement, on choisit un modèle que notre gourmand pourra manier facilement. Ainsi sont exclues d'emblée les machines dont la biellette tourne dans le sens des aiguilles d'une

- Décidément, je dois tout faire moi-même ici !

montre *(Coco n'a pas de pouce)* et sont retenues celles dont la manette se meut de haut en bas *(verticalement)*, de manière à ce que Coco puisse la manœuvrer du bout de son bec.

L'intérêt de ce jeu demeure sans contredit la tonne de gourmandises qui déboulent lorsqu'on active la petite manette. Ce détail n'échappera pas à notre glouton emplumé et c'est pourquoi notre rôle dans l'histoire se résumera principalement à lui servir de modèle.

Je remplis la machine à boules de gomme avec ses gâteries préférées et je l'actionne sous les yeux de mon zoizeau, complètement estomaqué à la vue de la manne qui se déverse. Je le laisse grignoter quelques friandises tombées de l'engin et je recommence l'exercice 3-4 fois, toujours sous son regard concupiscent. À ce point, il est très possible qu'il meure d'envie d'exécuter lui-même ce tour de force, surtout si je lui fais la demande « Touche » en tapotant la petite manette.

Dès qu'il « Touche » la biellette du bout du bec, je l'actionne tout en maintenant son bec positionné dessus afin qu'il comprenne que c'est le mouvement de tirer vers le bas qui fait débouler son profit. Je lui claironne un super lien « Ouiii !!! » et je le laisse se servir.

- L'autonomie, c'est facile, amusant...

... et pas mal payant !

J'aime...

Je recommence plusieurs fois, puis j'ajoute la demande « Prends ». Dès que Coco tient la petite poignée en bec, je pousse légèrement le bec-qui-tient-la-manette vers le bas, et eurêka.... les gâteries dégringolent ! Puis, je répète la manœuvre en abusant de liens enthousiastes « Ouiii !!! », et rapidement, j'intègre la vraie demande pour ce jeu : « Sers-toi ».

Pour faire encore plus fort, et puisque les perroquets sont compétitifs, je joue à actionner moi-même la biellette, à tour de rôle avec lui *(ou avec un second oiseau)*... le jeu n'en deviendra que plus stimulant. Par la suite, lors de jeux divers, souvent je remplace la récompense que j'offrirais pour souligner une réussite par la demande « Sers-toi » en lui présentant la machine à boules de gomme. Succès garanti !

La pêche aux friandises

Dans ce jeu, Coco doit remonter un petit seau ou panier suspendu par une longue corde *(trop pour être tirée en une seule fois)* et contenant une gâterie. Il doit apprendre à le réaliser en se servant de son bec et d'une de ses pattes. Ça aussi ce n'est pas sorcier pour Coco. En fait, si vous remarquez bien, il fait ça tout le temps avec ses jouets. L'idée ici est de l'intégrer dans une démarche d'auto-récompense *(c'est plus drôle)*, à la suite d'un autre jeu réussi. Les jeux-récompense aident à maintenir l'intérêt de l'oiseau et l'ambiance ludique.

Pour ce jeu, il n'y a pas de demande particulière puisque le jeu est complet par lui-même. Cependant, moi j'ai adjoint le mot « Panier » pour ainsi désigner le moment où Coco est autorisé à remonter le panier pour s'auto-récompenser. C'est facultatif… mais mes chéris aiment bien se mériter...

Nous aurons besoin d'une longue corde ou ficelle, dépendant de la taille de l'oiseau et d'un petit seau, panier ou tasse de papier, pas trop profond pour qu'il puisse y passer la tête. Le mini-panier ou seau se trouve facilement au rayon des jouets dans les grandes surfaces, dans la section des poupées ou maisons de poupée ; la corde ne doit pas être trop « effilochable ».

Note : On ne permet pas (jamais) au perroquet de jouer avec une corde sans supervision afin d'éviter tout risque d'étranglement. Pour ce jeu, votre présence est impérativement requise.

J'insère une friandise dans le panier que je pose sur la table et je laisse Coco se servir pendant que j'organise le jeu. Il comprend ainsi que la gâterie se trouve dans le panier et ça me laisse un peu la paix pour mettre en scène l'activité. Je choisis une perche assez haute *(perchoir en T, chaise, parc, etc.)*, toujours en tenant compte de la taille du perroquet. J'attache une extrémité de la longue corde à la perche, l'autre bout est fixé au petit panier ou seau.

J'installe mon champion sur la perche et je suspends le panier *(contenant l'appât)* à quelques centimètres sous lui (selon la stature de l'oiseau), de manière à ce qu'il n'ait qu'à se pencher un peu pour saisir

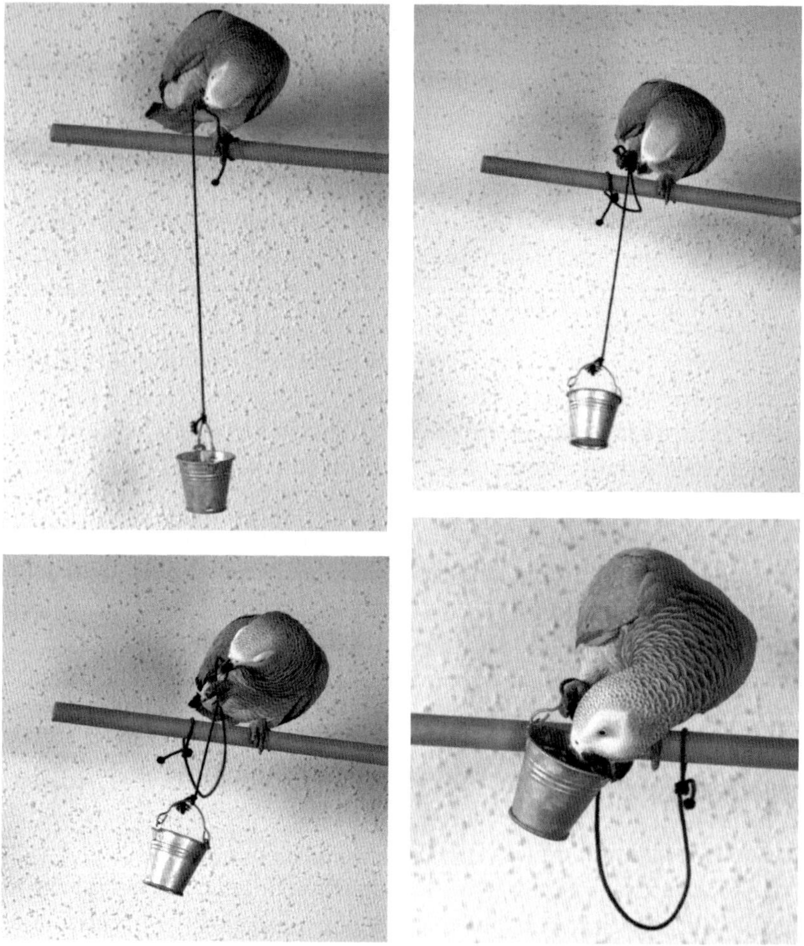

- Ce qu'on ne me ferait pas faire pour une cacahuète !

le butin. Je fais la demande facultative « Panier » ; et dès qu'il s'empare de la friandise, « Ouiii !!! » *(la récompense est dans le panier).*

Puis, je relâche la corde de quelques centimètres, de façon à ce qu'il doive tirer sur celle-ci pour remonter le panier et attraper son gage. Je reprends la demande « Panier ». Il tire un bon coup et Yop...

le panier arrive à sa patte. L'affaire est dans le sac ! ... il ne reste plus qu'à y aller d'un bon gros lien « Ouiii !!! ».

Au tour suivant, je laisse encore filer un peu de corde, question d'embêter mon Coco. Il tire, mais arrive de justesse à attraper le panier. A+ pour l'effort et un bon lien « Ouiii !!! » pour la route. L'affaire se corse, je donne plus de jeu à la corde. Cette fois, mon maître pêcheur ne peut plus se contenter de tirer sur la corde qui est maintenant devenue trop longue pour être remontée en une seule manœuvre. Il doit faire preuve d'imagination, il doit improviser. Encore une fois, je formule la demande « Panier » et je regarde mon garnement se dépêtrer avec tout ça...

Il tire et tire et tire, mais rien n'y fait, la corde demeure beaucoup trop longue. Il scrute le panier, puis la corde, et encore le panier *(je l'entends presque réfléchir)*... il réessaie une seconde fois... Zut, ça ne va pas du tout ! Il s'éloigne un peu et tire à nouveau... Niet ! La perche est trop courte pour prendre le recul nécessaire et la corde trop longue.

Les plumes lui dressent sur la tête et la moutarde lui monte au bec *(moi je rigole)*. Il réévalue calmement la situation et se lance : il tire un bon coup sur la corde et... variante... il bloque la corde avec sa patte... Tout de suite, je l'encourage « Ouiii !!! » - « Panier ». Il re-tire le bout qui pendouille dans le vide et re-bloque avec sa patte « Ouiii !!! » - « Panier »... je suis stupéfaite ! Il tire une dernière fois et BINGO, le panier arrive à sa hauteur. Je m'empresse de lui trompeter mon lien « Ouiii !!! » et le félicite abondamment ; je suis très fière de lui et rassurée de constater que mon voyou n'est pas trop bête ! Pétri d'orgueil devant son exploit, il jouit tranquillement, et la tête haute, du produit de sa pêche miraculeuse...

Comme ce jeu demande de la réflexion, laissez-le agir et prendre le temps qui lui sera nécessaire pour parvenir à ses fins. Il ne sert à rien de le brusquer ou s'impatienter. Il doit découvrir l'astuce par lui-même, à son propre rythme.

On pourra se servir de ces deux derniers jeux pour récompenser notre moustique lors d'un de ses fantastiques succès. Les jeux-récompense sont faits pour garder Coco dans le feu de l'action. Donc, pas de petite gêne, usez-en abondamment.

Il y a dans les mœurs, comme dans l'histoire,
des conquêtes imprévues. - Pierre de Coubertin

Jeux olympiques
Psitt-athlète

Tout dandy qui se respecte possède, en plus d'une foule de jouets et de jeux de société pour épater la galerie, un gym bien à lui où il peut entretenir son corps sublime en s'exerçant à ses sports préférés. Notre bellâtre dispose notamment d'un parcours de psitta-décathlon à rendre verte d'envie sa super-dog de sœur chien *(qui elle, jouit depuis des lustres d'une telle prérogative)*. Ce parcours n'est pas difficile à élaborer, puisqu'il concentre tous les apprentissages de Coco et ceux qu'il acquerra encore jusqu'à la fin de ce livre. Seule notre imagination développera le plus stimulant des circuits. Mais avant de passer au psitta-décathlon, il reste quelques petites bricoles à peaufiner... Après, *the sky sera ze limit* !

1ère discipline : L'haltérophilie

Coco champion de la IPWF - *International Psittacine Weighlifting Federation* - pourquoi pas ? Vous dites que ça n'existe pas ? Alors, inventons-la... c'est ce que j'ai fait chez moi. Et vous savez quoi ? Mes oiseaux y sont champions *(poids plume, bien évidemment)*.

Pour jouer à « je-suis-le-Coco-le-plus-balèze-du-monde », on aura besoin de mini-haltères, version perroquet, avec leurs portants *(petits blocs de bois avec mortaises pour y déposer les haltères)*. Ces haltères doivent être très légers *(chut, il ne faut pas le dire à Coco-Hulk)*. Les miens sont fabriqués de bois. J'ai peint le centre de la barre d'une couleur contrastante *(rouge)* pour indiquer à mon malabar qu'il doit le « Prendre » bien au milieu avec son bec.

Différents formats d'haltères...

... pour différents formats d'Hercule

J'installe mon oiseau sur la table devant les haltères et je formule la demande « Prends *ton haltère* ». La réaction naturelle de mon gaillard à ce moment sera de tenter de saisir l'haltère par le bout puisqu'il est fait en longueur. Je replace l'haltère bien centré dans le bec du perroquet et je fais les - (L/R). Je recommence l'exercice en réajustant l'haltère autant de fois qu'il le faut, jusqu'à ce que Tarzan s'en empare de la bonne façon, parfaitement par le centre. Une fois

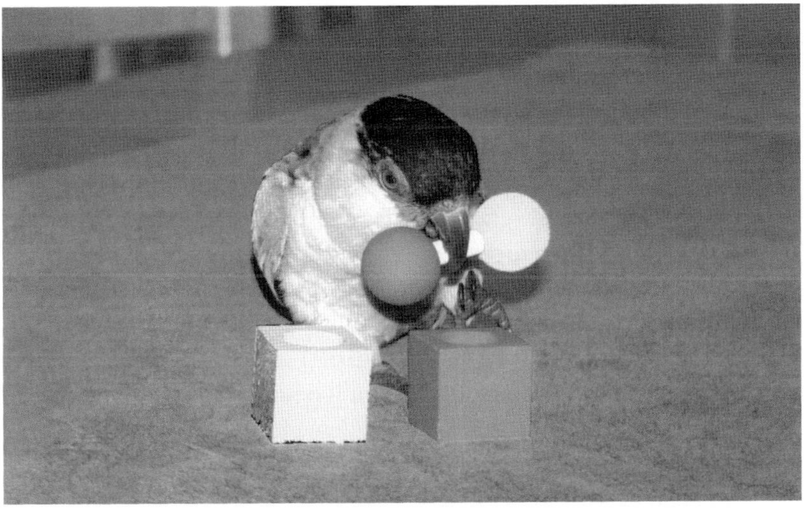

- Je suis plus baraqué qu'il n'y paraît !

cette étape comprise *(ce qui je le concède, peut s'éterniser un peu)*, je fais la demande « Donne » pour que l'oiseau me remette l'haltère dans la main - (L/R).

Ensuite, je le familiarise avec l'haltère en le lui faisant trimbaler à différents endroits sur la table en utilisant les demandes « Apporte » et « Dépose » et en réajustant sa prise *(bien au centre)* si besoin. Jusqu'ici, tout est simple, je lui propose des jeux qu'il connaît déjà et qui lui sont désormais dérisoires de facilité. Alors, on va changer ça. Il devra dorénavant prendre son haltère, le soulever, puis le déposer sur des portants. Hé, hé !

On commence le jeu à l'envers, en lui faisant retirer l'haltère des portants. Je place l'haltère sur les portants et je formule la demande « Prends » en le lui désignant avec mon doigt ou la baguette de ciblage. Puis une fois en bec, j'énonce la demande « Apporte » suivie de « Donne » en lui présentant ma main ouverte et je fixe le tout avec mes - (L/R). Je répète la manœuvre trois ou quatre fois à partir du début, entre autres pour qu'en retirant l'haltère des portants, il comprenne et visualise que celui-ci peut aussi y être posé.

Maintenant, j'installe les petits portants de manière à ce que l'haltère puisse s'y emboîter et je pose ce dernier sur la table devant l'oiseau. Je place ma main bien ouverte *(ou mon doigt pour un petit)* entre les deux portants et j'y vais des demandes « Apporte » et « Donne *ton haltère* ». En essayant de déposer l'haltère dans ma main, mon gaillard le pose sur les portants. Alors, j'exulte « Ouiii !!! » et... récompense ! Bien sûr, au début, ce ne sera pas parfait et j'aurai certainement à tricher un peu et venir discrètement à la rescousse de mon poulet pour qu'il s'aligne correctement sur les portants. Il faudra plusieurs répétitions avant qu'il y parvienne seul. Il me faudra beaucoup l'encourager et l'aider au besoin... Je sais qu'il doit réussir à tout coup - même si c'est avec mon concours. Lorsque je pense qu'il peut y arriver par lui-même, je change la demande « Donne » pour la demande « Dépose *ton haltère* », en lui indiquant toutefois les deux portants.

À partir de ce moment, le jeu commence avec les haltères bien calés sur les portants. Je formule la demande « Prends *ton haltère* » - Coco le soulève, et j'enchaîne avec « Dépose *ton haltère* » en lui désignant les portants... il dépose l'haltère sur les portants, tel un haltérophile. Pas compliqué comme jeu, cependant il exige beaucoup de précision de la part l'oiseau... Pas si facile pour notre colosse !

2e discipline : Les barres

Barres parallèles

Les barres parallèles ne sont rien de plus qu'une version plus pointue *(et spectaculaire)* d'une demande que Coco connaît déjà : « Saute ». Pour ce jeu, on a besoin d'un ensemble de barres parallèles mobiles, c'est-à-dire qu'on peut facilement éloigner l'une de l'autre, mais tout de même très stables *(ce peut être deux chaises ou deux perches)*. Une fois en place, les barres ne doivent pas se déplacer au moment où le perroquet sautillera joyeusement de l'une à l'autre. Pour ce faire, mes barres parallèles à moi sont reliées entre elles par un goujon de bois qui me permet de les décaler ou les rapprocher selon l'usage, mais qui garantit l'équilibre de l'appareillage quand vient le temps de bondir pour mon athlète en herbe.

- Tu cherches à m'insulter ou quoi ?

Au départ, je place mes barres parallèles à faible distance l'une de l'autre. Je les espacerai à mesure que mon gymnaste gagnera en expérience et assurance. Je fais grimper Coco sur une des barres avec la demande « Grimpe » - (L/R).

Une fois celui-ci bien campé, d'une main je présente un appât près de la seconde barre *(au centre de celle-ci)* et de l'autre main, je lui formule la demande « Saute » en tapotant légèrement au centre de cette barre qui lui fait face. Si on a le bonheur de jouer avec un gugusse

- Humm... encore trop près, trop facile...

qui se déplace naturellement en sautillant et qui a appris à le faire sur demande, l'affaire se conclura rapidement. Il bondira et empochera vite fait son cachet. Il ne faut surtout pas oublier de l'encourager d'un lien explosif « Ouiii !!! » quand il manifestera son intention de s'élancer en adoptant la position de « l'oiseau qui veut y aller » *(ne vous prenez pas la tête, le comportement est très explicite, vous le remarquerez instantanément)*. Lorsque l'oiseau s'est exécuté, j'exulte et je rémunère - (L/R).

Cependant, certains tempéraments, même s'ils ont appris à sauter sur demande, émettront des réserves quant à l'avant-gardisme du matériel. Avec ceux-ci, je reprends les étapes du « Lapin qui saute » : j'énonce la demande « Saute » ; je saisis le loupiot au corps *(par-dessus ses ailes)* pour le faire sauter jusqu'à la barre lui faisant face ; je lui clame un lien d'enfer « Ouiii !!! » ; je le récompense à la tonne... puis on recommence.

- O.K ! Là c'est bon...

- Une pichenette plus éloigné et... admirez l'artiste à l'œuvre !

Je formule à nouveau la demande « Saute ». S'il s'exécute - (L/R) ; s'il ne le fait pas, alors « Lapin qui saute » et - (L/R). Avec un peu de patience, Coco devrait y arriver tout seul et comme un grand. S'il connaît la demande « Saute », mais refuse carrément après essai, c'est peut-être que ce jeu n'est pas de son goût. Alors, on oublie ça et on passe à autre chose. Pour l'oiseau qui a de l'appétence pour ce jeu, on continue...

Une fois que Coco rend bien la demande « Saute » sur la barre en face de lui, j'y vais d'une demande qu'il connaît déjà depuis un bon moment « Tourne ». Il est toujours perché sur la seconde barre *(celle d'en face)* - (L/R). Je réitère la demande « Saute » pour le faire revenir à la barre initiale - (L/R). Et je continue ainsi l'exercice d'une barre à l'autre en riant et en acclamant joyeusement mon athlète olympique !

Pour corser le jeu, quand Coco aura acquis beaucoup, beaucoup, beaucoup d'expérience, on pourra le faire sauter par-dessus une troisième tige placée un peu plus haut entre les barres. Soyons fantaisistes.

Barres asymétriques

Pour les routines aux barres asymétriques avec mes oiseaux, je fais appel aux demandes « Grimpe », « Tourne » et « Descends ». Je les fais passer de la barre la plus basse à la plus haute en utilisant la demande « Grimpe » ; je les fais se retourner « Tourne » et j'emploie la demande « Descends » pour les faire revenir à la barre plus basse. Tout un programme !

Pour les « Grimpe », « Tourne », ça va tout seul ; et il a déjà acquis une bonne idée de « Descends ». Il n'y a donc pas de problème, Coco connaît la musique et sait s'exécuter de bon cœur. Mais le but de ce jeu, c'est de le faire passer d'une barre à l'autre sans sauter *(ni voler)*... Aie...aie...aie... !

Je commence par la partie « oisillonne ». J'installe mon athlète sur la barre du bas et j'agite la gâterie sur la barre du haut en lui formulant la demande « Grimpe »... Facile, facile... mon gymnaste ne se fera

- Un p'tit coup en haut...

- Un p'tit coup en bas...

pas prier deux fois pour accomplir cette prouesse bête comme chou - (L/R). Puis, j'enchaîne avec la demande « Tourne » pour qu'il pivote sur lui-même - (L/R).

Maintenant arrive la demande « Descends »... pour le faire passer de la barre du haut à celle du bas. Le perroquet est perché sur la barre du haut et je l'attire avec un « bonbon » en plaçant celui-ci sur la barre plus basse jusqu'à ce qu'il s'étire suffisamment pour presque y toucher avec son bec. À ce moment, j'éloigne un peu la gâterie de la barre et il n'aura d'autre choix que de descendre sur la barre du bas pour y avoir accès... tout un exploit - (L/R). Et on revient sur la barre du haut. Puis, à l'aide d'un appât, et si Coco est un peu cascadeur de nature, je tente de lui faire pirouetter un salto sur barre. Allez... De l'audace, que diable ! On tente le coup de la gymnastique artistique !

On y va... L'oiseau est bien perché sur la barre du haut et je place la friandise tout juste devant son bec. Je déplace ma main en l'avançant et en la descendant un peu pour que le perroquet essaie de

- Passage en tombée frontale...

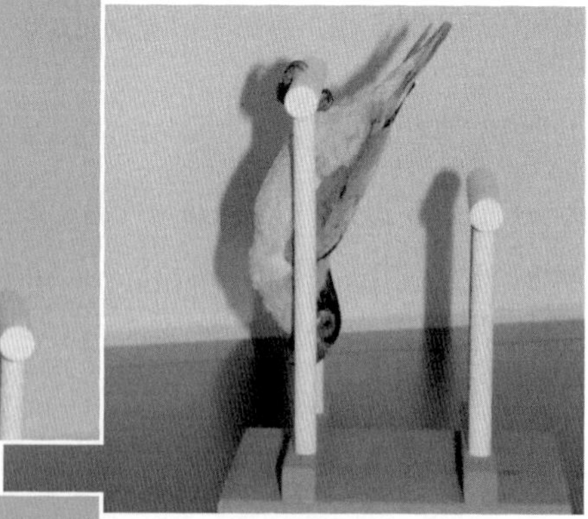

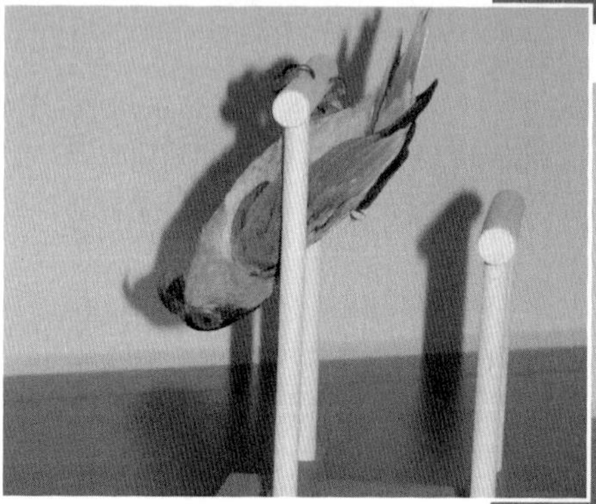

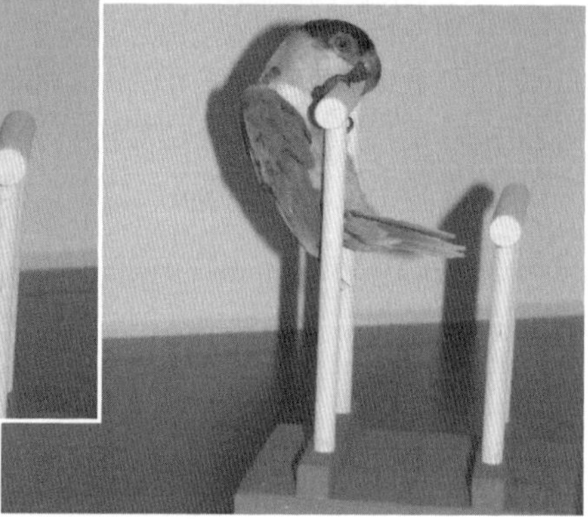

... ma spécialité !

suivre la friandise et bascule vers l'avant en tentant de la saisir. Lorsqu'il a culbuté tête première dans une édifiante posture de chauve-souris *(agrippé à la perche, mais tête en bas)*, je lui donne le lien « Ouiii !!! », mais je ne lui offre pas la récompense. Je replace l'appât devant son bec et l'attire vers le haut dans le but qu'il reprenne sa position initiale, c'est-à-dire, perché sur la barre. Ce n'est pas le moment de « cheaper » sur les liens / récompenses. Dès qu'il est remonté, on casque… fort !

Certaines espèces très agiles y arriveront aisément. Pour les plus balourdes, j'aide mon Coco à se remonter en le poussant légèrement sur le dos jusqu'à ce qu'il se replace de lui-même sur la barre. L'idée, si on persévère dans cette voie, sera de le récompenser seulement après qu'il ait complété un culbutage complet de la barre. Je recommence plusieurs fois en ajoutant la demande auditive « Salto » et je ne récompense que lorsque l'oiseau réalise un tour parfait de la barre. Si son Coco à soi ne goûte pas la finesse de ce jeu, on laisse tomber… Vu ?

Avec un peu de pratique, s'il est de tempérament impétueux-volcanique, il apprendra à se donner un élan et effectuer une rondade complète en une seule fois. Par la suite, il me sera facile de lui créer une routine aux barres asymétriques digne des plus grands gymnastes… Que désirer de plus ?

La poutre

Bon, la poutre. En fait, je l'ai mise ici pour faire joli et parce qu'on pourra l'intégrer un peu plus loin à notre décathlon aviaire. Il ne s'agira que de convaincre notre champion d'y passer *(en l'appâtant si besoin)* tout son long, sans sauter ni en débarquer *(pas aussi évident qu'il semble)*, pour ensuite bondir vers un autre appareil et continuer le parcours. La poutre à ce point est comme une petite pause facile, facile pour Coco... et décorative dans le circuit !

- Trop facile comme démonstration, je change de crèmerie...

... je vais me faire un petit foot !

3e discipline : Ballon-panier (Basket-ball)

Jeu très ornemental s'il en faut : le jeu du basket-ball est exactement le même jeu d'insertion que celui de la balle et du bol qu'on a mis en pratique plus avant dans ces pages. Disons que la version « basket » frappe beaucoup plus l'imagination du spectateur qui en veut toujours plus pour ses « peanuts ».

- Tu prends la balle...

- Wé !

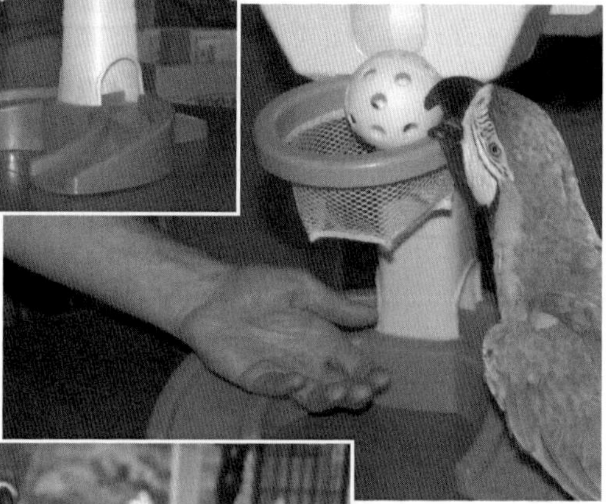

- Tu déposes la balle dans le panier.

- Wé ! O.K.

- Wiens que we te montwe. Ch'est fachile.

- Fachile ???

- *We pwends wa walle.*

- *Pwends wa walle ???*

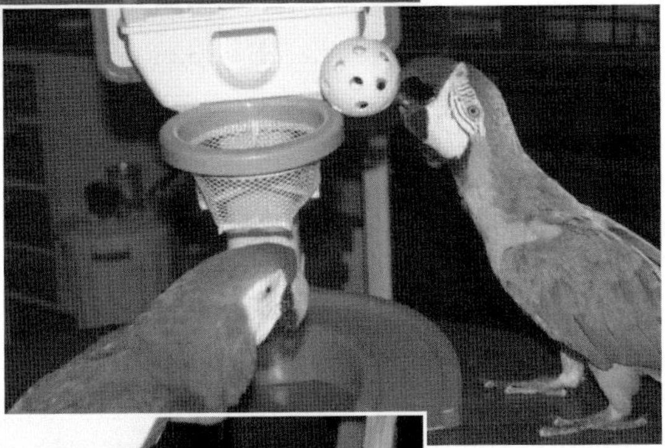

- *We déwose dans we wanier.*

- *Déwose ???*

- *T'as saisi ?*

- *Wé... We wais déwose wa walle dans we wanier.*

- *Tsstt, ne parle pas le bec plein.*

Pour notre perroquet, il n'y a aucune différence. Il ne fera que déposer un objet dans un autre, mais en recevant encore plus d'acclamations de son public en délire. Juste pour cette dernière raison, posséder son panier est un « must » pour tout perroquet-dandy qui aime bien en jeter.

Dans ce jeu, on reprend fidèlement toutes les étapes du jeu de la balle et du bol, mais en glissant notre main ouverte sous le panier pour la demande « Donne », simplement pour aviser notre apprenti « Michael Jordan » de l'endroit où il devra « Dépose » sa balle *(le panier)*. Il se peut qu'on ait à agir comme modèle afin que nos indications deviennent plus claires pour le perroquet, même si arrivé à ce stade, un ou deux essais suffisent amplement pour qu'il pige l'astuce.

Pour rendre l'exploit plus visuel pour l'auditoire, une fois que mon champion sait bien « Dépose » la balle dans le panier, je le hausse un peu *(plus haut que le bec de l'oiseau)* de manière à ce qu'il doive s'étirer pour y porter sa balle. Il donnera ainsi l'impression de se mettre sur la pointe des pieds pour y parvenir *(c'est plus fracassant)*. Et si on a *(tout comme moi)* le bonheur de vivre avec un croisé-lapin, pourquoi ne pas rajouter la demande « Saute » lorsque le petiot arrive près du panier pour y introduire la balle... Ça, c'est du sensationnel !

Certains bougres font preuve de beaucoup de fantaisie quant à la manière de « Dépose » la balle dans un panier et on n'interfère surtout pas ; parfois, leur improvisation peut se montrer plus géniale et visuellement plus éclatante que tout ce que notre *(pourtant débordante)* imagination aurait pu concevoir - Chichou, ma délurée cacatoès, s'avance, sautille et s'envole avec la balle en bec pour se percher sur le montant du panier et « tire » à partir de ce point culminant... Époustouflant !

Si on ne possède pas de panier adapté à son calibre, on reprend le petit bol du jeu des billes et du bol, et on l'installe un peu plus en hauteur, sur une pile de livres ou une boîte de mouchoirs de papier. On obtient ainsi un panier tout à fait respectable aux yeux de l'oiseau. Cherchez bien sur Internet... Les baskets pour perroquets sont offerts en différents formats - pour les grands pious, vous pouvez regarder du côté du rayon jouets des grandes surfaces. Le basket illustré dans la partie entre Quita et Elmo provient de la firme Fisher Price.

Si on partage notre vie avec plusieurs perroquets de taille à peu près équivalente, on détient alors une équipe *(quoique Bilbo le caïque vaille bien deux aras à lui tout seul...)*. Pourquoi ne pas organiser un « match » ? Le plaisir n'en sera que décuplé !

4e discipline : Jeux de boules

L'idée générale des jeux de boules est d'enseigner à Coco à « Prends » une boule et la « Dépose » sur l'aire de jeu pour ensuite la « Roule » avec son bec, sans pour autant prendre celle-ci dans ledit bec... La difficulté de ces jeux réside dans cette dernière proposition, puisque l'oiseau a toujours eu, jusqu'ici, besoin de s'emparer de la balle pour exécuter un jeu.

Jeu de quilles (Bowling)

Pour ce jeu, j'utilise deux boules différentes. Celles-ci sont faites de bois, ce qui les rend un peu plus lourdes *(ainsi, elles roulent mieux).* La première, qui se présente complètement ronde et lisse, sert à enseigner à Coco à « Roule » la boule avec son bec sans la saisir. La seconde est identique à la première quant à la forme et à la couleur, mais percée de trois petits trous qui la rendent maniable pour le perroquet, de façon à ce que celui-ci ait la possibilité de la prendre dans son bec, la transporter et la déposer, avant de la faire rouler dans l'allée.

On se bricole une allée de bowling de bonne inclinaison, adaptée à notre quilleur emplumé, tel que présenté dans ces pages, ou on s'en procure une sur Internet *(oui, oui, ça existe aussi pour perroquets)*. Bien qu'il doive pousser la boule du bout du bec pour la mettre en mouvement, il est impératif que celle-ci parvienne aisément à destination

(les quilles), en roulant uniquement à partir du petit élan qu'il lui aura fourni. L'oiseau ne va pas projeter la boule de toutes ses forces pour réaliser un abat *(il ne faut pas rêver)*, mais il pourra devenir le champion incontesté de la réserve !

On commence par enseigner à Coco à « Roule » la boule sans l'agripper. Pour ce faire, j'utilise la boule lisse *(sans perforations)*. Je la place sur la table, face à mon perroquet. Je tends ma main ouverte et lui fais la demande « Donne *la boule* ».

Naturellement, jusqu'ici il a appris qu'il doit saisir l'objet posé devant lui pour me le remettre en main et il n'y a que cette boule sur la table. Mais il y a un os : Coco chéri est incapable de prendre la petite boule lisse dans son bec pour me la donner. Je réitère ma demande « Donne » ; il retourne la boule pour essayer de trouver une prise. Dès qu'en la déplaçant, il la fait rouler un peu, tout de suite je lui clame le lien « Ouiii !!! » et je le récompense. Ouf... Là, mon perroquet me regarde avec un gros point d'interrogation au fond des yeux, puisqu'il est rémunéré pour une demande qu'il n'a pas pu exécuter. Mystère et boule de gomme *(ou boule de bowling, devrais-je dire)*...

Je reprends l'exercice, toujours avec la demande « Donne *la boule* », en le récompensant chaque fois qu'il « Roule », même juste un peu, la boule avec son bec. Après plusieurs répétitions, il commence à voir clair dans mon jeu et y va d'un essai : il roule la boule dans ma direction... Eurêka ! Il a trouvé ! *(Lorsqu'on lui en laisse le temps, il trouve.)*

Je remets ça encore une ou deux fois, puis je change la demande « Donne » pour la demande « Roule *la boule* », sans tendre la main ; il doit seulement « Roule » la boule sur la table. Chaque fois que la boule roule un peu sur la table, moi j'exulte devant lui et je le récompense copieusement. Bon, voilà qui est réglé. Coco sait répondre à la demande « Roule *la boule* ». On peut à présent passer aux choses sérieuses. J'installe la petite boule lisse sur l'extrémité surélevée de l'allée de quilles et mon oiseau devant la boule *(et l'allée)*. Les quilles sont déjà en place. Je formule la demande « Roule *la boule* » et, puisqu'il connaît cette demande, il s'exécute et regarde, fasciné, les petites quilles s'effondrer tout en bas... Et moi ? Je ne contiens pas ma joie - (L) et une tonne de « goodies ».

- Allez... roule bébé !

Je reprends ce jeu des plus facile quelques fois avant de passer à plus « croustillant ». Lorsque le perroquet anticipe ma demande « Roule *la boule* » en lui assénant une bonne poussée dès le moment où elle se retrouve posée sur l'allée de bowling, il est temps que j'assaisonne l'affaire !

Je remplace la boule lisse par la boule perforée qui *(très important)* est exactement de la même taille et de la même couleur que la boule lisse. Cette boule est placée sur la table, les trois perforations bien en évidence. Je commence par la demande « Prends *la boule* », ce qui surprend un peu mon zoizeau. Il me regarde, cherchant une confirmation que je lui donne en reformulant la demande « PRENDS *la boule* ». Il se penche un peu et... oh miracle... des petits trous sont apparus sur sa boule, ce qui change complètement la donne. Elle est devenue maniable.

Coco « Prends » la boule dans son bec et au même moment, je balance la demande « Apporte » en lui indiquant avec l'index ou la baguette de ciblage l'extrémité surélevée de l'allée de bowling. Coco s'approche de l'allée et j'enchaîne avec la demande « Dépose », toujours en lui désignant le haut de l'allée... Mon oiseau est un génie - (L/R).

Le jeu est facile pour lui puisque, si on a suivi dans l'ordre chacune des étapes de ce livre, toutes les demandes faites sont connues de lui et il les maîtrise déjà très bien. Lorsque la boule est en place, il ne me reste qu'à formuler ma dernière demande « Roule *la boule* ». Et voilà le travail... mon Coco est maintenant champion-quilleur.

Bien sûr, ce scénario est idéalisé. Vous aurez, à l'évidence, à répéter chacun des paliers plusieurs fois avant que l'oiseau ne soit complètement à l'aise avec ce jeu... mais au fond, êtes-vous pressé ?

Le football (Soccer)

Maintenant que Coco sait bien « Roule » une boule, il n'y a aucune contre-indication au fait qu'il puisse aussi déplacer un petit ballon de football sans le prendre dans son bec... C'est un vrai sportif multidisciplinaire... le King de la baballe... On commence par se fabriquer un mini-terrain de foot. Mieux vaut débuter par un terrain pas trop grand, le temps d'apprendre à jouer. Par la suite, si vous le désirez, vous lui construirez un stade… *(mais plus tard).*

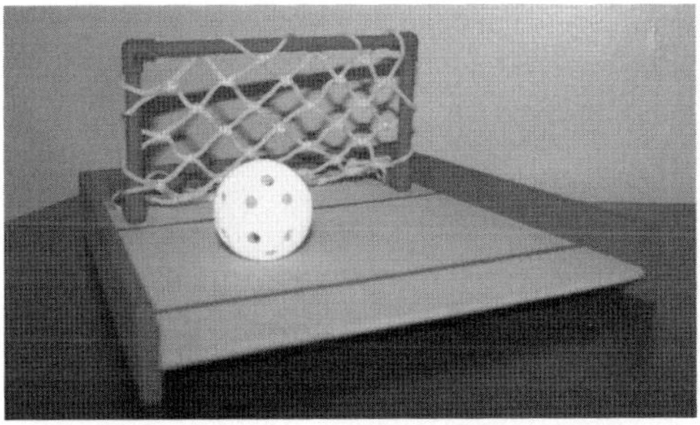

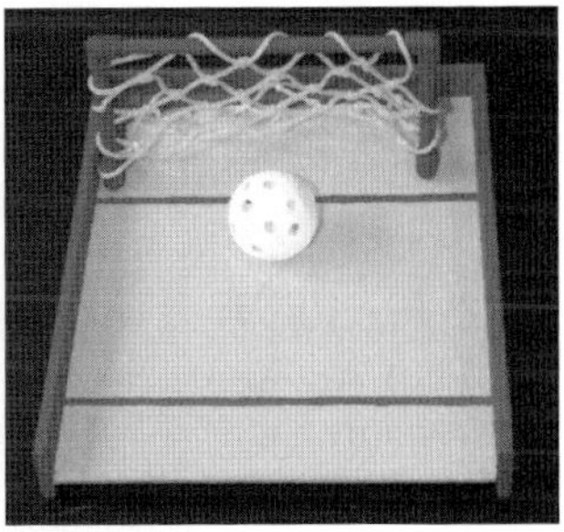

Pour ce jeu, j'utiliserai une petite balle de plastique perforée *(balle de pratique de golf).* Je réchauffe mon tenant du titre avant de le lancer sur le terrain. Installé sur la table de jeu, je lui formule la demande « Roule *la balle* ». Il se peut qu'il s'emmêle un peu les pinceaux ; il connaît cette demande avec la boule de bowling mais pas avec la balle de foot. À la demande « Roule », il ne doit pas saisir la balle avec son bec ; je ne le récompense que lorsqu'il « Roule *la balle* ». Je l'encourage de liens expressifs « Ouiii !!! » chaque fois qu'il fait bien et je répète clairement la demande « Roule » au moment où il semble tenté de prendre la balle dans son bec. Je le récompense à maintes reprises pour l'effort et je lui fais pratiquer encore et encore la demande « Roule *la balle* ». Puis, j'incorpore les demandes « Prends et Dépose » à la routine et on continue de plus belle, mais en commençant avec « Prends *la balle* ».

Lorsque Coco réussit correctement à « Prends » et « Dépose » sa balle sur la table puis la « Roule » à demande, je commence à la lui faire « Roule » en direction de ma main tendue :

- « Prends *la balle* ».
- « Dépose *la balle* » - suivi immédiatement de…
- « Roule *la balle* » en enchaînement avec…
- « Apporte *la balle* » en agitant les doigts de ma main tendue.

Il doit m'apporter la balle en avançant vers ma main, mais en la poussant… un ti-peu plus compliqué. Évidemment, ça lui prendra

- Les boules c'est ma spécialité !

C'est MOI « ze king » de la baballe !

quelques répétitions avant de maîtriser le jeu de « la balle roulée ». Par la suite, je change souvent la localisation de ma main sur la table pour qu'il apprenne à devenir plus précis dans ses mouvements. Je suis *(excessivement)* démonstrative et je l'encourage abondamment lorsqu'il essaie de m'apporter sa balle en la poussant de son bec : « Ouiii !!! », « Bravo champion »... et tout le tralala, et des récompenses à foison.

Chouchou connaît maintenant la séquence « Prends - Dépose - Roule » suivie de « Apporte » lorsque vient le temps de me porter sa balle. Il ne reste plus qu'à commencer le jeu de football. Il me semble que ce jeu devrait s'appeler « becball » plutôt que football, mais bon, on ne va pas s'enfarger dans les fleurs du tapis *(en québécois dans le texte)*...

Je donne le coup d'envoi en posant la balle sur le petit terrain de foot. Je place ma main à l'endroit où se trouvera tantôt le filet et je formule les demandes « Roule *la balle* » et « Apporte », en agitant légèrement mes doigts pour indiquer à l'oiseau dans quelle direction il doit pousser sa balle. Après quelques répétitions d'usage, j'incorpore le petit but de gardien et émets la demande « Roule » et « Apporte *la balle* » en laissant ma main dépasser devant le filet. Je mets pas mal d'animation enthousiaste dans la partie en y allant de liens en crescendo...

« oui... oui... oui !! **OUI !!!** ». Coco roulera sa balle en direction de ma main et lorsqu'il arrivera près du but je la retirerai afin que la balle s'enfonce dans le but. Yes ! C'est son premier « Shoot » au filet. Ça s'arrose ! Je le récompense généreusement et on s'enfile un jus de carotte... Yeh !

- La clé de mon succès... ?

... C'est la concentration...

- Et un petit but en douceur...

- Qu'est-ce qu'elle me fait cette balle ?

- Si elle me cherche, elle va me trouver !

- Chaaaarggeee.....!!!!

*- Bon d'accord, je me suis un peu emporté. Mais que voulez-vous ?
En tant que caïque...
ÇA, c'est ma nature !*

Je recommence plusieurs fois en essayant d'éliminer ma main du jeu le plus rapidement possible. Lorsque j'ai la certitude que Coco a bien compris qu'il doit pousser la balle dans le petit filet, je reprends toute la séquence avec lui.

Allez, on le fait ensemble... Bien oui, quoi ???? Vous et moi !

1. On dépose la balle sur la table près de l'oiseau.

2. On émet la demande « Prends *la balle* » et on y va d'un lien enthousiaste « Ouiiii !!! ».

3. On indique un point précis du terrain avec notre doigt ou la baguette de ciblage en formulant la demande « Apporte *la balle* » - et un petit lien d'encouragement - « Ouiii !!! ».

4. Lorsque Coco arrive au point désigné, on y va de la demande « Dépose *la balle* » - et encore un beau lien « Ouiii !!! ».

5. Et pour finir, une fois la balle déposée sur le terrain de foot, on formule la demande « Roule *la balle* » en pointant le petit filet à l'oiseau... et « BUUUUTTTT !!!!!!! » - Lien et Récompense !!!

6. Ça alors, vous m'impressionnez... Assurément, vous faites une équipe gagnante vous et Coco.... Toutes mes félicitations !

7. Allez, c'est l'heure de la pause papouilles.

Pour les besoins du spectacle, j'ai fini par remplacer la demande « Roule » par la demande « Buuuttt ! », qui me semble plus appropriée pour ce jeu, mais ce n'est que pour la forme. À partir du moment où l'oiseau sait « tirer au filet », il n'est plus nécessaire d'émettre de demandes ; le jeu par lui-même devient la demande. Coco sait parfaitement ce qu'il doit faire d'une balle lorsqu'il se retrouve devant un filet... C'est un champion, il a ça dans le sang !

5e discipline : Patinage artistique

Le jeu du patinage artistique n'est pas des plus faciles à faire accepter à notre sportif maison. C'est là sa première difficulté ! Pour ma part, je n'ai jamais obtenu de grandes réussites avec certaines espèces au tempérament moins téméraire, tels le gris d'Afrique, autres espèces de la famille des poicephalus ainsi que les perruches asiatiques. Et l'on ne s'en porte pas plus mal. Si ce jeu ne semble pas

- Moi, j'y arrive...

du goût de notre perroquet, mieux vaut ne pas insister. Il y a tellement d'autres amusements qui lui paraîtront moins risqués et tout aussi divertissants pour passer du bon temps en notre compagnie. Ainsi, avant de nous lancer précipitamment dans l'enseignement de ce jeu, la première chose à prendre en compte sera la personnalité de notre oiseau. Il ne faut jamais perdre de vue le but des jeux : se récréer un bon coup avec Coco... pas une contrainte à la performance. Le cacatoès de notre voisin excelle en patinage ?? Grand bien lui fasse... le nôtre est imbattable au jeu de « Puissance 4 ». Na ! Chacun son truc....

La seconde contrariété consiste à dénicher de bons accessoires. Ça, c'est vraiment très fâcheux ! En effet, les patins à roulettes de qualité pour perroquets, avec tiges d'entraînement, se trouvent maintenant difficilement sur le marché. Soit, ils sont composés de matériaux trop légers, soit ils sont trop hauts, mal balancés, ne roulent pas ou roulent laborieusement. Disons qu'au départ, notre second plus grand défi devient de réussir à dégoter des patins qui rendront l'apprentissage agréable et aisé à notre athlète. Il faudra chercher... pas mal !

C'est un jeu facile à enseigner *(pour nous)*, mais pour Chéri, tout de même moins évident que les précédents. Il nous demandera beaucoup de patience... ne nous leurrons pas, avec la plupart de nos oiseaux l'exercice sera long, très long !

Au début de l'aventure, condition *sine qua non*, notre oiseau doit être très confortable et se sentir totalement en sécurité en notre compagnie, il doit nous faire entièrement confiance. Ne perdez pas de vue que les patins à roulettes demeurent des jouets qui ne tiennent pas en place, ils bougent, et qu'à ce compte, ils deviennent des accessoires inquiétants et passablement rébarbatifs *(avec raison)* pour tout perroquet normalement constitué. Malgré tout, c'est un jeu qui a priori fait appel à un mouvement tout à fait naturel, soit marcher. Cependant, il y a un hic... il doit s'exécuter juché sur des perches... qui se déplacent... Pas du tout rassurant pour notre patineur emplumé.

La première étape est la plus difficile à faire accepter à Coco : se tenir en place, perché une patte sur chacun des patins. Ceux-ci doivent être d'une grande stabilité : il ne faut absolument pas qu'ils roulent ni même ne bougent. Coco doit apprendre à rester perché sur les patins alors qu'honnêtement, il n'aura qu'une seule envie : en descendre sur le champ et aller voir ailleurs s'il y est. Pour éviter les désagréments, j'étends une serviette de ratine de coton *(genre plage)* sur la table de jeu afin de prévenir que les patins ne se déplacent lorsque l'oiseau s'y installera. De plus, j'entrave le mouvement des patins en les attachant ensemble avec une bande élastique ou du ruban gommé, selon le modèle de patin, ce qui a pour but de les empêcher de se déplacer indépendamment l'un de l'autre *(ce qui à coup sûr effraierait terriblement mon perroquet)*. J'installe aussi les tiges d'entraînement (fournies avec les bons équipements) pour assurer le contrôle et la stabilité des patins.

Je commence par carrer mon Roller Bird sur les perches des patins en le prenant au corps avec mes deux mains, par-dessus ses ailes fermées *(Lapin qui saute)*, en lui adressant la demande « Grimpe *sur tes patins* » *(à ce stade, la demande... c'est pour la forme)*. Dès qu'il y est *(à peu près)* installé, tout de suite je lui explose un lien « Ouiii !!! » et je le récompense avant qu'il n'en descende *(croyez-moi, il n'y restera pas)*.

- Pourquoi je n'y resterais pas ?

... C'est pas inconfortable du tout et de plus, j'ai toute ton attention !

Je répète en demeurant à cette étape du jeu aussi longtemps qu'il le faut pour que Coco saisisse que c'est lorsqu'il reste bien campé sur les patins qu'il reçoit récompense. À ce stade, je ne forme aucune attente : certains oiseaux plus audacieux comprendront rapidement l'avantage de se tenir en place, tandis que d'autres auront besoin d'être abondamment soudoyés en monnaie-pistache avant de se laisser convaincre. Ce palier peut durer des jours, à raison de très courtes périodes à la fois *(trois à cinq minutes, tout au plus)*. Entre les essais, on joue à autre chose de moins « compliqué ».

Je ne passe pas à la seconde étape de l'apprentissage de ce jeu tant que le perroquet n'a pas appris à demeurer sur ses patins et surtout, tant qu'il conserve quelque appréhension à le faire. Je termine chacune des séances du « demeurer en place sur les patins » par une réussite, c'est-à-dire, qu'il y soit resté au moins 3 à 5 secondes. Je n'arrête jamais le jeu quand Coco descend de ses patins ; il comprendrait alors qu'il n'a qu'à sauter en bas des patins pour que le jeu cesse *(ce qui pour le moment, l'arrangerait drôlement)*. Il doit toujours finir sur un succès, si minime soit-il, d'où l'importance d'y aller de périodes de jeu très courtes pour l'initiation à ce jeu téméraire et de mettre fin à celles-ci lorsque l'oiseau réussit l'étape *(et avant qu'il en ait ras le bec)*.

Maintenant que mon loulou accepte de se tenir sur ses patins lorsque je l'y dépose, je peux entamer la phase « le faire grimper lui-même sur les patins », en formulant la demande « Grimpe *sur tes patins* ». À nouveau, cela risque d'être mal reçu : il a complaisamment consenti à m'être agréable en demeurant sur les patins, mais de là à y grimper lui-même… il y a loin de la coupe au bec !

Même s'il connaît et maîtrise très bien la demande « Grimpe », cette étape peut, comme on s'en doute, se transformer en un moment difficile à passer. Mais avec une patience infinie *(et beaucoup de rires et de pistaches)*, on arrive à briser les réticences les plus fondamentales de notre petit ange. Allez, haut les cœurs et gardons le sourire… on n'est pas encore au bout de nos peines… Ne soyez pas étonné, ce sera long…

Ça y est ? Coco accepte maintenant de grimper sur les patins par lui-même et il consent même à y rester *(ouf)*. L'étape suivante consistera à le faire rouler doucement sur la table… en usant de tout mon attirail d'encouragements et de « goodies ». Je ne veux pas qu'il s'enfuie à l'épouvante devant la soudaine mobilité des patins qui, je le répète, doivent être maintenus ensemble par une bande élastique et ne *(surtout)* pas se déplacer indépendamment l'un de l'autre *(pour l'instant)*.

À cette fin *(comme vos oiseaux ne sont pas Chichou qui connaît bien les patins)*, il est important de maintenir les tiges d'entraînement *(fixées aux patins)* et de reprendre l'exercice précédent, soit faire grimper le perroquet sur les patins, en tenant bien les tiges *(faut vraiment pas que ça bouge)* jusqu'à ce que celui-ci s'applique à y grimper et en outre, ne fasse plus de cas de la présence des tiges d'entraînement. Comme ça risque de durer, préparez-vous donc un bon café réconfortant... ça apaise...

- Vraiment pas sorcier et moins haut à grimper que bien d'autres jeux !

Lorsque ce comportement est intégré, et seulement à ce moment, je peux commencer, très doucement, à faire rouler l'oiseau sur les patins *(liés ensemble)* sur la table. Pendant tout le déplacement, il est important de le rassurer, en créant pour lui une échelle de temps qu'il retiendra, soit une chansonnette qui s'arrête toujours sur la même mesure pour que Coco se familiarise à la durée *(en temps)* de la balade - *en roulant ma boule en roulant, en roulant ma bou-ou-le* - soit en comptant de façon audible et lentement de 1 à 10. Je recommence ce mouvement autant de fois qu'il le faudra, jusqu'à ce qu'il semble y prendre goût et accepte facilement de se laisser rouler doucement, bien campé sur ses patins. Il peut se passer des jours, voire des semaines *(à grands coups de cinq minutes à la fois)* avant qu'on puisse retirer la bande élastique qui maintient les deux patins en contact.

À présent, nous sommes *(pas mal)* plus tard et mon oiseau se montre dorénavant très à l'aise avec le roulis vers l'avant des patins. Je peux tenter d'enlever la bande élastique qui les retient ensemble et continuer le jeu, toujours en manœuvrant les patins de façon synchro et en fredonnant ma chansonnette échelle de temps. Après quelques répétitions, et parce que mes mains ne sont pas des machines, Coco s'habituera à un léger déphasage dans le mouvement des patins.

- *Mais non, ne te déprécie pas comme ça...*

... la désynchronisation est pratiquement imperceptible !

« Asteure ! » *(québécisme approprié)*, en me servant des tiges d'entraînement, je commence à déplacer tout doucement et très lentement un patin par rapport à l'autre : on dira la patte droite. Si le perroquet est effrayé et descend des patins, je reprends avec ce qu'il connaît déjà, c'est-à-dire, rouler les deux patins synchros. Délicatement et en chantonnant, j'essaie d'en déplacer un seul par en avant *(patte droite)*, puis d'amener le second patin *(patte gauche)* rejoindre le premier et je lui clame un super lien « Ouiii !!! »... Si Coco est encore juché sur ses patins au moment où la seconde patte rallie la première... j'exulte *(littéralement)* et je vous jure que je ne chipote pas sur la récompense. On progresse lentement, mais on s'améliore ...

À ce point, j'avance le second patin *(patte gauche)* vers l'avant pour qu'il dépasse légèrement la patte droite, puis je ramène la patte droite à la hauteur de la patte gauche... Coco est demeuré sur les patins... Je suis au comble de la fierté - Lien tonitruant et Récompense.

- Pas trop mal jusqu'ici...

Continue en douceur et ça devrait baigner...

Je recommence posément *(avec un autre bon café - pour moi).* J'avance une patte, puis l'autre vient la rejoindre... Une patte avance, l'autre la rejoint. Je refais cet exercice jusqu'à ce que l'oiseau soit vraiment très à l'aise avec ces déplacements très lents d'une patte à l'autre et qu'il ne cherche plus du tout à descendre des patins.

Lorsque j'acquiers la certitude que Coco est confortable avec ces déplacements très lents, je peux commencer à avancer les patins l'un devant l'autre dans un mouvement continu en me servant des tiges d'entraînement et de la demande « Skate » *(c'est ce que moi je dis afin d'éviter d'utiliser la demande « Roule »).* J'y vais tout doucement et j'augmente légèrement la cadence, toujours en chantonnant ma ritournelle de temps et en gardant un ton très bon-enfant. J'essaie d'accroître graduellement le nombre de pas pour me rendre jusqu'à dix (10) coups de patin... et pas d'économie de bouts de chandelle en ce qui concerne les récompenses !

Je le fais ainsi « Skate » d'un bout à l'autre de la table de jeu, puis je retourne l'oiseau *(et les patins).* Je reproduis la même manœuvre en sens inverse, jusqu'à ce qu'il commence à anticiper le mouvement et qu'il déplace lui-même ses pattes *(et ses patins)* l'une par rapport à l'autre. Lorsqu'il entreprend de bouger ses pattes de lui-même, je reformule la demande « Skate » et je suis excessive dans mes compliments - Liens / Récompenses. Il n'est pas très sûr de lui et la situation réclame tous les encouragements que je pourrai lui prodiguer... Même si mon chéri est un battant, il a besoin d'approbation pour continuer d'aller de l'avant. Maintenant que Coco s'accommode du mouvement, je me servirai des tiges d'entraînement pour l'aider à replacer ses patins et à rouler bien droit.

Les perroquets marchent en pronation *(comme un canard)*, c'est connu ; disons qu'ils ont tendance à se piler sur les orteils lorsqu'ils se déplacent au sol et les patins n'aideront certes pas à la cause. En fait,

- Démarche de canard... Pffttt !

On est pas plus poli...

le plus difficile est d'arriver à ce que notre canardeau ne se bute pas un pied dans l'autre quand il roule ! Alors, je dois l'habituer à le faire, les pattes *(pieds)* légèrement positionnées vers l'extérieur *(à la Charlot)*. Je le fais rouler de lui-même avec la demande « Skate » et j'observe bien ses pattes. Quand le mouvement de pronation s'intensifie, à l'aide des tiges d'entraînement, je replace les patins un peu vers l'extérieur en même temps que je lui formule la demande « Replace tes patins », suivie du lien « Ouiii !!! ».

Note : Au cas où vous l'auriez perdu de vue dans votre lecture, je vous rappelle que nous sommes maintenant, beaucoup, beaucoup, beaucoup plus loin dans le temps. Chacune des étapes de ce jeu prendra pas mal de temps à s'acquérir.

Je poursuis l'exercice jusqu'à ce que mon perroquet ait appris à repositionner ses pattes et ses patins par lui-même. Des heures de plaisir en perspective *(pour moi et pour lui)*.

Le temps s'écoule et nous sommes *(encore)* pas mal plus tard, je peux passer aux choses sérieuses.... Je retire les tiges d'entraînement et je formule la demande « Skate ». Coco aura sans doute besoin d'un petit coup de pouce pour se lancer ; alors, j'avancerai un patin avec ma main en réitérant la demande « Skate ». Puisqu'il n'y a plus de tiges d'entraînement, comme de juste, Coco se réapproprie sa démarche « canard ». Il me faudra demeurer vigilante et me préparer à lui émettre la demande « Replace tes patins » dès que je constaterai que ses pattes reprennent une mauvaise position. Je reste concentrée, l'instant est crucial. La serviette de ratine se trouve toujours sous les patins. À ce stade il déplace les patins, mais ne roule pas vraiment, il marche... ce qui lui permet de bien intégrer la notion de « Replace tes patins ».

Maintenant, je peux commencer à le laisser aller. L'oiseau se tient sur ses patins au bout de la table et je me place à l'autre extrémité. J'incite Coco à venir me rejoindre par un « Viens » - suivi immédiatement de « Skate » *(sinon, le bougre descendra de ses patins pour venir me retrouver... Halala...!).* Dès qu'il prend son élan *(m'enfin si on peut appeler ça un élan)*, je l'encourage en crescendo « Oui... Oui... Ouiii !!! » et je lui chantonne mon échelle de temps. Au moment où il arrive à ma hauteur, un « OUIII !!! » explosif et retentissant et... récompense, récompense, récompense à profusion.... Qu'il est extra mon champion !

Comme il sait « Skate » sur la table de jeu et sur une serviette, j'entreprends l'entraînement au sol *(il y a plus d'espace)* sans la serviette de ratine de coton. Je fais grimper mon cascadeur sur ses patins *(qui seront moins manœuvrables puisqu'il n'y a plus de serviette et qu'il risque de déraper)* et je lui demande de venir vers moi, sur le plancher de lattes.

Pour ce faire et comme je n'ai pas trop envie qu'il se dirige ailleurs que vers moi, au début de l'exercice, je dépose sur le sol deux (2) grandes baguettes de bois *(environ 1 mètre)* qui serviront de couloir de patinage et qui accessoirement, l'aideront à apprendre à tourner.

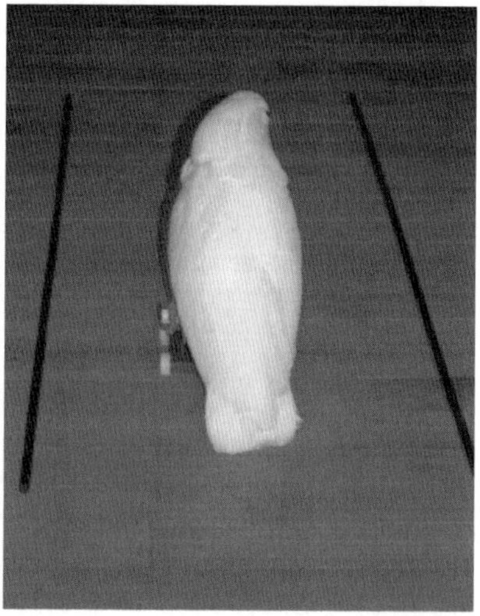

Je place mon perroquet à l'extrémité opposée de ce corridor improvisé et je le fais venir à moi « Viens » - « Skate ». Les patins roulent plus rapidement et il doit s'exercer à contrôler ses pattes *(et ses patins)* sur une surface lisse. Naturellement, il ne faut pas se leurrer, il n'y arrivera qu'après plusieurs répétitions et il aura besoin de beaucoup d'encouragements, de beaucoup de pistaches et de beaucoup de temps pour expérimenter ce nouveau mode de locomotion. Ça fait beaucoup de « beaucoup », mais « faut ce qu'il faut » !

Lorsqu'il maîtrise bien le mouvement de ses pattes et des patins *(après une longue période d'essais)*, je commence l'enseignement du « Tourne *tes patins* ». Je le fais venir vers moi et quand il s'approche, je lui émets la demande « Tourne » *(qu'il connaît déjà)* et je déplace un peu les grandes baguettes vers la droite de façon à ce qu'il doive tourner un peu pour ne pas foncer sur la baguette qui lui sert de couloir.

Après plusieurs, plusieurs, plusieurs essais, il ajustera lui-même les mouvements de ses pattes pour réussir à virer. Puis, je décale un peu plus les baguettes en répétant chaque fois la demande « Tourne *tes patins* » jusqu'à ce qu'il puisse réellement apprendre à maîtriser son coup de patin *(ce qui est très long à survenir)*. Ne pas céder au découragement. ☺

Quand il y parvient bien, je tente l'ultime épreuve : le demi-tour sur lui-même. J'incite l'oiseau à venir vers moi à l'intérieur de son couloir et au moment où il s'approche de moi, je déplace la baguette de droite de façon à former presque un « V » avec celle de gauche et je réitère la demande « Tourne *tes patins* ». Pour suivre le corridor, Coco n'aura d'autre choix que d'accomplir un demi-cercle sur lui-même... Pas facile, il aura à recommencer plusieurs, plusieurs, plusieurs fois avant de maîtriser ce mouvement. Voilà, mon petit lutin a appris à faire un demi-tour sur lui-même avant de reprendre sa course en s'éloignant de moi.

Bien sûr, tout ceci est parfait sur papier, mais ça demeure tout de même de très haut niveau pour un perroquet. Il peut s'écouler des jours *(beaucoup de jours)* pour qu'il en vienne à contrôler ses mouvements et soit en mesure de tourner comme bon lui semble *(ou presque)*. Je me procure une grande provision de pistaches, car ce jeu est ruinant en gâteries... Mon athlète doit être beaucoup rémunéré... un salaire de joueur étoile !

- O.K. C'est quoi l'affaire ?

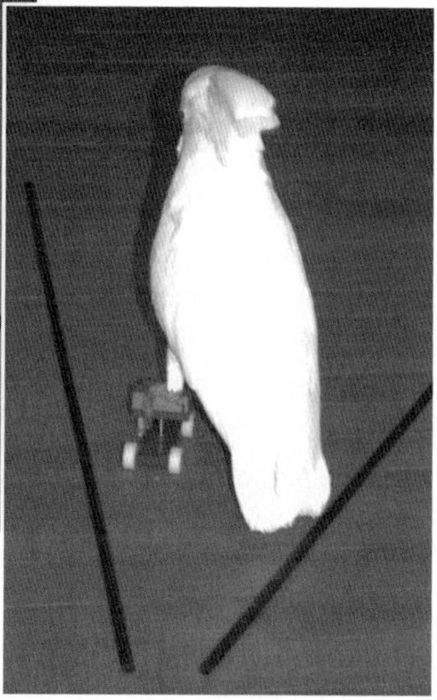

- Un négligent a placé les baguettes « toutes croches ».

À présent que Coco maîtrise correctement la technique du patin, il en redemandera. Il peut maintenant avancer et tourner, mais... sur un sol bien lisse, il peut être difficile de freiner *(du moins, avec des patins de bonne qualité)*... Ce détail a peu d'importance si l'oiseau jouit de ses pleines ailes, mais dans le cas de celui qui a subi une *(hideuse)* taille des plumes de vol, méfiez-vous des cages d'escalier ou des mezzanines clôturées pour les humains ; notre casse-cou à roulettes passe facilement à travers ces barreaux et risque ainsi de sévères blessures. Il faudra alors voir à sécuriser la pièce pour que notre « Blade Runner » à plumes puisse se donner à fond dans son nouveau jeu préféré.

Quand il en aura attrapé la piqûre, prenez tout de même garde à ne pas lui marcher dessus ! Les perroquets à roulettes développent à coup sûr un don spécial pour se retrouver dans nos jambes. Attention aux « crashs » !

6e discipline : La trottinette / planche à roulettes

Pour ce jeu, vous aurez besoin d'une trottinette de taille adaptée à votre perroquet. On en trouve sur le marché de différents modèles. Les miennes sont conçues avec un guidon amovible, ce qui me permet de varier le jeu, simplement en retirant ce guidon pour transformer le jeu de trottinette en jeu de planche à roulettes. Mais d'abord, l'oiseau aura à intégrer le concept d'actionner la trottinette avec sa patte.

Je dépose une serviette sur la table de jeu afin que la trottinette ne dérape pas pendant la période d'apprentissage. Je place la trottinette sur la table tout près de Coco et je m'éloigne un peu *(pas trop)*. Puis, je formule dans l'ordre les demandes « Apporte » et « Pousse *la trottinette* ». L'oiseau connaît bien ces demandes. Alors, soit il comprend immédiatement et cherche à « Apporte » la trottinette en la « Pousse », soit il ne comprend que dalle.... Dans la dernière proposition, je recommence, comme pour le panier d'épicerie, en lui faisant ramener en premier lieu un petit bâtonnet, puis en attachant celui-ci au guidon de la trottinette en répétant la demande « Apporte », suivie de « Pousse ». Cette fois, le jeu apparaîtra plus limpide pour Coco qui devra répondre à la demande « Apporte » en poussant la trottinette sur laquelle est fixé le bâtonnet.

Bien sûr, il n'est pas aussi aisé de pousser une trottinette qu'un panier d'épicerie. Coco devra certainement réfléchir un peu devant ce nouveau problème qui se pose à lui.

Première chose, lui laisser librement choisir le côté de la trottinette qu'il préfère pour manœuvrer. Ensuite, il tentera de prendre dans son bec le guidon auquel est attaché le bâtonnet... c'est déjà un pas dans la bonne direction, alors - (L/R). Probablement essaiera-t-il de traîner la trottinette plutôt que de la pousser. À ce moment, j'aide un peu mon poulain en le repositionnant à côté de la trottinette *(toujours avec le guidon au bec)* et en la poussant moi-même dans le bon sens afin qu'il se rende compte que celle-ci roule vers l'avant. Une fois ce détail constaté par Coco, on peut vraiment commencer l'entraînement. Je replace Coco du côté qu'il a choisi de la trottinette et je reformule la demande « Apporte » suivie de « Pousse » jusqu'à ce qu'il ait bien compris qu'il doit pousser l'engin dans ma direction. Bien entendu, je l'encourage à chaque essai par des liens enthousiastes « Ouiii !!! », mais je le récompense seulement lorsqu'il réussit à marcher quelques pas en la poussant. Si par bonheur mon petit ange se fatigue de s'embourber les pattes à marcher à côté de la trottinette et s'il décide d'en poser une dessus pour la faire avancer plus vite *(ce qui arrive presque à chaque fois...)*, j'exulte d'un lien dithyrambique « Ouiii !!! » et je double la paye. Il vient de faire preuve de créativité et je dois lui laisser voir ma satisfaction.

- Voici l'as du volant qui se présente à la ligne de départ.

Après quelques répétitions réussies du « Apporte » et « Pousse », je replace l'oiseau à côté de son véhicule, mais cette fois en plaçant moi-même une de ses pattes sur l'engin. S'il reste ainsi positionné, j'y vais d'un bon gros lien « Ouiii ! » et je le récompense. Sinon, je le replace jusqu'à ce qu'il y demeure et je le félicite abondamment *(bien entendu)*. Lorsqu'il est bien positionné, une patte sur la trottinette et l'autre sur la table, je fais tout doucement avancer la trottinette sur la table de jeu en la poussant avec ma main. En suivant machinalement le mouvement de la trottinette avec sa patte posée sur la table, Coco devra forcément la soulever... - (L/R). Je continue à pousser légèrement, jusqu'à ce qu'il devance de lui-même mon geste. Quand il y arrive, il mérite d'être grassement rétribué - (L/R). Il commence à comprendre que c'est lorsqu'il se déplace en posant une patte sur la table et l'autre sur la trottinette qu'il reçoit sa récompense. Je dois maintenant le confirmer dans cette idée.

Je place mon « trottinettiste » dans la bonne position, bien face à moi, et je réitère les demandes « Apporte *la trottinette* », « Pousse ». S'il ne fait que la pousser vers moi, je ne le récompense pas ; j'ajuste sa posture - une patte sur la trottinette et l'autre sur la table et je répète les demandes « Apporte et Pousse *la trottinette* ». S'il n'y parvient pas, je le mets sur la piste en attirant légèrement la trottinette vers moi. Je recommence l'exercice encore et encore et encore... jusqu'à ce qu'il comprenne que c'est sa patte sur la table qui est le moteur du véhicule. J'encourage chacun de ses pas et lorsqu'il arrive à mouvoir lui-même la trottinette dans ma direction... je lui donne la totale... - Lien - Récompenses et caresses à l'en saouler... Coco peut tout faire, c'est mon superchampion et ma fierté doit exulter par chacune des pores de ma peau !

- Tiens-toi bien Fangio, il va y avoir de la compétition !

- Évidemment, sans les ailes c'est moins rapide !

Maintenant qu'il sait manœuvrer la trottinette avec sa patte posée sur la serviette *(sur la table)* et qu'il a pu pratiquer ce nouveau sport à s'en rassasier jusqu'à en devenir expert *(ce qui, vous comprendrez, ne s'est pas fait du jour au lendemain)*, je peux retirer le guidon de la trottinette et cette dernière se transforme en planche à roulettes *(skate board)*.

- Quesséça ?

- As du volant sans volant... C'est n'importe quoi !

La difficulté ici repose sur le fait que Coco n'a plus rien à tenir dans son bec pour se maintenir en équilibre. Il aura tendance à poser son bec sur la planche ou essayer de saisir la planche par devant. Je relève alors sa tête et ne récompense que les mouvements qu'il exécutera debout, bien campé sur la planche. C'est un peu plus complexe pour lui. Il aura probablement besoin que je l'aide un peu en poussant doucement sur la planche pour la faire avancer. Je reprends la même demande « Apporte » en encourageant l'oiseau par le timbre joyeux de mes liens « Ouiii !!! ». Après quelques répétitions, il s'apercevra que le mouvement de patte demeure le même, à la différence qu'il n'y a pas de guidon. Il deviendra tout à fait à l'aise avec l'idée de la planche à roulettes et j'aurai finalement devant moi le tenant du titre des jeux de roule, toutes catégories confondues que, bien entendu, je rétribuerai comme un ministre. Il ne reste maintenant qu'à exercer Chéri à se balader sur le parquet, comme il a appris à l'exécuter avec ses patins.

Le processus d'apprentissage des jeux de patins à roulettes ou de trottinette est parfois long à se mettre en place. Il faut piger dans nos réserves de patience et de constance, mais ça en vaut le coup. Les oiseaux qui y arrivent sont tout simplement fous de ces jeux.

- Un scooter à piles, c'est bien plus commode...

Ça a l'avantage de rouler tout seul...

♪ *Je n'ai besoin de personne en Harley-Davidson...*

- S. Gainsbourg

Coco pourra dorénavant s'amuser avec nous sans qu'on ait à lui donner une attention directe. On pourra tout simplement diriger le jeu et le féliciter à distance tout en vaquant à nos propres occupations. L'oiseau appréciera le simple fait qu'on le regarde rouler... C'est une prévenance sous-entendue tout à fait délectable pour lui.

7e discipline : Le décathlon du Super-bird

On arrive à la pièce de résistance. Le décathlon est un circuit d'une série d'une dizaine de jeux de ceux qu'on a vus jusqu'ici, et que Coco connaît, aime et maîtrise très bien, qu'on érige à son intention sur la table de jeu ou sur le sol en enchaînements sportifs et amusants.

On peut attaquer le parcours aux barres, puis lui faire passer le tunnel, grimper à l'échelle, sonner sa cloche, puis redescendre sur une tige en glissant à la Batman, prendre les haltères à un bout de la table pour les poser sur les portants à l'autre bout, puis repasser par le tunnel, rouler en patins jusqu'à son panier d'épicerie, le lui faire remplir et venir nous l'apporter, insérer les anneaux, regrimper à l'échelle, passer sur la poutre, faire un panier, etc., etc., etc.

Tous ces jeux que Coco a appris, qu'il aime et dans lesquels il excelle seront mis à contribution... Des heures de plaisir garanti... Soyez créatif et changez souvent le circuit pour faire de votre perroquet... un réel Super-bird !

- Biathlon, Triathlon, Décathlon...

Amenez-moi des défis !!!

Je me sens même d'attaque pour l'Iron-Bird !

- Moi, je suis d'une nature appliquée. Les sports, très peu pour moi. J'excelle dans un tout autre domaine. On continue...

Il y a deux sortes d'esprit : l'esprit de géométrie et l'esprit de finesse.
- Blaise Pascal

Jeux de l'esprit
Coco dans l'abstrait

Les prochains jeux ne sont basés que sur des abstractions… Eh oui ! C'est quelque chose qu'on peut se permettre avec les perroquets ; ce que moi j'appelle des jeux calmes de jours de pluie. Ces jeux requièrent un grand sens de l'observation de la part de l'oiseau, qualité qu'il a pu développer avec les jeux qui précèdent. Avec l'expérience, Coco a appris à nous scruter attentivement pour comprendre ce qu'on attend de lui et il y a même pris goût, puisque jouer est payant pour lui *(il a toujours été rétribué sous forme de gâteries, caresses et de beaucoup d'attention de notre part)*. Il aime ce temps passé en notre compagnie, il a appris à se mettre à l'écoute des demandes et il est maintenant prêt à s'engager dans une avenue tout à fait différente… Après les jeux physiques, on change de registre, on amorce les jeux de l'esprit.

- *Les cinq « R » du cacatoès : Raisonné, Rationnel, Réfléchi, Responsable et tout à fait Respectable.*

Ça vous en bouche un coin. Non ?

Pour ces apprentissages, on choisira un moment de la journée où le calme imprègne la maison et où aucune distraction ne viendra perturber la concentration de notre génie. Chez moi, je vais jusqu'à débrancher complètement le téléphone, qui a l'heur de toujours retentir au moment où il ne le faut surtout pas. Nous ne sommes pas pressés par le temps et n'avons absolument rien de prévu dans notre journée. Les concepts abstraits demanderont beaucoup d'efforts de réflexion à Coco. Il ne réussira pas tout de suite, car il aura encore une fois besoin d'apprendre à apprendre une tout autre méthodologie de raisonnement. De plus, il est habitué à des jeux plus sportifs, à plus d'action.

Les jeux d'abstractions ne sont pas du tout physiques et il se peut que l'oiseau s'y ennuie mortellement au début. Sa motivation proviendra entièrement de nous, entre autres des expressions joyeuses de notre voix et des gâteries facilement gagnées au moindre petit essai. Certains caractères ne s'y feront jamais, préférant, et de loin, les jeux plus énergiques où il leur est possible de se dépenser à la hussarde. Avec ces gars-là, moi je n'insiste pas.

Il y a de ces constitutions dont il est particulièrement difficile de retenir l'attention dans cette catégorie de jeux. Je pense entre autres aux spécimens hyper-dynamiques, telles les différentes espèces de cacatoès, les caïques, loris, certaines espèces de conure et autres tempéraments nitroglycérine. Il nous faudra redoubler de patience avec ces oiseaux-là, puisque demeurer attentif demande déjà, à leurs yeux, un effort démesuré. Si Coco n'y arrive pas - pas grave - il excelle dans d'autres jeux plus énergiques qui conviennent mieux à sa personnalité. Insister pourrait démotiver notre oiseau pour toutes les formes de jeux en notre compagnie. Chacun son truc. Les caractères qui performent bien dans les jeux de l'esprit apparaissent souvent très moyens dans les jeux sportifs et vice versa. On doit considérer notre garnement et se contenter de ce qu'il peut nous offrir, et ce qu'il peut nous donner ressemble généralement à… ce qu'il aime. Toujours la même règle qui s'impose : on ne pousse jamais à la performance… on joue !

Ces jeux se basent entièrement sur l'observation et conséquemment, sur l'attention que Coco pourra fixer sur nos propres mouvements ou ceux du modèle. Il est très difficile pour un perroquet de se concentrer sur un jeu d'abstraction. Au début de l'aventure, il ne comprend pas trop son rôle d'opérateur. L'idéal consiste vraiment à travailler avec un modèle dont il pourra observer les performances pour ensuite tenter de prendre la relève et lui damner le pion.

Si on ne dispose pas de modèle, il demeure tout de même possible d'enseigner ces jeux à son oiseau. Cependant, ce sera plus laborieux et plus long, puisqu'il faudra tout d'abord titiller son intérêt par nos simples actions... Plus que jamais, il nous faudra nous révéler motivants, revigorants, tonifiants, bref... hyper, hyper-stimulants !

Discriminer les couleurs

Ça y est, on y arrive enfin ! Notre perroquet, on le sait, voit les couleurs et par conséquent, peut naturellement les différencier, à tout le moins pour lui-même dans sa tête *(il n'est pas aveugle).* Avec notre aide, il va découvrir comment les identifier clairement *(à notre manière, s'entend)*, ce qui viendra enrichir son bagage des possibilités de nouveaux jeux en jumelant la discrimination des couleurs à une foule d'autres activités qu'il connaît déjà. C'est une perspective fantastique qu'on lui présente.

Discriminer les couleurs ouvre la porte à une quantité impressionnante de jeux stimulants et peut rendre un jeu simple, tel le jeu des « billes et du bol », drôlement plus intéressant. Malgré que Chéri ne les verbalise pas nécessairement *(faible ou pas de prédisposition langagière)*, il peut tout de même apprendre à discerner et désigner les couleurs qu'il reconnaît. Alors, allons-y et laissons-nous surprendre encore une fois.

Pour enseigner le concept des couleurs à notre Coco, on aura besoin de quatre (4) gobelets qu'on posera à l'envers ou petites boîtes de carton / plastique ou tout autre ensemble d'objets de formes identiques et de couleurs différentes. L'oiseau doit se concentrer sur la teinte et non sur la forme de l'objet. Celui-ci aura idéalement un fond percé ou un couvercle permettant d'y insérer la récompense. Moi, je me sers de clochettes de bois *(boutique d'artisanat)*, peintes aux couleurs

Peu importe l'objet, la forme doit demeurer identique.

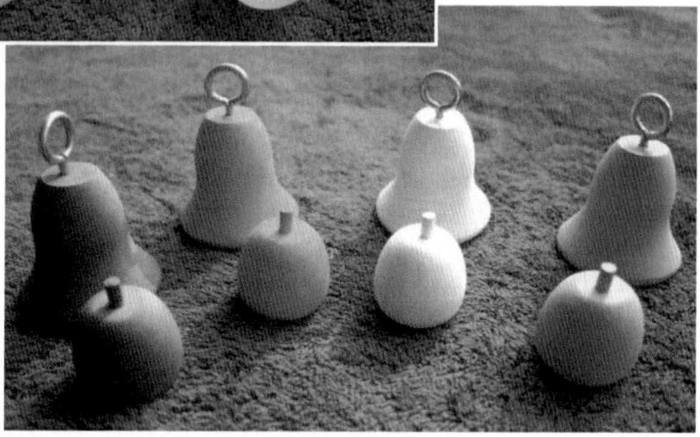

L'oiseau doit porter son attention sur la couleur

désirées sur lesquelles sont vissés de mini-œillets *(acier inoxydable)* qui offrent à l'oiseau la possibilité de les soulever. On en trouve de plusieurs formats sur le marché, pouvant ainsi convenir à la taille de notre perroquet. J'utiliserai donc le mot « clochette » pour les besoins de ce texte, pour désigner le petit objet de couleur.

Je commence par des coloris simples, les couleurs primaires : le rouge, le bleu, le jaune, et j'y ajoute le « Verte ». Dans les jeux de couleurs, je prononce « verte » pour nommer la couleur « vert » afin de ne pas confondre cette appellation avec l'homophone connu de mes oiseaux « verre », qui identifie le contenant pour liquide *(verre d'eau ou de jus)*. Mis à part le « Verte », je n'utilise aucune couleur secondaire en début d'apprentissage. Les rosés, violacés ou les orangés pouvant déstabiliser l'oiseau, mieux vaut préférer des couleurs facilement discernables. La teinte de vert que nous choisirons doit être très soutenue et aisément reconnaissable *(pas de jaunâtre ni de bleuâtre)*. Plus tard, on pourra introduire de nouvelles nuances, mais pendant la période d'initiation aux couleurs, on s'en tiendra à note devise « KISS ».

Débutons ! J'installe Coco sur la table de jeu et lui présente une seule clochette, de couleur « Jaune », pour amorcer l'apprentissage. Les autres clochettes de couleurs sont soustraites à sa vue pour l'instant.

Perrok explication :

- Facile !
« Jauntouch »
c'est pareil
que « Touche » !

Devant l'oiseau, j'insère une gâterie *(cacahuète ou millet)* sous la clochette « Jaune » que je pousse doucement vers lui. Puis je formule la demande « *Jaune* - Touche » en mettant l'intonation sur le mot « JAUNE ». Comme il n'y a qu'un seul objet sur la table de jeu et que Coco comprend dorénavant très bien la demande « Touche », il en conclut naturellement que je désire qu'il touche ce bidule qui traîne en avant de lui... Excellente déduction mon cher Watson.... « Ouii !!! » - « Jaune » et récompense ! Il est à noter que je répète la partie « couleur » de la demande lorsque j'émets le lien ; il n'en devient que plus fort pour l'oiseau. Bien entendu, la récompense ici étant la cacahuète ou le bout de millet préalablement glissé sous la clochette jaune.

À ce point, Coco touche l'objet que je lui présente, mais ne tient absolument pas compte de ma demande « Jaune ». Il n'a retenu qu'une partie de la demande, celle qu'il connaît : « Touche ». On joue donc à « *Jaune* - Touche » une fois ou deux, pour réchauffer notre champion qui est tout content de se faire de la cacahuète si facile. Il commence à vraiment apprécier le jeu... Ben voyons ! Trop simple, il est grandement temps de le relever !

Je retire la clochette « Jaune » et lui substitue la « Rouge ». Il n'y a maintenant que la clochette rouge sur la table de jeu.

Je reprends le jeu en remplaçant la demande « *Jaune* - Touche » par « *ROUGE* - Touche ». Coco pour sa part n'entend que « Touche » et avance gaillardement toucher la clochette qui se trouve face à lui... « Ouiii !!! » - « *Rouge* » et récompense.

Je répète la partie facile « *Rouge* - Touche » deux ou trois fois, et... j'ajoute encore une épice.

Je ramène la clochette « Jaune » au jeu et la dépose près de la « Rouge », bien en face de mon oiseau qui me toise avec perplexité. Le jeu va se complexifier, il le sait et il me le signifie en m'ignorant et en rongeant ses ongles... Big deal !

Alors, je continue... Devant Coco, je glisse la cacahuète sous la clochette « Rouge » et je formule la demande « *Rouge* - Touche ». Il m'a bien vue insérer la cacahuète sous la clochette rouge : ipso facto il se risque et la touche du bout du bec... « Ouiii !!! » - « *Rouge* »... Bravo mon bébé et récompense.

Je remets ça en introduisant la cacahuète sous la clochette jaune et je demande « *Jaune* - Touche ». Pour vérifier une de ces hypothèses dont sa « cervelle d'oiseau » foisonne, il essaie de toucher encore une fois la clochette « Rouge ». Pourtant, il a parfaitement remarqué que j'avais placé la cacahuète sous la « Jaune », mais il veut « juste vérifier » ce qui arrive s'il ne touche pas la clochette à la cacahuète. Et la réponse est... qu'il ne se passe rien. Coco est satisfait, sa théorie est confirmée.

De mon côté, je me contente de répéter une seconde fois la demande « *Jaune* - Touche », en mettant fortement l'intonation sur le mot « Jaune ». Puisqu'après vérification le rouge ne rapporte rien, Coco ne perd pas son temps et se dirige directement vers la clochette « Jaune »... « Ouiii !!! » - « *Jaune* » et récompense.

J'alterne ainsi entre « Rouge » et « Jaune », toujours en insérant la cacahuète sous la clochette de couleur correspondante, et ce, devant l'oiseau qui se fait dorénavant de plus en plus observateur.

Maintenant, on va à plus difficile. J'introduis la cacahuète sous la clochette « Rouge », mais en masquant à sa vue laquelle je viens de

Couleurs 101

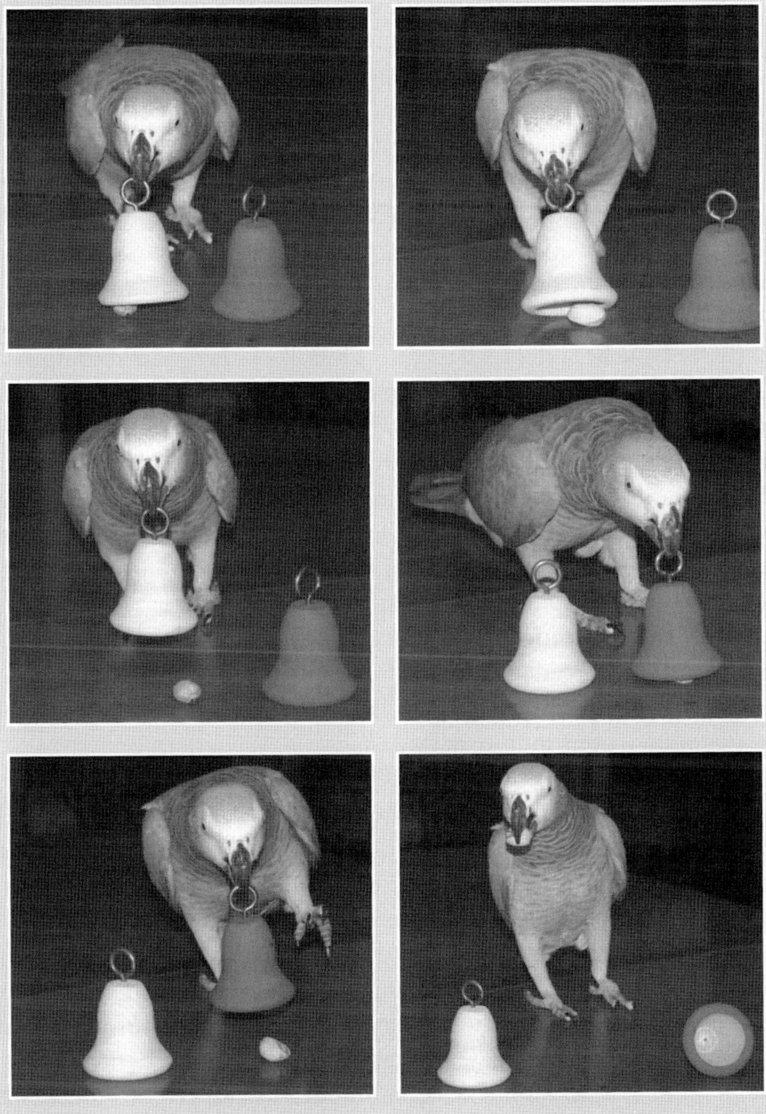

- Jauntouch... rougetouch... jauntouch... rougetouch...

trafiquer *(je me cache pour agir)*. Puis, je re-présente les deux clochettes - la rouge et la jaune - et je lui formule la demande « *Rouge* - Touche ». Oups... y a comme un os... Coco n'a pas pu repérer sous quelle clochette j'ai caché la cacahuète et il n'a pas vraiment non plus écouté ma demande... Je répète la demande « *Rouge* - Touche ». Il improvise un essai, touche la « Jaune » ... Il me fouille du regard, pas de réaction, je reformule la demande « *Rouge* - Touche »...

Puisque la jaune n'a pas produit d'effet, il tente le coup avec la rouge... « Ouiii !!! » - « *Rouge* » et récompense. Il comprend maintenant qu'il y a un truc, même s'il ne sait pas encore lequel. Son œil et sa posture changent, il devient attentif. J'énonce la demande « *Rouge* - Touche », encore la même couleur qu'au tour précédent. Il opère une tentative et touche la clochette rouge. « Ouiii !!! » - « *Rouge* » et récompense. Cette fois, il commence à percuter... L'astuce réside dans la demande auditive : alors, il écoute. « *Jaune* - Touche », il avance pour toucher la clochette rouge, celle qui a fonctionné aux deux derniers essais, mais réalise que la demande n'était pas la même ??? Ainsi, toujours par déduction, il se dirige vers la jaune... « Ouiii !!! » - « *Jaune* » et récompense. Ma réponse le confirme puisque j'ai repris le terme « Jaune » de ma demande, tout de suite après le lien. À ce point, il devient très attentif à ce que je dis ; « rougetouch », ce n'est pas le même mot *(son)* que ma demande précédente qui se prononçait « jauntouch ». Donc, il va vers la clochette rouge... « Ouiii !!! » - « *Rouge* » et une tonne de « goodies » pour mon prodige.

Voilà, il a compris le truc... il faut écouter la demande et foncer suivant le son *(mot)* arbitraire qui désigne la couleur. Simple !!! Maintenant, on joue : « *Rouge* - Touche »... « *Jaune* - Touche » et on continue ainsi en alternant le rouge et le jaune jusqu'à ce qu'il réussisse sans coup férir plusieurs essais consécutifs sans se tromper.

Après plusieurs, plusieurs, plusieurs répétitions et peut-être quelques jours, le rouge et le jaune sont devenus faciles... on en change. Je retire les clochettes rouge et jaune et je dépose la clochette « Bleu » sur la table de jeu. Je sens qu'il me voit venir, il se tient prêt... Alors... Go ! « *Bleu* - Touche » et mon oiseau s'avance pour toucher la clochette « Bleu » *(c'est le seul objet présent sur la table)*... « Ouiii !!! » -

« *Bleu* » et récompense. Je reprends deux ou trois fois ma demande parce que je sais que mon Coco devient plus attentif aux « sons-mots » que j'utilise dans ma demande. Puis j'ajoute la clochette « Verte ». Ha ! Il s'en doutait le garnement... il s'approche tout excité et touche la clochette « Verte » pour me faire comprendre qu'il a deviné tout seul mes attentes.

Alors, comme mon Einstein semble disposé, on commence : « *Bleu* - Touche » ; il écoute et tente un essai... Réussi... « Ouiii !!! » - « *Bleu* » , récompense... On enchaîne « *Verte* - Touche », il hésite, mais décide tout de même de toucher celle dont le mot résonne différemment. Il touche la verte... « Ouiii !!! » - « *Verte* » , récompense, et je continue ainsi en alternant la « Bleu » et la « Verte » jusqu'à ce que ces deux couleurs soient bien intégrées.

Nous sommes beaucoup plus tard dans le temps... et on entreprend maintenant « THE » défi... soit, les quatre (4) couleurs à la fois. Pas facile. Alors, je lui fais une fleur... je commence en insérant la cacahuète sous ses yeux pour lui simplifier un peu la tâche.

Les clochettes alignées sur la table, je glisse la cacahuète sous la clochette « Bleu » devant mon oiseau et j'avance la demande « *Bleu* - Touche ». C'est commode, il m'a vue placer la cacahuète... « Ouiii !!! » - « *Bleu* », récompense. Et je refais de même, plusieurs fois, avec chacune des couleurs pour qu'il associe bien le son avec sa couleur.

Après plusieurs succès de mon phénix, le jeu se corse un peu : Coco devra porter attention à mes demandes. Je me soustrais dorénavant à sa vue pour insérer la cacahuète sous l'une des quatre clochettes. Le jeu reprend « *Rouge* - Touche »... « *Verte* - Touche »... « *Bleu* - Touche »... « *Jaune* - Touche »... et on continue en boucle. Mon oiseau est prodigieux, performance magistrale !

Le jeu de Bonneteau : C'est ma version « psittadiaire » du très notoire et fieffé jeu d'observation *(lire : d'arnaque)*. L'oiseau doit découvrir sous laquelle des quatre clochettes est cachée la noix, après que celles-ci aient été mélangées par mes bons soins. C'est un jeu qui met en valeur les nouvelles connaissances acquises, en plus de développer *(encore plus)* son attention et son sens de l'observation *(et de nous permettre de nous amuser follement)*.

- Mmmmmm...
Peut-être que...
Me semble que...

Bon allez...
Je tente le coup sur la « jaunetouch » !

Toujours en utilisant les mêmes clochettes, l'idée générale de ce jeu consiste à repérer laquelle des quatre cache la friandise. Coco doit observer mes gestes et ne pas quitter des yeux la clochette payante. Alors, devant l'oiseau, je glisse une noix *(ou sa gâterie préférée)* sous une des clochettes en la nommant « Rouge ». Puis, doucement, de manière à ce qu'il puisse suivre le mouvement, je place la clochette en rangée avec les trois autres et... j'intervertis les clochettes « Rouge - Jaune - Bleu et Verte » et j'y vais de la demande « *Rouge* - Touche ». Coco doit travailler plus fort pour mériter sa récompense. Dès qu'il s'exécute, je clame le lien « Ouiii !!! » - « Rouge » et le laisse soulever la clochette « Rouge » afin qu'il récupère sa récompense.

On joue, joue et joue encore en relayant les clochettes de couleur *(et en les nommant pour le sport)* jusqu'à ce que Coco commence à joyeusement anticiper l'action de suivre des yeux la clochette qui contient la friandise. Comme c'est un jeu de dingue qui ne sert à rien d'autre qu'à s'amuser avec les couleurs, allez-y de bon cœur et riez fort. Avec les perroquets, on n'en rajoute jamais trop côté gaillardise... Haut les cœurs !

Je fais souvent appel aux couleurs, tous les jours si possible, en utilisant les coloris qui lui sont de plus en plus connus pour décrire des aliments : « Banane - *Jaune* », « Fraise - *Rouge* » ou des objets du quotidien qui l'intéressent comme ses jouets, sa serviette, son écuelle, et particulièrement, mon crayon, mon porte-clés, mon assiette, ma brosse à cheveux, mon téléphone, mon sac à main, mon bouquin, couleurs dans un livre pour enfants, etc. Même si Coco n'est pas un grand discoureur, il saura tout de même reconnaître et identifier les couleurs qui l'entourent, pourvu qu'on prenne la peine d'intégrer ces notions dans des situations autres que seulement les périodes de jeux.

À partir du moment où mon oiseau sait discriminer les couleurs, je peux aisément incorporer ce concept à différents jeux qu'il connaît déjà en y rajoutant cette variable couleur.

- Jeu des billes et du bol : les billes par couleur.
- Puissance 4 : insertions par couleur.
- Enfilade d'anneaux par couleur.
- Remplir son panier ou son coffre à jouets par couleur.
- M'apporter des objets par couleur.
- Jeux d'auto-récompense quand il réussit. On lui indique la couleur de la clochette sous laquelle est cachée sa récompense.
- Etc.

Les combinaisons sont infinies… Procurez-lui des jeux avec beaucoup de couleurs… Dorénavant, il les appréciera encore plus.

Lorsque mon oiseau sait bien discriminer les couleurs primaires ainsi que le vert « Verte », je commence à lui apprendre d'autres coloris usuels tels « Noir », « Blanc », « Safran » *(le mot orange étant déjà utilisé pour désigner le fruit du même nom)*, « Rose », etc. ; une seule nuance à la fois, que je rajoute au jeu des quatre couleurs, simplement en peignant de nouvelles clochettes aux teintes à enseigner.

Encore une fois, il nous faudra faire un petit effort d'imagination et « jouer aux couleurs » le plus souvent possible avec notre perroquet, afin de nous assurer qu'il ne perde jamais ce fabuleux apprentissage.

Ajout de dernière minute rien que pour faire râler l'éditeur. ☺

Hier, j'ai déniché au rayon des jouets pour enfants d'une grande surface la plus superbe petite boîte à couleurs qui, fort d'adon, présente exactement les couleurs que mes oiseaux connaissent.

Alors, le truc est simple... J'annonce la couleur, ils soulèvent le couvercle de teinte appropriée. Et Bingo ! V'là les gâteries à la tonne... Ils ont tous pigé l'astuce tout de suite ! Comme souvent mentionné dans cet ouvrage, la seule limite est votre imagination et un petit détour de temps à autre par les boutiques.

Discriminer des ronds et des canards … et discriminer encore…

À partir du moment qu'on sait que Coco peut différencier des couleurs, il n'y a qu'un pas à franchir pour lui apprendre à discriminer bien d'autres choses. Dre Irene Pepperberg, dans son livre relatant son travail avec Alex, un gris d'Afrique, « The Alex studies », a repoussé les frontières quant à notre connaissance de l'intelligence des perroquets et des facultés qui y sont rattachées. Bon, on n'ambitionne pas de

- « Jauntouch »...

- « Jaunprend »...

- Coucou
les pistaches...

Comme si on ne
s'en doutait pas !

- Allez, je
me bouffe
le pactole
« jauntouch »
à votre santé !

devenir des professionnels et on n'en demande pas tant à Coco non plus ; on veut simplement se divertir avec notre poulet et pimenter un peu nos interactions. Le velcro a été conçu pour les voyages spatiaux et nous, on s'en sert pour fixer nos basquets ; alors, si Dre Pepperberg nous renseigne sur les capacités cognitives de nos oiseaux, nous on pourra bien les utiliser pour s'amuser avec notre biquet. Plus Coco sait discriminer d'abstractions, plus son univers ludique s'agrandit... et c'est tout.

Il ne faut pas pousser notre bestiole à plumes à la performance. On a devant nous encore beaucoup d'années de cohabitation avec notre perroquet, ainsi rien ne presse. Gardez-en un peu pour l'année prochaine... Si vous brûlez tous vos jeux ou apprentissages dans la première année, que pourrez-vous imaginer pour les vingt ou trente autres à venir ?

Toujours basé sur la méthode du « une petite étape à la fois », on peut commencer à inculquer une notion de forme géométrique à notre génial psittacidé. On se découpe deux petites formes géométriques très simples dans du tissu, du bois, du carton, etc. : un rond et un carré. On se bricole une panoplie pour lui et une seconde pour nous.

- Deux ronds.
- Deux carrés.

Pour ce jeu, les formes doivent fournir leur corollaire en divers objets afin d'enseigner à l'oiseau à les extrapoler en trois dimensions... Eh oui... une petite notion d'espace pour Coco... C'est plus drôle...

- Le rond = une balle ou une orange.
- Le carré = un cube ou une boîte.

Il faut garder en tête de ne jamais changer la formulation de l'énoncé. Tout comme le vert se prononce « Verte », une pièce ronde se dira toujours « Rond », peu importe le type d'objet. Ainsi, on annoncera la phrase, « Va chercher la balle *rond* » ou « Mange ta pomme *rond* » sans chercher à accorder l'adjectif ou introduire un concept d'espace *(rond devant être un concept immuable de forme).* Chouchou saura très bien reconnaître ou décrire *(s'il parle un peu)* un objet en partant de sa forme figurée *(un rond ou un carré).*

Je débute encore une fois, comme pour les couleurs, avec une seule forme géométrique à la fois ; disons le « Rond », que je présente d'abord à l'oiseau sous une forme de découpe de papier ou de bois en reprenant avec lui la demande « Touche ». Ainsi, mon premier exercice sera « *Rond* - Touche », « Rond » étant le seul objet sur la table. Coco s'exécute : « Ouiii !!! » - « *Rond* » et je le récompense. Je recommence plusieurs fois. Puis comme pour le jeu des couleurs, je retire la

- Rond ?
Rouge ?
« Rondtouch » ?

C'est mêlant...

Perrok explication :

C'est comme
pour les couleurs,
mais c'est pas
pareil
du tout.

pièce « Rond » et je reviens à la charge avec une seconde forme, le « Carré ». Ensuite, je ramène la pièce « Rond » au jeu et j'alterne les demandes « *Rond* - Touche » et « *Carré* - Touche ». Comme pour le jeu des couleurs, on avance une étape à la fois et on garde nos attentes dans le domaine du raisonnable. Le jeu des formes représente un défi un

- Chouette, j'ai gagné un « carrétouch » !

peu plus épineux pour le perroquet, puisqu'il n'y a pas de repères criants comme pour le jeu des couleurs.

À présent que Coco peut discriminer ces deux formes sur des découpes *(de papier, de bois, etc.),* je transpose le tout sur des objets de forme « Rond » (une orange ou une balle) et de forme « Carré » (cubes de bois ou petite boîte de carton). Je recommence du début avec « *Rond* - Touche » en lui présentant la petite balle, puis je retire la balle et je reprends avec la demande « *Carré* - Touche » en lui tendant le cube. Puis pour finir, avec les deux formes en rotation « *Rond* - Touche » et « *Carré* - Touche ». Voilà. This is done… Coco sait maintenant discriminer les « Ronds » et les « Carrés ». Pour parfaire l'instruction, j'alterne entre les découpes de papier et les balles ou les cubes… et on rigole un bon coup… ! Bon. Vite dit comme ça… c'est simple, mais c'est tout de même un apprentissage très complexe pour le perroquet. Alors, il faudra y mettre du temps... le temps qu'il faut !

On continue à jouer en tout temps et en différentes situations de notre quotidien, en faisant repérer des formes à l'oiseau : une pomme ou une biscotte « Rond » ; un carré de glace, un toast ou une boîte « Carré ». On nomme la forme le plus souvent possible et on formule la demande « *la forme* - Touche », question de le garder bien alerte. J'utilise aussi un livre pour jeunes enfants, en fait, c'est le même que pour les couleurs, représentant les diverses formes pour jouer calmement avec mes petits amours à plumes, le soir avant d'aller faire dodo… un moment tranquille, tout en douceur.

- Je ne suis pas une extrémiste. Si j'ai à choisir, je prends toujours le moyen...

Avec le temps, il sera facile d'ajouter d'autres formes aux connaissances de Coco et s'il est doué... on pourra foncer et complexifier les demandes en y incorporant la discrimination des couleurs - « *Rond - Rouge* Touche » ou encore, discriminer les formats : (+) grand, (+) petit et grand, moyen, petit, en utilisant la même méthode.

Des heures de plaisir... Mais, ne partez pas à l'épouvante, tout ça prendra le temps que ça prendra....

Jeu d'association

Nous voilà déjà arrivés au tout dernier jeu (et non le moindre) que je vous propose dans le cadre de cet ouvrage. Suivez-moi encore un tout petit peu avant de prendre votre essor et quitter le nid pour suivre cette aventure avec le principal intéressé, votre trésor à plumes.

Dans ce jeu, vous aurez besoin de petites cartes de jeu d'association ou de mémoire pour enfant. J'ai trouvé les miennes dans une grande surface. Elles sont faites de carton solide et elles viennent par série de quatre, Coco peut donc se permettre d'en « déflaboxer » deux, c'est déjà pas mal ! J'ai choisi des cartes représentant des animaux, je peux ainsi rendre le jeu plus amusant *(pour moi autant que pour mon perroquet)* en le ponctuant d'onomatopées au cri de l'animal désigné. La plupart de mes bestioles à plumes refusent de s'exécuter avec des cartes à jouer normales, avec lesquelles j'ai d'abord tenté de les initier au jeu d'association. Mes oiseaux semblent n'y voir *(vraiment)* aucun intérêt... Par contre, ils adorent jouer aux cartes d'animaux, qui sont beaucoup plus colorées. J'ai cependant la certitude que ce qui les captive le plus demeure mes imitations des cris d'animaux. À tel point qu'ils en deviennent contemplatifs et en oublient *(souvent)* de prendre leur récompense pour attacher leur regard sur mes lèvres. Poulets « weirdos » !

Le jeu débute avec deux seules images, disons le cheval et le mouton. Je pose les cartes les représentant sur la table au pied de mon oiseau et je conserve les deux cartes jumelles (cheval et mouton). Je peux maintenant me permettre d'amorcer l'apprentissage de ce nouveau jeu avec deux éléments, puisque mon Coco a appris à devenir

plus attentif lorsque je lui présente deux pièces. Il comprend dorénavant que les indices proviennent des mots que j'émets dans ma demande et des objets que je lui montre. Après les jeux des couleurs et des formes, il sait désormais se concentrer *(du moins, un peu plus)* sur un problème.

Je lui expose une première carte représentant le mouton, en la tenant dans ma main, et je fais la demande « *Le Mouton* - Touche ». J'avance la carte du mouton, posée sur la table (identique à celle que j'ai en main), vers Coco de manière à ce qu'elle touche le bout de ses pattes. Dès qu'il se penche pour toucher la carte, je clame le lien « Ouiii !!! »... Je prends la carte sur la table, la lui donne, et du coup je nomme l'animal « Le Mouton » en imitant son bêlement « Bèèèèè », avant d'enchaîner avec la demande « Dépose ». Puis je le récompense. Ici, il y a triple salaire : la carte, mon bêlement et la gâterie... Mon moujingue est hypnotisé ! Je replace les cartes du mouton et du cheval sur la table et recommence le jeu.

- Je lui présente MA carte du mouton que je tiens dans ma main.
- Je formule la demande « *Le Mouton* - Touche ».
- Si l'oiseau ne s'exécute pas, je pousse la carte du mouton vers lui.
- Dès qu'il la touche, je fais le lien « Ouiii !!! », je lui offre la carte, suivi de « *Le Mouton - Bèèèèè* - Dépose ».
- Et je le récompense... Simple et amusant !

Je recommence avec les cartes du mouton, du cheval et ma demande « *Le Mouton* - Touche » tant et aussi longtemps que mon perroquet ne va pas spontanément vers la carte du mouton. Ce n'est que lorsqu'il obtient cinq essais réussis de suite que je change ma carte et ma demande pour celle du cheval. Alors, je reprends du début, mais avec la carte du cheval.

- Je lui présente MA carte du cheval.
- Je formule la demande « *Le Cheval* - Touche ».
- Si l'oiseau ne le fait pas, je pousse la carte du cheval vers lui.
- Dès qu'il s'exécute, j'y vais d'un lien « Ouiii !!! », je lui offre la carte, suivi de « *Le Cheval - Clip-Clop, Clip-Clop* - Dépose ».
- Et je le récompense...

- *Voyons...*
  le mouton ?

Ouarf, ouarf ?
Miaou ?
Meuhhh ?
Cot, cot, cot ?
Coin-coin ?

Bèèèèè !
...Ouuuiiiiiii !!!

À ce moment, mon Coco est surpris, non pas de la carte *(il s'en fout pas mal)*, mais du nouveau son fascinant qui sort de ma bouche. En fait, c'est plutôt ça qui l'amuse et il semble n'avoir aucun intérêt pour la gâterie... Il n'a pas encore compris qu'il doit toucher la carte jumelle de celle que je lui présente. Pas grave, j'ai du temps devant moi. Alors, je remets ça avec la carte du cheval jusqu'à ce qu'il réponde correctement à ma demande sans se tromper pour cinq essais d'affilée.

Après quoi, j'alterne entre la carte du mouton et celle du cheval en gratifiant mon oiseau de l'onomatopée appropriée. Au début, il se fourvoiera fréquemment, puis il apprendra à regarder la carte que je lui présente pour en arriver à ne plus se méprendre du tout. Dans ce cas-là, et seulement à ce point, j'insère une autre carte dans le jeu... celle du chien. Et je recommence tout le processus en ne le faisant jouer qu'avec la carte du chien, malgré que celles du mouton et du cheval soient encore étalées devant lui sur la table.

- Je lui présente MA carte du chien.
- Je formule la demande « *Le Chien* - Touche ».
- Si l'oiseau ne le fait pas, je pousse la carte du chien vers lui.
- S'il s'exécute, je clame le lien « Ouiii !!! », je lui offre la carte, suivi de « *Le Chien - Ouarf ! Ouarf !* - Dépose ».
- Et je le récompense...

Après cinq succès consécutifs, je ramène au jeu les cartes du mouton et du cheval au jeu. Je lui présente la carte du mouton et j'enchaîne la demande « *Le Mouton* - Touche ». C'est réussi... « Ouiii !!! ». « *Le Mouton - Bèèèèè* - Dépose » et récompense. Je poursuis en lui faisant voir la carte du chien et j'y vais de ma demande « *Le Chien* - Touche »... Il cartonne encore... « Ouiii !!! ». « *Le Chien - Ouarf ! Ouarf !* - Dépose » et récompense. À ce point, mon Coco se fiche royalement de la gâterie, il veut le son, mais je continue tout de même à la lui offrir... pour la forme.

J'enchaîne avec la carte du cheval en formulant la demande « *Le Cheval* - Touche »... Cette fois il hésite... je lui présente de nouveau ma carte du cheval et réitère la demande « *Le Cheval* - Touche » en plaçant ma carte du cheval près de la sienne sur la table *(un coup de pouce, ça ne peut pas nuire)*. Il réussit en touchant la carte du cheval sur la table. Allez, un petit lien « Ouiii !!! » suivi de « *Le Cheval - Clip-Clop, Clip-Clop* - Dépose », puis récompense. Il a réussi un tour du chapeau, trois sur trois de gagnés... Yeh !

Je recommence le jeu plusieurs fois en m'en tenant uniquement à ces trois cartes. Après plusieurs victoires successives, je peux commencer à considérer l'introduction d'une quatrième carte... le chat « Miaououou ! »... Et ainsi de suite... Le canard « Coin ! Coin ! »... la vache « Meuhhh ! », la poule « Cot ! Cot ! Cot ! » et encore et encore.

Je peux rajouter autant de cartes que je le désire, Coco a compris le principe. Il ne suffit que de toucher sur la table la carte identique à celle que je lui présente... Des heures de fous rires garantis... N'oubliez pas d'y mettre le son... Coco apprendra lui aussi rapidement à émettre le cri de l'animal gagné au jeu ...

De tous les jeux présentés dans cet ouvrage, celui-ci est, et de loin, celui avec lequel je m'éclate le plus avec mes oiseaux. Pablo me dit souvent *« On joue le cheval ? Clip-Clop, Clip-Clop... »* Et vous savez quoi ? Peu importe ce que je suis en train de faire, je laisse tout tomber et on joue...

... Clip-Clop, Clip-Clop, Clip-Clop, Clip-Clop, Clip-Clop, Clip-Clop, Clip-Clop, Clip-Clop...

Bibliographie

La bibliographie de ce livre ne saurait être exhaustive, puisque découlant de trop de lectures diverses au fil des ans. Vous retrouverez ici les titres qui ont particulièrement servi à l'élaboration de cet ouvrage.

Altet, Marguerite, *Les pédagogies de l'apprentissage,* Presses Universitaires de France, 2006.

Avital, Eytan, Jablonka, Eva, *Animal Traditions : Behavioural Inheritance in Evolution*, Cambridge University Press, 2000.

Anzieu, Didier, Martin, Jacques-Yves, *La dynamique des groupes restreints,* Presses Universitaires de France, 2007.

Bandura, Albert, *L'apprentissage social*, Pierre Mardaga éditeur, 1995.

Bandura, Albert, *Auto-efficacité : Le sentiment d'efficacité personnelle*, Éd. De Boeck, 2007.

Barber, Theodore X., *The human nature of birds*, Penguin Books, 1994.

Bateson, P.P.G, Klopfer, P.H., *Perspectives in Ethology*, Springer, 1989.

Blancheteau, Marc, *L'apprentissage chez l'animal*, Pierre Mardaga éditeur, 1995.

Boysen, Sally, *The Smartest Animals on the Planet : Extraordinary Tales of the Natural World's Cleverest Creatures*, Firefly Books, 2009.

Brougère, Gilles, *Jouer/Apprendre*, Éd. Economica, 2005.

Bruner, Jérôme S., *Le développement de l'enfant, savoir faire, savoir dire*, Presses Universitaires de France, 1996.

Chamberlain, Susan, *Birds in toyland*, Bird Talk, décembre 1994.

Chauvin, Rémy, *L'homme, le singe et l'oiseau*, Odile Jacob, 2000.

Corrazé, Jacques, *Les communications non-verbales*, Presses Universitaires de France, 1996.
Darwin, Charles, *L'expression des émotions chez l'homme et les animaux*, Éd. Rivages, 2001.
De Graeve, Sabine, *Apprendre par les jeux*, Éd. De Boeck, 2006.
Desor, Didier, *Le comportement social des animaux - de l'art de vivre ensemble chez les fourmis, les rats, les loups et les autres*, Éd. Pug, 1999.
Duclos, Laporte, Ross, *Les besoins et les défis de l'enfant de 6 à 12 ans*, Les éditions Héritage, 1994.
Field, Tiffany, *Psychobiology of attachement*, Academic Press, 1985.
Friend, Tim, *Animal Talk : Breaking the Codes of Animal Language*, Free Press, 2004.
Gfeller, Roger W., Messonnier, Shawn P., *Handbook of small animal toxicology and poisoning*, Ed. Mosby, 2003.
Giurgea, Corneliu E., *L'héritage de Pavlov*, Pierre Mardaga éditeur, 1995.
Goldberg, Jacques, *Les sociétés animales*, Éd. Delachaux et Niestlé, 1998.
Immelman, Klaus, *Introduction to Ethology*, Springer, 1980.
L'Institut canadien de la santé infantile, *Feuille-ressource No. 47*, Fédération canadienne des services de garde à l'enfance, novembre 1998.
Lorenz, Konrad, *Essais sur le comportement animal et humain*, Seuil éditeur, 1986.
Maslow, Abraham H., *Motivation and Personality*, Harper Collins Publishers, 1987.
Meirieu, Philippe, *Les chemins de l'apprentissage : L'actualité des méthodes d'éducation nouvelle*, Éd. Retz, 1996.
Meirieu, Philippe, *Apprendre... oui, mais comment*, ESF Éditeur, 2009.
Moscovici, Jean, *Psychologie sociale des relations à autrui*, Éd Armand Colin, 2005.
Nuttin, Joseph, *Théorie de la motivation humaine*, Presses Universitaires de France, 2000.
Pepperberg, Irene M., Willner, Mark A., Gtravitz, Lauren B., *Developpement of Piagetian object permanence in a grey parrot*, Journal of Comparative Psychology, Vol. III No. 1, 1997.
Pepperberg, Irene Maxine, *The Alex Studies : Cognitive and Communicative Abilities of Grey Parrots*, Harvard University Press, 2002.
Pepperberg, Irene Maxine, *Alex & Me : How a Scientist and a Parrot Discovered a Hidden World of Animal Intelligence-and Formed a Deep Bond in the Process*, Harper, 2008.
Pryor, Karen, *Don't Shoot the Dog : The New Art of Teaching and Training*, Ringpress Books, 2002.
Ramirez, Ken, *Animal Training : Successful Animal Management through Positive Reinforcement*, Shedd Aquarium Society, 1999.

Reznikova, Zhanna, *Animal Intelligence : From Individual to Social Cognition*, Cambridge University Press, 2007.
Richelle, Marc, *B.F. Skinner ou le péril behavioriste*, Pierre Mardaga éditeur, 1977.
Slater, Lauren, *Opening Skinner's Box*, Éd Bloomsbury, 2005.
Talin, Christian, *Anthropologie de l'animal de compagnie*, L'Atelier de l'Archer, 2000.
Tweti, Mira, *Of Parrots and People : The Sometimes Funny, Always Fascinating, and Often Catastrophic Collision of Two Intelligent Species*, Penguin Books, 2009.
Twitchell Hall, Edward, *Le langage silencieux*, Seuil éditeur, 1984.
Vauclair, Jacques, Kreutzer, Michel, *L'éthologie cognitive*, Éd. Orphys, 2004.

Accessoires & jeux

Pour vous procurer certains des jeux ou accessoires présentés dans cet ouvrage, visitez la section « Carnet de liens » de la page d'accueil du site Internet de l'auteure : Centre Aviaire Johanne Vaillancourt ; sous la rubrique Accessoires et Props. Plusieurs liens y sont déjà présents, tandis que d'autres suivront suivant la rapide évolution du Web.

http://www.perroquet-perroquet.com

Table des matières

Du même auteur

Les éditions du perroquet anarchiste

Livres (français)
- *La tripolarité comportementale du perroquet,* 2005
- *Le perroquet, touchers et manipulations*, 2006
- *Petit guide de soins d'urgence, de la perruche à l'ara*, 2006
- *Socialisation et apprentissage par le jeu - Jouer avec son perroquet,* 2010
- *Carnet de vacances - Mon perroquet à la garderie*, 2014
- *Les racines de l'agression,* 2014 (hors série)

Livre (anglais)
- *Parrot Touching and Handling*, 2014

DVD (français)
- *La tripolarité comportementale des perroquets*, 2004
- *Les tours et les trucs - LIVE*, 2005

Éditions ressources
- *La zoothérapie, une thérapie hors du commun,* (collectif), 2008

Site Internet de l'auteure

Centre Aviaire Johanne Vaillancourt
http://www.perroquet-perroquets.com